全国普通高等院校生命科学类"十二五"规划教材

微生物学实验

U0333513

主　编　程水明　刘仁荣

副主编　王宜磊　方尚玲　贾建波
　　　　谢永芳　胡仁火

编　委　（以姓氏笔画为序）
　　　　王宜磊　菏泽学院
　　　　毛露甜　惠州学院
　　　　方尚玲　湖北工业大学
　　　　任莹利　新乡医学院
　　　　刘仁荣　江西科技师范大学
　　　　李俊峰　青岛科技大学
　　　　李爱贞　集美大学
　　　　何建民　天津医科大学
　　　　何晓红　重庆邮电大学
　　　　张久明　青岛科技大学
　　　　张建新　河南师范大学
　　　　张桂香　济南大学
　　　　胡仁火　湖北科技学院
　　　　贾建波　淮阴工学院
　　　　唐文竹　大连工业大学
　　　　程水明　广东石油化工学院
　　　　谢永芳　重庆邮电大学

华中科技大学出版社
中国·武汉

内 容 简 介

本书是全国普通高等院校生命科学类"十二五"规划教材。

本书根据微生物学实验教学的特点,按照循序渐进的原则,将教学内容分为微生物学实验基础知识、微生物学实验基本操作技术、微生物学基础性实验、微生物学应用技术实验、微生物学综合性实验和微生物学实验技能的测评六个部分,在实验内容的编排上,尽量做到与微生物学理论教学同步,并在附录中详细罗列了常见培养基、染色液、试剂、酸碱指示剂和消毒剂的配制和配方,以方便实际使用。

本书可供综合性、师范类、农林、医学等院校相关专业本科生使用,也可供研究生、相关研究及实验技术人员参考。

图书在版编目(CIP)数据

微生物学实验/程水明,刘仁荣主编. —武汉:华中科技大学出版社,2014.5(2021.8重印)
ISBN 978-7-5609-9707-0

Ⅰ.①微… Ⅱ.①程… ②刘… Ⅲ.①微生物学-实验-高等学校-教材 Ⅳ.①Q93-33

中国版本图书馆 CIP 数据核字(2014)第 101499 号

微生物学实验 程水明 刘仁荣 主编

策划编辑:罗 伟
责任编辑:叶丽萍 罗 伟
封面设计:刘 卉
责任校对:何 欢
责任监印:周治超
出版发行:华中科技大学出版社(中国·武汉) 电话:(027)81321913
　　　　　武汉市东湖新技术开发区华工科技园 邮编:430223
录　　排:华中科技大学惠友文印中心
印　　刷:广东虎彩云印刷有限公司
开　　本:787mm×1092mm　1/16
印　　张:14.75
字　　数:382 千字
版　　次:2021 年 8 月第 1 版第 5 次印刷
定　　价:38.00 元

全国普通高等院校生命科学类"十二五"规划教材
编 委 会

全国普通高等院校生命科学类"十二五"规划教材
组编院校

北京理工大学	华中科技大学	云南大学
广西大学	华中师范大学	西北农林科技大学
广州大学	暨南大学	中央民族大学
哈尔滨工业大学	首都师范大学	郑州大学
华东师范大学	南京工业大学	新疆大学
重庆邮电大学	湖北大学	青岛科技大学
滨州学院	湖北第二师范学院	青岛农业大学
河南师范大学	湖北工程学院	青岛农业大学海都学院
嘉兴学院	湖北工业大学	山西农业大学
武汉轻工大学	湖北科技学院	陕西科技大学
长春工业大学	湖北师范学院	陕西理工学院
长治学院	湖南农业大学	上海海洋大学
常熟理工学院	湖南文理学院	塔里木大学
大连大学	华侨大学	唐山师范学院
大连工业大学	华中科技大学武昌分校	天津师范大学
大连海洋大学	淮北师范大学	天津医科大学
大连民族学院	淮阴工学院	西北民族大学
大庆师范学院	黄冈师范学院	西南交通大学
佛山科学技术学院	惠州学院	新乡医学院
阜阳师范学院	吉林农业科技学院	信阳师范学院
广东第二师范学院	集美大学	延安大学
广东石油化工学院	济南大学	盐城工学院
广西师范大学	佳木斯大学	云南农业大学
贵州师范大学	江汉大学文理学院	肇庆学院
哈尔滨师范大学	江苏大学	浙江农林大学
合肥学院	江西科技师范大学	浙江师范大学
河北大学	荆楚理工学院	浙江树人大学
河北经贸大学	军事经济学院	浙江中医药大学
河北科技大学	辽东学院	郑州轻工业学院
河南科技大学	辽宁医学院	中国海洋大学
河南科技学院	聊城大学	中南民族大学
河南农业大学	聊城大学东昌学院	重庆工商大学
菏泽学院	牡丹江师范学院	重庆三峡学院
贺州学院	内蒙古民族大学	重庆文理学院
黑龙江八一农垦大学	仲恺农业工程学院	

前　　言

  微生物学实验技能在微生物学的专业学习中具有十分重要的地位,对于生命科学体系的其他学科来说,也是必不可少的一项专业技能。同时,微生物学实验技能在工业、农业、食品、环境和医学等方面也有着广泛的应用。

  本书从提高学生的微生物学实际应用能力和创新能力出发,在微生物的染色、观察、培养、计数、生理生化鉴定、菌种保藏、遗传与变异和诱变育种等经典微生物学基础实验的基础上,设立了食品中细菌总数和大肠菌群的检测、抗生素效价的测定、抗生素抗菌谱的测定及药敏试验、废水中生化需氧量的测定、水体富营养化程度的测定、食用菌的培养、酸奶的制作、啤酒的酿制和免疫学测定等实验,力求涵盖微生物学操作技能在工业、农业、食品、环境和医学等方面的应用,做到基本操作技能与实际应用相结合,训练学生综合运用微生物学知识的能力,提高学生的创新能力。

  本书根据微生物学实验教学的特点,按照循序渐进的原则,将教学内容分为微生物学实验基础知识、微生物学实验基本操作技术、微生物学基础性实验、微生物学应用技术实验、微生物学综合性实验和微生物学实验技能的测评六个部分,在实验内容的编排上,尽量做到与微生物学理论教学同步。在附录中详细罗列了常见培养基、染色液、试剂、酸碱指示剂和消毒剂的配制和配方,以方便实际使用。

  本书在编排形式上,分为实验目的与内容、实验原理、实验器材、实验步骤、注意事项、实验结果分析、实验报告、思考与探究和参考文献等几部分,注重理论与实际相结合,引导学生从实验过程中加深对理论知识的理解、掌握与思考,激发学生的学习兴趣和学习的主动性,提高学生的动手能力,帮助学生建立系统的微生物学知识体系。

  本书的编者都是来自微生物学实验教学一线的教师,有着丰富的教学经验,对微生物学实验教学有着深入的理解,在此向他们表示诚挚的谢意!

  我们真诚地希望教师和同学们在使用本书的过程中,对发现的不足之处提出宝贵意见,以便今后改进和提高。

编　者

微生物学实验须知

микробиология实验的目的是训练学生掌握微生物学最基本的操作技能，了解微生物学的基本知识，加深理解课堂讲授的某些微生物学理论。同时，通过实验，培养学生观察、思考、分析问题和解决问题的能力，实事求是、严肃认真的科学态度以及勤俭节约、爱护公物的良好作风。

为了上好微生物学实验课，并保证安全，特提出如下注意事项。

（1）每次实验前必须对实验内容进行充分预习，以了解实验的目的、原理和方法，做到心中有数，思路清楚。

（2）认真及时做好实验记录，对于当时不能得到结果而需要连续观察的实验，则需记下每次观察的现象和结果，以便分析。

（3）实验室内应保持整洁，勿高声谈话和随便走动，保持室内安静。

（4）实验时小心仔细，全部操作应严格按操作规程进行，万一遇到盛菌试管或瓶不慎打破、皮肤破伤或菌液吸入口中等意外情况发生时，应立即报告指导教师，及时处理，切勿隐瞒。

（5）实验过程中，切勿使酒精、乙醚、丙酮等易燃药品接近火焰。如遇火险，应先关掉火源，再用湿布或沙土掩盖灭火，必要时用灭火器。

（6）使用显微镜或其他贵重仪器时，要求细心操作，特别爱护。对消耗材料和药品等要力求节约，用毕后仍放回原处。

（7）每次实验完毕后，必须把所用仪器擦净放妥，将实验室收拾整齐，擦净桌面，如有菌液污染桌面或其他地方时，可用3％来苏尔液或5％石炭酸液覆盖其上半小时后擦去，如是芽孢杆菌，应适当延长消毒时间。凡带菌的工具（如吸管、玻璃刮棒等）在洗涤前须浸泡在3％来苏尔液中进行消毒。

（8）每次实验需进行培养的材料，应标明自己的组别及处理方法，放于教师指定的地点进行培养。实验室中的菌种和物品等，未经教师许可，不得携出实验室外。

（9）每次实验的结果，应以实事求是的科学态度填入报告表格中，力求简明准确，连同思考题及时汇总并交教师批阅。

（10）离开实验室前应将手洗净，注意关闭门窗、灯、火、煤气等。

目　录

第**1**部分 微生物学实验基础知识

1.1 常用器皿的种类、要求与应用

微生物学实验室所用的玻璃器皿,大多要进行消毒、灭菌和用来培养微生物,因此对其质量、洗涤和包装方法均有一定的要求。一般,玻璃器皿要求为硬质玻璃,才能承受高温和短暂灼烧而不致破损;器皿的游离碱含量要少,否则会影响培养基的酸碱度;对玻璃器皿的形状和包装方法的要求,以能防止污染杂菌为准;洗涤方法不恰当也会影响实验结果。本节将对这几方面作详细介绍。

1. 试管(test tube)

微生物学实验室所用玻璃试管,其管壁必须比化学实验室用的厚些,这样在塞棉花塞时,管口才不会破损。试管的形状要求没有翻口,不然微生物容易从棉塞与管口的缝隙间进入试管而造成污染。此外,现在有不用棉塞而用铝制或塑料制的试管帽,若用翻口试管也不便于盖试管帽。有的实验要求尽量减少试管内的水分蒸发,则需使用螺口试管,盖以螺口胶木或塑料帽。

试管的大小可根据用途的不同,准备下列三种型号。

(1) 大试管(约 18 mm×180 mm) 可盛培养皿用的培养基,亦可作制备琼脂斜面用(需要大量菌体时用)。

(2) 中试管[(13~15) mm×(100~150) mm] 盛液体培养基或做琼脂斜面用,亦可用于病毒等的稀释和血清学试验。

(3) 小试管[(10~12) mm×100 mm] 一般用于糖发酵试验或血清学试验,和其他需要节省材料的试验。

2. 德汉氏试管(Durham's tube)

观察细菌在糖发酵培养基内产气情况时,一般在小试管内再套一倒置的小套管(约 6 mm×36 mm),此小套管即为德汉氏试管,又称杜氏小管、发酵小套管。

3. 吸管(移液管,pipette)

(1) 玻璃吸管(glass pipette) 微生物学实验室一般要准备 1 mL、5 mL、10 mL 的刻度玻璃吸管。与化学实验室所用的不同,其刻度指示的容量往往包括管尖的液体体积,亦即使用时要注意将所吸液体吹尽,故有时称为"吹出"吸管。市售细菌学用吸管,有的在吸管上端刻有"吹"字。

除有刻度的吸管外,有时需用不计量的毛细吸管,又称滴管,来吸取动物体液和离心上清

液以及滴加少量抗原、抗体等。

（2）活塞吸管（piston pipette） 主要用来吸取微量液体，故又称微量吸液器或微量加样器。除塑料外壳外，主要部件有按钮、弹簧、活塞和可装卸的吸嘴。按动按钮，通过弹簧使活塞上下活动，从而吸进和放出液体。其特点是容量固定，使用时不用观察刻度，操作方便、迅速。国内产品一般每个活塞吸管固定一种容量，分别有 5 μL、10 μL、20 μL、25 μL、50 μL、100 μL、200 μL、500 μL、1000 μL 等不同容量。而精制的活塞吸管每个在一定的范围内可调节几个容积，例如在 5～25 μL 的范围内，可调节 5 μL、10 μL、15 μL、20 μL、25 μL 五个不同的量，使用时按需要调节，但当调节固定后，每吸一次，容量仍是固定的。用毕只需调换吸嘴或将吸嘴洗净，消毒后再行使用。

活塞吸管是国外 20 世纪 70 年代后半期才开始生产与应用的，近年来国内亦日益广泛应用于免疫学和使用同位素等的科学实验中。

4. 培养皿（petri dish）

常用的培养皿，皿底直径 90 mm，高 15 mm。培养皿一般均为玻璃皿盖，但有特殊需要时，可使用陶器皿盖，因其能吸收水分，使培养基表面干燥，例如测定抗生素生物效价时，培养皿不能倒置培养，则用陶器皿盖为好。

在培养皿内倒入适量固体培养基制成平板，用于分离、纯化、鉴定菌种，微生物计数以及测定抗生素、噬菌体的效价等。

5. 三角烧瓶（erlenmeyer flask）与烧杯（beaker）

三角烧瓶有 100 mL、250 mL、500 mL、1000 mL 等不同的规格，常用来盛无菌水、培养基和摇瓶发酵等。常用的烧杯有 50 mL、100 mL、250 mL、500 mL、1000 mL 等，用来配制培养基与药品。

6. 注射器（injector）

一般有 1 mL、2 mL、5 mL、10 mL、20 mL、50 mL 等不同容量的注射器。注射抗原于动物体内可根据需要使用 1 mL、2 mL 和 5 mL 的；抽取动物心脏血或绵羊静脉血可采用 10 mL、20 mL、50 mL 的。

微量注射器有 10 μL、20 μL、50 μL、100 μL 等不同的大小。一般在免疫学或纸层析等实验中滴加微量样品时应用。

7. 载玻片（slide）与盖玻片（cover slip）

普通载玻片大小为 75 mm×25 mm，用于微生物涂片、染色、形态观察等。盖玻片为 18 mm×18 mm。

凹玻片是在一块厚玻片的当中有一圆形凹窝，做悬滴观察活细菌以及微室培养用。

8. 双层瓶（double bottle）

由内、外两个玻璃瓶组成，内层小锥形瓶盛放香柏油，供油镜头观察微生物时使用，外层瓶盛放二甲苯，用以擦净油镜头。

9. 滴瓶（dropper bottle）

用来装各种染料、生理盐水等。

10. 接种工具

接种工具有接种环（inoculating loop）、接种针（inoculating needle）、接种钩（inoculating hook）、接种铲（inoculating shovel）、玻璃涂布器（glass spreader）等。制造环、针、钩、铲的金属可用铂或镍，原则是软硬适度，能经受火焰反复灼烧，又易冷却。接种细菌和酵母菌用接种环和接种针,其铂丝或镍丝的直径以 0.5 mm 为适当,环的内径约 2 mm,环面应平整。接种某些不易和培养基分离的放线菌和真菌,有时用接种钩或接种铲,其丝的直径要求粗一些,约 1 mm。用涂布法在琼脂平板上分离单个菌落时需用玻璃涂布器,是将玻璃棒弯曲或将玻璃棒一端烧红后压扁而成。

1.2　微生物实验室操作规程

（1）工作人员加强有菌观念,无菌操作。

（2）每日工作前用紫外线照射实验室半小时以上。

（3）入室前应穿工作服,并做好实验前的各项准备工作。

（4）实验室内应保持肃静,不准吸烟、吃东西及用手触摸面部。尽量减少室内活动,以免引起风动。无关人员禁入。

（5）非必要物品禁止带入实验室,必要资料和书籍带入后,应远离操作台。

（6）做好标本的登记、编号及实验记录。未发出报告前,请勿丢弃标本。

（7）标本处理及各项实验应在操作间进行,接种环用完后应立即用火焰灭菌,蘸菌吸管、玻片等用后应浸泡在消毒液内。

（8）实验时手部污染,应立即用过氧乙酸消毒或浸于 3‰来苏尔溶液中 5～10 min,再用肥皂洗手并冲洗干净;如误入口内,应立即吐出,并用 1∶1000 高锰酸钾溶液或 3%双氧水漱口,根据实际情况服用有关药物。

（9）实验过程中,如污染了实验台或地面,应用 3%来苏尔溶液覆盖其上半小时,然后清洗;如污染工作服,应立即脱下,高压灭菌。

（10）使用后的载玻片、盖片、平皿、试管等用消毒液浸泡,经煮沸后清洗或丢弃。

（11）所有微生物培养物,不管标本阳性或阴性均用消毒液浸泡后,经煮沸消毒,才能清洗或丢弃。

（12）取材最好采用一次性工具,不能采用一次性工具者,每次取材前均应彻底消毒。

（13）若出现着火情况,应沉着处理,切勿慌张,立即关闭电闸,积极灭火。易燃物品(如乙醇、二甲苯、乙醚和丙酮等)必须远离火源,妥善保存。

（14）工作结束时检查电器、酒精灯等是否关闭,观察记录培养箱、冰箱温度及工作情况,用浸有消毒液的抹布将操作台擦拭干净,并将试剂、用具等放回原处,清理台面,未污染的废弃物扔进污物桶,有菌废弃物应送高压灭菌后处理。

（15）离室前工作人员应将双手用消毒液消毒,并用肥皂和清水洗净。

（16）爱护仪器设备,遵守仪器使用规范,经常清洁,注意防尘和防潮。每天观察培养箱、冰箱、干燥箱的温度,并做好记录。

（17）发出的微生物报告应认真复审,分析报告、评价报告。

1.3　无菌室使用规程

无菌室一般为 4～5 m²、高 2.5 m 的独立小房间(与外间隔离),专辟于微生物实验室内,可以用板材和玻璃建造。无菌室外要设一个缓冲间,错开门向,以免气流带进杂菌。无菌室和缓冲间都必须密闭,室内装备的换气设备必须有空气过滤装置。在获得了无菌环境和无菌材料后,只有保持无菌状态,才能对某种特定的已知微生物进行研究。所以控菌能力和控菌稳定性是无菌室的核心验收指标。业内通行的验收标准为 100 级洁净区平板杂菌数平均不得超过 1 个菌落,10000 级洁净室平均不得超过 3 个菌落。

(1) 无菌室应严禁放置杂物,无关人员严禁入内。

(2) 无菌室应严格保持整洁,防止污染,定期用甲醛熏蒸消毒(每月一次),使用前用 0.1% 新洁尔灭控式消毒净化工作台。

(3) 实验人员进入无菌室,必须更换无菌衣、帽、鞋等,操作前用 0.1% 新洁尔灭灭菌或 75% 乙醇进行手消毒。

(4) 使用前开启紫外灯照射 60 min,同时打开吹风净化工作台,操作完毕及时清理,再开紫外灯照射 30 min。

(5) 检验过程严格按照无菌操作规程操作,爱惜室内用具,使用完毕,整理检品及各种用具并清洁工作台面。

(6) 接种环在每次使用前后,必须通过火焰灭菌冷却后方可接种培养物。

(7) 所有带菌实验用品,须经有效的消毒灭菌处理后再洗刷。严禁污染下水道。

(8) 无菌室定期进行洁净度测试检查沉降菌(在室内打开肉汤琼脂平皿 30 min,经 37 ℃ 培养 48 h),100 级平均菌落数不得超过 1 个/皿,如超过则应进行清洁消毒。

1.4 净化工作台使用规范

净化工作台又称超净工作台(clean bench)、生物安全柜,是为了适应现代化工业、光电产业、生物制药以及科研试验等领域对局部工作区域洁净度的需求而设计的。其工作原理为:通过风机将空气吸入预过滤器,经由静压箱进入高效过滤器过滤,将过滤后的空气以垂直或水平气流的状态送出,使操作区域达到百级洁净度,保证生产对环境洁净度的要求。超净工作台根据气流的方向分为垂直流超净工作台(vertical flow clean bench)和水平流超净工作台(horizontal flow clean bench),根据操作结构分为单边操作及双边操作两种形式,按其用途又可分为普通超净工作台和生物(医药)超净工作台。

1. 净化工作台操作规程

(1) 使用工作台时,应提前 50 min 开机,同时开启紫外杀菌灯,处理操作区内表面积累的微生物,30 min 后关闭杀菌灯(此时日光灯即开启),启动风机。

(2) 对新安装的或长期未使用的工作台,使用前必须对工作台和周围环境先用超静真空吸尘器或用不产生纤维的工具进行清洁工作,再采用药物灭菌法或紫外线灭菌法进行灭菌处理。

(3) 操作区内不允许存放不必要的物品,保持工作区的洁净气流流型不受干扰。

(4) 操作区内尽量避免做明显扰乱气流流型的动作。

(5) 操作区的使用温度不可以超过 60 ℃。

2. 维护规程及维护方法

(1) 根据环境的洁净程度,可定期(一般 2~3 个月)将粗滤布(涤纶无纺布)拆下清洗或给予更换。

(2) 定期(一般为一周)对环境周围进行灭菌工作,同时经常用纱布蘸乙醇或丙酮等有机溶剂将紫外线杀菌灯表面擦干净,保持表面清洁,否则会影响杀菌效果。

(3) 操作区平均风速保持在 0.32～0.48 m/s 范围内。

1.5　手提式高压蒸汽灭菌锅使用规范

一、操作规程

(1) 准备:首先将内层灭菌桶取出,再向外层锅内加入适量的去离子水或蒸馏水,使水面与三角搁架相平为宜。

(2) 放回灭菌桶,并装入待灭菌物品。注意不要装得太挤,以免妨碍蒸汽流通而影响灭菌效果。三角烧瓶与试管口端均不要与桶壁接触,以免冷凝水淋湿包口的纸而透入棉塞。

(3) 加盖,并将盖上的排气软管插入内层灭菌桶的排气槽内。再以两两对称的方式同时旋紧相对的两个螺栓,使螺栓松紧一致,勿使漏气。

(4) 加热,并同时打开排气阀,使水沸腾以排除锅内的冷空气。待冷空气完全排尽后,关上排气阀,让锅内的温度随蒸汽压力增加而逐渐上升。当锅内压力升到所需压力时,控制热源,维持压力至所需时间(在温度或者压力达到所需时,一般为 121 ℃,0.1 MPa),这时需要切断电源,停止加热。当温度下降时,再开启电源开始加热,使温度维持在恒定的范围之内。

(5) 灭菌所需时间到后,切断电源,让灭菌锅内温度自然下降,当压力表的压力降至"0"位时,打开排气阀,旋松螺栓,打开盖子,取出灭菌物品。

二、注意事项

(1) 灭菌物品不能堆得太满、太紧,以免影响温度均匀上升。

(2) 降温时待温度自然降至 60 ℃以下再打开箱门取出物品,以免因温度过高而骤然降温导致玻璃器皿炸裂。

(3) 在灭菌过程中,应注意排净锅内冷空气。

(4) 由于高压蒸汽灭菌时,要使用温度高达 120 ℃、2 个大气压的过热蒸汽,操作时,必须严格按照操作规程操作,否则容易发生意外事故。

(5) 不同类型的物品不应放在一起进行灭菌。

(6) 在未放气,容器内压力尚未降到"0"位以前,绝对不允许打开容器盖。

1.6　全自动高压蒸汽灭菌器使用规程

一、操作规程

(1) 在设备使用中,应对安全阀加以维护和检查,当设备闲置较长时间重新使用时,应扳动安全阀上的小扳手,检查阀芯是否灵活,防止因弹簧锈蚀影响安全阀起跳。

(2) 设备工作时,当压力表指示超过 0.165 MPa 时,安全阀不开启,应立即关闭电源,打开放气阀旋钮,当压力表指针回零时,稍等 1~2 min,再打开容器盖并及时更换安全阀。

二、注意事项

(1) 堆放灭菌物品时,严禁堵塞安全阀的出气孔,必须留出空间保证其畅通放气。

(2) 每次使用前必须检查外桶内水量是否保持在灭菌桶搁脚处。

(3) 当灭菌器持续工作,在进行新的灭菌作业时,应留有 5 min 的时间,并打开上盖让设备有时间冷却。

(4) 灭菌液体时,应将液体罐装在硬质的耐热玻璃瓶中,以不超过 3/4 容积为好,瓶口选用棉花塞,切勿使用未开孔的橡胶或软木塞。特别注意:在灭菌液体结束时不准立即释放蒸汽,必须待压力表指针回复到"0"位后方可排放余气。

(5) 对不同类型、不同灭菌要求的物品(如敷料和液体),切勿放在一起灭菌,以免顾此失彼,造成损失。

(6) 取放物品时注意不要被蒸汽烫伤(可戴上线手套)。

1.7 冰箱使用规程

一、操作规程

(1) 开机:冰箱按说明书要求放好后,插上电源线,确定其在正常供电状态下。

(2) 物品的放置。

(3) 将冰箱调节到所需功能。

(4) 打开冰箱相应功能的箱门,将所需放置/取出的物品,放置/取出在冰箱、冰柜内。

(5) 物品放置好/取出后,将箱门关严,通过屏幕显示确定其在正常供电情况。

二、安全使用注意事项

(1) 严禁储存或靠近易燃、易爆、有腐蚀性物品及易挥发的气体、液体,不得在有可燃气体的环境中存放或使用。

(2) 实验室使用冰箱内禁止存放与实验无关的物品。储存在冰箱内的所有容器应当清楚地标明内装物品的科学名称、储存日期和储存者的姓名。未标明的或废旧物品应当高压灭菌并丢弃。

(3) 放入冰箱内的所有试剂、样品、质控品等必须密封保存。

(4) 箱体表面请勿放置较重或较热的物体,以免变形。

(5) 保持冰箱出水口通畅。

(6) 在清洁/除霜时,切不可使用有机溶剂、开水及洗衣粉等对冰箱有害的物质。

1.8 天平操作规程

(1) 使用天平前应先观察水准器中气泡是否在圆形水准器正中,如偏离中心,应调节地脚螺栓使气泡保持在水准器正中央,单盘天平(机械式)调整前面的地脚螺栓,电子天平调整后面的地脚螺栓。

（2）天平使用前应首先调零,电子天平使用前还应用标准砝码校准。

（3）天平门开关时动作要轻,防止震动影响天平精度和准确读数。

（4）天平称量时要将天平门关好,严禁开着天平门时读数,防止空气流动对称量结果造成影响。

（5）电子天平的去皮键使用要慎重,严禁用去皮键使天平回零。

（6）如发现天平的托盘上有污物要立即擦拭干净。天平要经常擦拭,保持洁净,擦天平内部时要用洁净的干布或软毛刷,如干布擦不干净可用 95％乙醇擦拭,严禁用水擦拭天平内部。

（7）同一次分析应用同一台天平,避免系统误差。

（8）天平载重不得超过最大负荷。

（9）被称物应放在干燥、清洁的器皿中称量,挥发性、腐蚀性物体必须放在密封加盖的容器中称量。

（10）电子天平接通电源后应预热 2 h 才能使用。

（11）搬动或拆装天平后要检查天平性能。

（12）称量完毕后将所用称量纸带走。

（13）称量完毕,保持天平清洁,物品按原样摆放整齐。

1.9　光学显微镜使用规范

1. 取镜和放置

右手紧握镜臂,左手托住镜座取出(特别禁止单手提显微镜,防止目镜从镜筒中滑脱)。放置桌边时动作要轻。一般应在身体的前面,略偏左,镜筒向前,镜臂向后,距桌边 7～10 cm 处,以便观察和防止掉落。然后安放目镜和物镜。

2. 对光

用拇指和中指移动旋转器,使低倍镜对准镜台的通光孔。打开光圈,上升集光器,并将反光镜转向光源,以左眼在目镜上观察(右眼睁开),同时调节反光镜方向,直到视野内的光线均匀明亮为止。

3. 低倍镜的使用方法

（1）放置玻片标本　取一玻片标本放在镜台上,一定使有盖玻片的一面朝上,切不可放反,用推片器弹簧夹夹住,然后旋转推片器螺旋,将所要观察的部位调到通光孔的正中。

（2）调节焦距　以左手按逆时针方向转动粗调节器,使镜台缓慢地上升至物镜距标本片约5 mm处,要从右侧看着镜台上升,以免上升过多造成镜头或标本片的损坏。然后,两眼同时睁开,用左眼在目镜上观察,左手以顺时针方向缓慢转动粗调节器,使镜台缓慢下降,直到视野中出现清晰的物像为止。

4. 高倍镜的使用方法

（1）选好目标　一定要先在低倍镜下把需进一步观察的部位调到中心,同时把物像调节到最清晰的程度,才能进行高倍镜的观察。

（2）选择高倍镜　转动转换器,调换上高倍镜头,转换高倍镜时转动速度要慢,并从侧面进行观察(防止高倍镜头碰撞玻片),如高倍镜头碰到玻片,说明低倍镜的焦距没有调好,应重新操作。

(3)调节焦距 转换好高倍镜后,用左眼在目镜上观察,此时一般能见到一个不太清楚的物像,可将细调节器的螺旋逆时针移动 0.5~1 圈,即可获得清晰的物像(切勿用粗调节器)。

1.10　恒温干燥箱使用规程

一、操作程序

(1)接通电源,打开电源开关。

(2)设置加热温度。

(3)待温度达到设置温度并无异常情况,稳定后放入样品,开始计时至所需干燥程度。

二、注意事项

(1)设置温度时,通常将温度设置在稍低于实验温度,待温度达到设置温度后,再设置到实验温度。

(2)新购电热恒温干燥箱应校检合格方能使用,所有电热恒温干燥箱每年由计量所校检一次。

(3)干燥箱安装在室内干燥的水平处,防止震动和被腐蚀。

(4)使用时注意安全用电,电源刀闸容量和电源导线容量要足够,并要有良好的接地线。

(5)箱内放入样品时不能摆放太密,散热板上不能放样品,以免影响热气向上流动。

1.11　恒温培养箱使用规范

一、操作程序

(1)接通电源,开启电源开关。

(2)调节器按钮调至温度挡,并调节至所需温度,点击确认按钮,加热指示灯亮,培养箱进入升温状态。

(3)如温度已超过所需温度时,可将调节器按钮调至温度挡,并调节至所需温度,待温度降至所需温度时,即调整至红色指示灯自动熄灭,可自动控制所需温度。

(4)箱内的温度应以温度表指示为准。

二、维修保养及注意事项

(1)恒温培养箱必须有效接地,以保证使用安全。

(2)在通电使用时忌用手触及箱左侧空间内的电器部分,或用湿布擦抹及用水冲洗。

(3)电源线不可缠绕在金属物上或放置在潮湿的地方,必须防止橡皮老化以及漏电。

(4)实验物放置在箱内不宜过挤,要使空气流动畅通,保持箱内平均受热,在实验时,应将顶部适当旋开,使湿空气外逸以利于调节箱内温度。

（5）箱内、外应每日保持清洁，每次使用完毕应当进行清洁。

（6）若长时间停用，应将电源切断。

1.12　霉菌培养箱操作规程

一、操作规程

（1）通电：将本机电源插头插入电源座中，按面板上电源开关，开关指示灯亮，表示电源已接通。

（2）按动面板上照明开关，开关指示灯亮，同时箱内照明灯点亮，再按一下灯熄灭。

（3）控温仪菜单操作：按照使用说明书调节。

（4）培养箱应经常保持清洁，切忌用酸、化学稀释、汽油、苯之类的化学物品清洗箱内的任何部件。

（5）在使用过程中，遇到突然停电时，应及时将电源插头拔下，至少等待 5 min 后方可重新通电启用。

（6）开机正式使用前，清楚操作程序后方可开机使用。

（7）外壳必须有效接地，以保证使用安全。

（8）清洁：每月对培养箱内部进行清洁，用消毒液进行擦拭消毒，用干净的微湿的抹布将外表面擦拭干净。

二、注意事项

（1）仪器必须安放在坚固、平整的地面上，以免运转时产生不必要的麻烦。电源应有可靠接地确保安全。

（2）培养箱的门不宜经常打开且不宜长时间打开。

（3）培养箱放置的空间要足够大。

1.13　电子恒温水浴锅使用规程

一、操作规程

（1）将水浴锅放在固定的平台上，电源电压必须与产品要求的电压相符，电源插座应采用三孔安全插座，必须安装地线。

（2）使用前先将水加入箱内，水位必须高于隔板，切勿无水或水位低于隔板加热，以防损坏加热管。

（3）插上电源，打开开关，将控温设定旋钮调至所需要的温度刻度。绿灯亮表示升温，红灯亮表示定温。

二、注意事项

注水时不可将水流入控制箱内，以防发生触电，不用时将水及时放掉，并擦干净保持清洁，以利于延长使用寿命。

1.14 真空干燥箱的使用规程

一、操作过程

（1）需要干燥处理的物品放入真空干燥箱内,将箱门关上,并关闭放气阀,开启真空阀,再开启真空泵电源开始抽气,使箱内达到真空度-0.1 MPa,关闭真空阀,再关闭真空泵电源开关。

（2）把真空干燥箱电源开关拨至开处,选择所需的设定温度,箱内温度开始上升,当箱内温度接近设定温度时,加热指示灯忽亮忽灭,反复多次,一般 120 min 以内隔板层面进入恒温状态。

（3）当所需工作温度较低时,可采用二次设定方式,如所需工作温度为 60 ℃,第一次可先设定 50 ℃,等温度过冲开始回落后,再第二次设定为 60 ℃,这样可降低甚至杜绝温度过冲现象,尽快进入恒温状态。

（4）根据不同物品不同的潮湿程度,选择不同的干燥时间,如干燥时间长,真空度下降,需要再次抽气恢复真空度,应先开启真空泵电机开关,再开启真空阀。

（5）干燥结束后,应先关闭电源,旋动放气阀,解除箱内真空状态,再打开箱门取出物品。（解除真空后,因密封圈与玻璃门吸紧变形不易立即打开箱门,应稍等片刻等密封圈恢复原形后,才能方便开启箱门）。

二、注意事项

（1）真空箱外壳必须有效接地,以保证使用安全。

（2）真空箱不连续抽气使用时,应先关闭真空阀,再关闭真空泵电机电源,否则真空泵油要倒灌至箱内。

（3）取出被处理物品时,如处理的是易燃物品,必须待温度冷却至低于燃点后,才能放入空气,以免发生氧化反应引起燃烧。

（4）真空箱无防爆装置,不得干燥易爆物品。

（5）非必要时,请勿随意拆开边门,以免损坏电器系统。

三、维护与保养

（1）真空箱应经常保持清洁,箱门玻璃应用松软棉布擦拭,切记禁用会与箱门发生反应的化学溶剂擦拭,以免发生化学反应和擦伤玻璃。

（2）如真空箱长期不用,应在电镀件上涂中性油脂或凡士林以防腐蚀,并套好塑料薄膜防尘罩放在干燥的室内,以免电器件受潮而影响使用。

第 2 部分　微生物学实验基本操作技术

2.1　棉塞的制作

培养好气性微生物时不仅需要提供优良的通气条件,同时为防止杂菌感染,必须在试管及锥形瓶口加上棉花塞(硅胶透气塞、试管帽、8 层纱布、塑料封口膜)等对空气进行过滤除菌。由于硅胶透气塞、试管帽等为市售,故仅将棉塞制作方法简介如下。

1. 取棉花

按试管或三角瓶口径大小,取适量市售普通棉花(不可用脱脂棉),使成形后棉塞大小适合试管或三角瓶口径及棉塞在口内的长度。

2. 整理

将棉絮铺成近方形,中间较厚,边缘薄而纤维外露,形状如图 2-1-1 中的 1 与 A 所示。

3. 折角

将近方形的棉花块的一角向内折(此折叠处的棉花较厚,制成塞后为试管棉塞外露的"头"部位置),显五边形,如图 2-1-1 中的 2 与 B 所示。

4. 卷紧

用拇指和食指将五边形的下脚折起,然后双手卷起棉塞成圆柱状,使柱状内的棉絮心较紧(起一"轴心"作用),如图 2-1-1 中的 3、4 和 C 所示。

5. 成形

在卷折的棉塞圆柱状基础上,将另一角向内折叠后继续卷折棉塞成形,使塞外边缘的棉絮

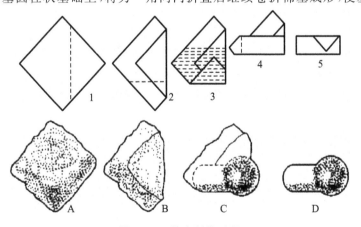

图 2-1-1　棉塞制作过程

绕缚在棉塞柱体上,从而使棉塞外形光洁如幼蘑菇状态,如图 2-1-1 中的 5 和 D 所示。

6. 塞棉塞

棉塞的形状、大小和松紧度要合适,四周紧贴管壁,不留缝隙,才能起到防止杂菌侵入和有利于通气的作用,棉塞的直径和长度常依试管或三角瓶瓶口大小而定,一般约 2/3 塞入试管或瓶口内,1/3 在试管外,以防棉塞脱落,如图 2-1-2 所示。要松紧适宜,紧贴管内壁而无缝隙。棉塞不宜过紧或过松,塞好后以手提棉塞,试管或三角瓶不下落,拔出时无响声为宜。

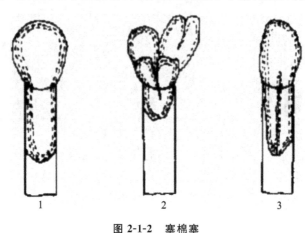

图 2-1-2 塞棉塞

1—正确的棉塞;2、3—不正确的棉塞

7. 其他通气方法

对较粗的试管棉塞或三角瓶棉塞,通常在棉塞外包上一层纱布,既增加美感,又可延长其使用寿命。有时为了进行液体振荡培养,加大通气量,可用 8 层纱布代替棉塞包在瓶口上,有较好的效果。目前采用较多的是硅胶透气塞,有不同规格市售,既可通气又耐高压灭菌,还有一定的耐酸碱腐蚀和阻燃效果;除此以外,采用较多的还有封口膜,由于既能保证良好通气,过滤除菌,又操作简便,也较常使用。

2.2 玻璃器皿的清洗

无论在微生物培养还是在化学分析工作中,清洁的玻璃器皿是实验取得正确结果的先决条件,因此,玻璃器皿的清洗不仅是一项实验前的重要准备工作,也是一项技术性的工作。酸可以溶解一些无机盐沉淀;碱也可以和一些污垢发生化学反应;有机溶剂利用相似相溶原理(溶质与溶剂在结构上相似,溶质与溶剂彼此互溶)可以洗去油污或可溶于该溶剂的有机物质;重铬酸钾、高锰酸钾及乙二胺四乙酸二钠等可以和玻璃器皿上的污垢反应,使其降解。

(一)用各种溶液进行洗涤

1. 水刷洗

准备一些用于洗涤各种形状仪器的毛刷,如试管刷、烧杯刷、瓶刷等。首先用毛刷蘸水刷洗仪器,用水冲去可溶性物质及刷去表面黏附的灰尘。但水只能洗去可溶解在水中的沾污物;不溶于水的沾污物(如油污),就必须用其他方法处理后,再在水中清洗。

2. 肥皂、去污粉和漂白粉

这些良好的去污剂可分别配制成 5% 的肥皂水、5% 的去污粉水或 5%～10% 的漂白粉水。

加热后的肥皂水去污能力更强,特别是对沾有油污的器皿。当油脂过多时,应先用纸将油擦去,再用肥皂水洗。

3．铬酸洗液

重铬酸钾与硫酸作用后形成铬酸,铬酸的氧化能力极强,因而此液具有极强的去污作用。铬酸洗液分为浓铬酸洗涤液和稀铬酸洗涤液,其配制原料和方法如下。

(1)浓铬酸洗涤液　重铬酸钾 60 g、浓硫酸 460 mL、水 300 mL。

(2)稀铬酸洗涤液　重铬酸钾 60 g、浓硫酸 60 mL、水 1000 mL。

将重铬酸钾溶解在温水中,冷却后缓慢加入浓硫酸,边加边搅拌,即成深红色的溶液,还可以看到红色的小结晶体。配好后,可存储于玻璃瓶中,盖紧备用。此液使用仅限于玻璃和瓷质器皿,不适用于金属和塑料器皿。

4．酸性洗液

2%的盐酸,用于洗去碱性物质及大多数无机物残渣。

5．碱性洗液

10%的氢氧化钠溶液,加热使用时去油污效果较好。注意加热的时间太长会腐蚀玻璃器皿。

6．新洁尔灭溶液

将 50 mL(5%)新洁尔灭溶于 950 mL 的水中,配制成 0.25%的新洁尔灭溶液,用于药物杀菌试验。用过的盖玻片、载玻片、器皿可放入新洁尔灭溶液中进行消毒。

7．碱性高锰酸钾洗液

将 4 g 高锰酸钾溶于水中,加入 10 g 氢氧化钠,用水稀释至 100 mL 即可配制得到碱性高锰酸钾洗液。清洗油污或其他有机物质,洗后容器沾污处有褐色二氧化锰析出,再用浓盐酸或草酸洗液、硫酸亚铁、亚硫酸钠等还原剂去除。

8．有机溶剂

汽油、二甲苯、乙醚、丙酮、二氯乙烷等可洗去油污或可溶于该溶剂的有机物质,用时要注意其毒性及可燃性。

(二)针对各种玻璃器皿进行洗涤

新购置的玻璃器皿含有游离碱和一些可溶性物质,实验前用 2%的盐酸处理数小时,再用清水洗净。

1．一般器皿

试管、烧杯、烧瓶和培养皿等器皿,洗涤前应先用铁丝或铁片将其中的残渣清除,然后用水洗净,或者用瓶刷或海绵蘸上肥皂或洗衣粉或去污粉或洗涤剂等刷洗,再用清水冲洗。洗衣粉和去污粉较难冲洗干净,常在器壁上附有一层微小粒子,故要用水多次(甚至 10 次以上)充分冲洗或者用稀盐酸摇洗一次,再用水冲洗。必要时,用蒸馏水冲洗一次。如需更洁净的器皿,在上述洗涤的基础上,再用铬酸洗液处理 10 min,用清水将洗液冲洗干净,然后倒置于铁丝框内或有空心格子的木架上,在室内晾干。急用时可盛于框内或搪瓷盘上,放烘箱烘干。器皿中如有病原菌,应先高压灭菌或者煮沸一段时间,将培养物倒去,再进行洗涤;如有非病原菌,则应煮沸半小时或浸泡在 0.25%的新洁尔灭溶液内 24 h 后再洗涤。玻璃器皿洗涤后,内壁的水应该是均匀分布的,若挂有水珠,则还需用洗涤液浸泡数小时,再用自来水冲洗。盛放一般培养基的器皿经上法洗涤后即可使用,若需精确配制化学药品,或科研用的精确实验,要求自来水冲洗干净后,再用蒸馏水淋洗三次,晾干或烘干后备用。

2. 载玻片和盖玻片的洗涤

用过的载玻片和盖玻片如滴有香柏油,要先用纸擦去或浸在二甲苯内摇晃几次,使油污溶解,再在肥皂水中煮沸 5～10 min,用软布或脱脂棉花擦拭,并立即用自来水冲洗,然后在稀洗涤液中浸泡 0.5～2 h,用自来水冲去洗涤液,最后蒸馏水换洗数次,待干后浸于 95% 乙醇中保存备用。使用时在火焰上烧去乙醇。用此法洗涤和保存的载玻片和盖玻片清洁透亮,没有水珠。检查过活菌的载玻片或盖玻片应先在 0.25% 新洁尔灭溶液中浸泡 24 h,然后按上法洗涤与保存。

盖玻片和载玻片如果沾有油污或树胶等,可先用肥皂水煮,后用水冲洗,再按以上方法用铬酸洗液处理后,洗涤干净。经过染色或加拿大树胶封藏的玻片,需用浓铬酸洗液煮沸,清水洗净,再按以上方法用洗液处理,效果会更好。

3. 玻璃吸管

吸过血液、血清、糖溶液或染料溶液等的玻璃吸管(包括毛细吸管),使用后立即投入盛有自来水的盆中、量筒或标本瓶内,免得干燥后难以冲洗。量筒或标本瓶底部应垫以脱脂棉花,否则吸管投入时容易破损。待实验完毕,再集中冲洗。若吸管顶部塞有棉花,冲洗前可用牙签将其挑出或先将吸管尖端与装在水龙头上的橡皮管连接,用水将棉花冲出。吸过含微生物培养物的吸管应立即投入盛有 0.25% 新洁尔灭溶液的盆中,24 h 后取出冲洗。吸管内如有油污,同样置于洗液中数小时后再冲洗。洗涤方法是:右手拿吸管,管的下口插入洗液中,左手拿吸耳球,先将球内空气压出,然后把球的尖端接在吸管的上口,慢慢松开左手手指,将洗液慢慢吸入管内直至上升到刻度以上部分,等待片刻后,将洗液放回原瓶中。如需较长时间浸泡在洗液中时,应准备一个高型玻璃筒或大量筒,筒底铺些玻璃毛,将吸管直立于筒中,筒内装满洗液,筒口用玻璃片盖上。浸泡一段时间后,取出吸管,沥净洗液,用自来水冲洗,再用蒸馏水淋洗干净。洗净的标志是内壁不挂水珠。

4. 比色皿

注意保护好透光面,拿取时手指应捏住毛玻璃面,不要接触透光面。使用前要充分洗净,可用重铬酸钾洗液洗涤。用自来水、蒸馏水充分洗净后倒立在纱布或滤纸上晾干,如急用,可用乙醇、乙醚润洗后用吹风机吹干。吸光度测定前用柔软的棉织物或纸吸去透光面的液珠,用擦镜纸轻轻擦拭一下。

5. 容量瓶

试漏:装水到标线附近,盖上塞,用手按住,倒置容量瓶,观察是否漏水,如不漏,把瓶直立后,转动塞 180° 后再倒置试一次。

洗涤:先用自来水洗,后用蒸馏水淋洗 2～3 次。较脏时,可用铬酸洗液洗涤,洗时将瓶内水尽量倒空,然后加入铬酸洗液 10～20 mL,盖上塞,边转动边向瓶口倾斜,至洗液布满全部内壁。放置数分钟,倒出洗液,用自来水充分洗涤,再用蒸馏水淋洗后备用。

稀释:稀释到约 3/4 体积时,将容量瓶平摇几次(切勿倒转摇动),然后继续加蒸馏水,近标线时应小心逐滴加入,直至溶液的弯月面与标线相切为止,盖上塞子。左手食指按住塞子,右手手指尖顶住瓶底边缘,将容量瓶倒转并振荡,再倒转过来,仍使气泡上升到顶,如此反复 15～20 次即可摇匀。

6. 滴定管

洗涤:无明显油污、较清洁的滴定管可直接用自来水冲洗,或用肥皂水或洗衣粉水泡洗,但不可用去污粉刷洗,以免划伤内壁,影响体积的准确测量。若有油污不易洗净时可倒入 10～

15 mL 铬酸洗液润洗。如果污垢较严重,则需要浸泡。

碱式滴定管的洗涤方法与酸式滴定管基本相同,但要注意铬酸洗液不能直接接触胶管,否则会使胶管变硬损坏。将胶管取下换滴瓶塑料帽然后装洗液洗涤,或取下尖嘴后将滴定管倒立于装洗液的烧杯中用泵抽或吸耳球吸,待吸液到胶管处时即停止。

装溶液、赶气泡:先用标准溶液润洗 2～3 次后再装溶液。酸式滴定管转动活塞迅速排出下端残存的气泡,碱式滴定管将胶管向上弯曲,用力捏挤使溶液从尖嘴喷出,以排出气泡。

(三)玻璃仪器的干燥

实验经常要用到的玻璃仪器应在每次实验完毕后洗净干燥备用。不同实验对仪器的干燥有不同的要求,一般定量分析用的烧杯、锥形瓶等仪器洗净即可使用,而用于食品分析的仪器很多要求是干燥的,有的要求无水痕,有的要求无水。应根据不同要求进行仪器干燥。

1. 晾干

不急着用的仪器,可在用蒸馏水冲洗后在无尘处倒置控去水分,然后自然干燥。可用安有木钉的架子或带有透气孔的玻璃柜放置仪器。

2. 烘干

洗净的仪器控去水分,放在烘箱内烘干,烘箱温度为 105～110 ℃,烘 1 h 左右。也可放在红外灯干燥箱中烘干。此法适用于一般仪器。称量瓶等在烘干后要放在干燥器中冷却和保存。带实心玻璃塞及厚壁的仪器烘干时要注意慢慢升温并且温度不可过高,以免破裂。量器不可放于烘箱中烘烤。

硬质试管可用酒精灯加热烘干,要从底部烤起,把管口向下,以免水珠倒流造成试管炸裂,烘到无水珠后把试管口向上赶净水汽。

3. 热(冷)风吹干

对于急需干燥的仪器或不适于放入烘箱等较大的仪器,可用吹干的办法。通常用少量乙醇、丙酮(或最后再用乙醚)倒入已控去水分的仪器中摇洗,然后用电吹风机吹,开始用冷风吹 1～2 min,当大部分溶剂挥发后吹入热风至完全干燥,再用冷风吹去残余蒸汽,不使其又冷凝在容器内。

(四)注意事项

(1)进行清洗时,应根据不同的器皿规格选择不同的毛刷。不同性质的玻璃器皿应该分开洗涤。

(2)针对仪器沾污物的性质,采用不同洗涤液通过化学或物理作用能有效地洗净仪器。要注意在使用性质不同的洗液时,一定要把上一种洗液除去后再用另一种,以免相互作用,生成的产物更难洗净。

(3)洗液的使用要考虑能有效地除去污染物,不引进新的干扰物质(特别是微量分析),又不应腐蚀器皿。玻璃器皿投入洗液前,应尽量干燥,避免洗液稀释。

(4)强碱性洗液不应在玻璃器皿中停留超过 20 min,以免腐蚀玻璃。洗液中含有硫酸时,具有强腐蚀作用,玻璃器皿浸泡时间太长,会使玻璃变质,因此切记将器皿取出冲洗。其次,洗液若沾污衣服和皮肤应立即用水洗,再用苏打水或氨液洗。如果洗液溅在桌椅上,应立即用水洗去或湿布抹去。

(5)有大量有机污物的器皿应先行擦洗,然后用洗液,这是因为有机质过多,会加快洗液失效,此外,洗液虽为很强的去污剂,但也不是所有的污迹都可清除。盛洗液的容器应始终加盖,以防氧化变质。

(6) 凡在实验中用过的带有微生物的玻璃器皿,应先经高压灭菌后或在消毒液中浸泡后才能清洗。如为带芽孢的杆菌或有孢子的霉菌,则应延长浸泡时间。

2.3 玻璃器皿的包装

灭菌器材包装时应用注意事项和要求如下。

(1) 玻璃管道口(尖吸管、移液管手持端、抽滤瓶下口端等)加棉花。

(2) 封闭器材使用端,标记器材手持端。

(3) 尽可能用小包装。

一般玻璃器皿的包装:玻璃器皿的开口处必须塞以棉塞或纸张严密包紧,并用绳子扎紧,以便于消毒和储存。包装材料常用牛皮纸、棉布、铝饭盒、特制不锈钢盒,小的培养皿、注射器等可用牛皮纸包装后再装入饭盒内。吸管、滴管接口用脱脂棉塞上(松紧适宜),装入消毒筒内,外用牛皮纸包好,并用绳子扎好灭菌。

1. 培养皿的包装

培养皿常用旧报纸密密包紧,一般以5~8套培养皿作一包,少于5套工作量太大,多于8套不易操作。包好后进行干热灭菌,如将培养皿放入铜筒内进行干热灭菌,则不必用纸包。铜筒有一圆筒形的带盖外筒,里面放一装培养皿的带底框架,此框架可自圆筒内提出,以便装取培养皿。如图2-3-1所示,其中(a)、(b)为所使用框架图,(c)为牛皮纸包裹图。

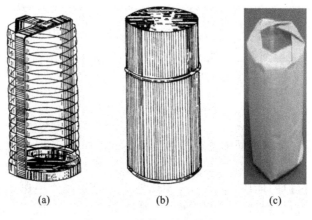

(a)　　　　　(b)　　　　　(c)

图 2-3-1　培养皿的包装方法

2. 吸管的包装

准备好干燥的吸管,在距其粗头顶端约 0.5 cm 处,塞一小段约 1.5 cm 长的棉花,以免使用时将杂菌吹入其中,或不慎将微生物吸出管外。棉花要塞得松紧恰当:过紧,吹、吸液体太费力;过松,吹气时棉花会下滑。然后分别将每支吸管尖端斜放在旧报纸的近左端,与报纸约成45°角,并将左端多余的一段纸覆折在吸管上,再将整根吸管卷入报纸,右端多余的报纸打一小结。如此包好的很多吸管可再用一张大报纸包好,进行干热灭菌。

如果有装吸管的铜筒,亦可将分别包好的吸管一起装入铜筒,进行干热灭菌;若预计一筒灭菌的吸管可一次用完,亦可不用报纸包而直接装入铜筒灭菌,但要求将吸管的尖端插入筒底,粗端在筒口,使用时,铜筒卧放在桌上,用手持粗端拔出。图 2-3-2 为吸管包装过程。

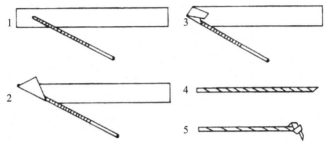

图 2-3-2 吸管的包装

3. 试管和三角烧瓶等的包装

试管管口和三角烧瓶瓶口塞以棉花塞,然后在棉花塞与管口和瓶口的外面用两层报纸(不可用油纸)与细线包扎好,进行干热灭菌。试管塞好棉花塞后也可一起装在铁丝篓中,用大张报纸将一篓试管口做一次包扎,包纸的目的在于保存期内避免灰尘侵入。

空的玻璃器皿一般用干热灭菌,若需湿热灭菌,则要多用几层报纸包扎,外面最好再加一层牛皮纸。

如果试管盖的是铝帽,则不必包纸,可直接干热灭菌。用塑料帽,则宜湿热灭菌。图 2-3-3 为三角烧瓶的包装示意图。

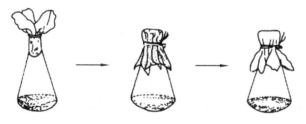

图 2-3-3 三角烧瓶的包装示意图

2.4 灭菌设备及操作技术

灭菌是指用物理或化学方法杀灭全部微生物,包括致病和非致病微生物以及芽孢,使之达到无菌保障水平。经过灭菌处理后,未被污染的物品,称为无菌物品。经过灭菌处理后,未被污染的区域,称为无菌区域。

灭菌常用的方法有化学试剂灭菌、射线灭菌、干热灭菌、湿热灭菌和过滤除菌等。可根据不同的需求,采用不同的方法,如培养基灭菌一般采用湿热灭菌,空气则采用过滤除菌。本节主要介绍实验室常用的几种灭菌设备及具体的操作技术。

(一)电热恒温干燥箱

电热恒温干燥箱(图 2-4-1)常被我们称为烘箱、干燥箱或恒温干燥箱,主要用途是烘干物品和干热灭菌。

干热灭菌是指用干燥热空气(170 ℃)杀死微生物的方法,有火焰灼烧灭菌和热空气灭菌两种。火焰灼烧灭菌适用于接种环、接种针和金属用具(如镊子)等,无菌操作时试管口和瓶口也在火焰上做短暂灼烧灭菌。通常所说的干热灭菌是在电热恒温干燥箱内灭菌,在热空气160～170 ℃下保温 2 h 进行灭菌。干热灭菌法适用于玻璃器皿,如试管、培养皿、三角烧瓶、移液管等。

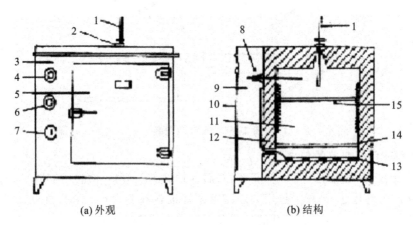

(a) 外观   (b) 结构

图 2-4-1　电热恒温干燥箱

1—温度计;2—排气阀;3—箱体;4—控温器旋钮;5—箱门;
6—指示灯;7—加热开关;8—温度控制阀;9—控制室;10—侧门;
11—工作室;12—保温层;13—电热器;14—散热板;15—隔板

干热灭菌法的具体操作方法如下。

(1) 装入待灭菌物品　预先将各种器皿用纸包好或装入金属制的培养皿筒、移液管筒内,然后放入电热恒温干燥箱中。物品不要摆得太挤,以免妨碍空气流通,灭菌物品不要接触电热恒温干燥箱内壁的铁板,以防包装纸烤焦起火。

(2) 升温　关好电热恒温干燥箱门,打开电源开关,旋动控温器旋钮至所需温度刻度(本实验所需温度为 160～170 ℃),此时电热恒温干燥箱红灯亮,表明电热恒温干燥箱已开始加热,当温度上升至所设定温度后,则电热恒温干燥箱绿灯亮,表示已停止加温。

(3) 恒温　当温度升到所需温度后,维持此温度 2 h。干热灭菌过程中严防恒温调节器的自动控制失灵而造成安全事故。

(4) 降温　切断电源,自然降温。

(5) 取出灭菌物品　待电热恒温干燥箱内温度降到 70 ℃以下后,才能打开箱门,取出灭菌物品。切勿自行打开箱门以免骤然降温导致玻璃器皿炸裂。

(二) 高压蒸汽灭菌锅

高压蒸汽灭菌锅灭菌是将待灭菌的物品放在一个密闭的加压灭菌锅内,通过加热,使灭菌锅隔套间的水沸腾而产生水蒸气。待水蒸气急剧地将锅内的冷空气从排气阀中驱尽,然后关闭排气阀,继续加热,此时由于水蒸气不能逸出,而增加了灭菌锅内的压力,从而使沸点增高,得到高于 100 ℃的温度,导致菌体蛋白质凝固变性而达到灭菌的目的。

在同一温度下,湿热的杀菌效力比干热大。其原因有三:一是湿热中细菌菌体吸收水分,蛋白质较易凝固,因蛋白质含水量增加,所需凝固温度降低(表 2-4-1);二是湿热的穿透力比干热大(表 2-4-2);三是湿热的水蒸气有潜热存在。1 g 水在 100 ℃时,由气态变为液态时可放出 2.26 kJ 的热量。这种潜热,能迅速提高被灭菌物体的温度,从而增加灭菌效力。

表 2-4-1　蛋白质含水量与凝固所需温度的关系

卵白蛋白含水量/(%)	30 min 内凝固所需温度/℃
50	56
25	74～80
18	80～90
6	145
0	160～170

表 2-4-2　干热、湿热穿透力及灭菌效果比较

温度/℃	时间/h	透过布层的温度/℃			灭菌
		20 层	10 层	100 层	
干热 130～140	4	86	72	70.5	不完全
湿热 105.3	3	101	101	101	完全

在使用高压蒸气灭菌锅灭菌时,灭菌锅内冷空气是否完全排除极为重要,因为空气的膨胀压大于水蒸气的膨胀压,所以,当水蒸气中含有空气时,在同一压力下,含空气蒸气的温度低于饱和水蒸气的温度。灭菌锅内留有不同的分量空气时,压力与温度的关系见表 2-4-3。

表 2-4-3　灭菌锅留有不同分量空气时,压力与温度的关系

压力数			全部空气排出时的温度/℃	2/3 空气排出时的温度/℃	1/2 空气排出时的温度/℃	1/3 空气排出时的温度/℃	空气全不排出时的温度/℃
MPa	kg/cm²	Ib/in²					
0.03	0.35	5	108.8	100	94	90	72
0.07	0.70	10	115.6	109	105	100	90
0.10	10.5	15	121.3	115	112	109	100
0.14	1.40	20	126.2	121	118	115	109
0.17	1.75	25	130.0	126	124	121	115
0.21	2.10	30	134.6	130	128	126	121

现在法定压力单位已不用磅和 kg/cm² 表示,而是用 Pa 或 bar 表示,其换算关系为:1 kg/cm² = 98066.5 Pa;1 Ib/in² = 6894.76 Pa。

一般培养基用 0.1 MPa(相当于 15 Ib/in² 或 1.05 kg/cm²),121.5 ℃灭菌 15～30 min,可达到彻底灭菌的目的。灭菌的温度及维持的时间随灭菌物品的性质和容量等具体情况而有所改变。例如含糖培养基用 0.06 MPa(8 Ib/in² 或 0.59 kg/cm²),112.6 ℃灭菌,然后以无菌操作手续加入灭菌的糖溶液。又如盛于试管内的培养基以 0.1 MPa,121.5 ℃灭菌 20 min 即可,而盛于大瓶内的培养基最好以 0.1 MPa,122 ℃灭菌 30 min。

高压蒸汽灭菌是在一个密闭的高压蒸汽灭菌器内进行的。高压蒸汽灭菌器的主体是一个能耐高压、同时又能密闭的金属锅。灭菌器根据锅体形状一般可分为手提式、立式、卧式三种(图 2-4-2,图 2-4-3,图 2-4-4)。实验中常用的非自控高压蒸汽灭菌锅有卧式和手提式两种,其结构和工作原理相同,本实验以手提式高压蒸气灭菌锅为例,介绍其使用方法,有关自控高压蒸汽灭菌锅(autoclave)的使用可参照厂家说明书。

手提式高压蒸气灭菌锅的具体操作方法如下。

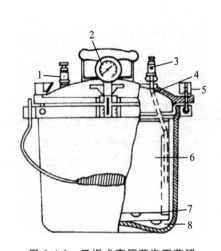

图 2-4-2　手提式高压蒸汽灭菌锅

1—安全阀;2—压力表;3—放气阀;4—软管;

5—紧固螺栓;6—灭菌桶;7—筛架;8—水

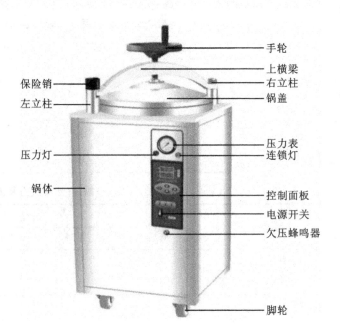

图 2-4-3　立式自动蒸汽灭菌锅

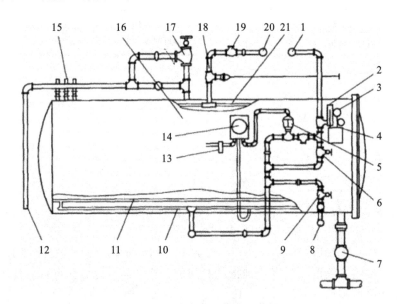

图 2-4-4　卧式高压蒸汽灭菌锅

1—蒸汽管;2—温度计;3—压力计;4—蒸汽阀;5—蒸汽过滤器;6—辅助蒸汽阀;7—排水阀;8—空气管;

9—加压空气阀;10—蒸汽喷射装置;11—杀菌车导轨;12—排气管;13—空气滤清器;14—温控仪;

15—安全阀;16—锅体;17—溢流阀;18—弹簧式安全阀;19—冷却水阀;20—减压阀;21—冷却水管

（1）加水　将内层灭菌桶取出，再向外层锅内加入适量的水，以水面与三脚架相平为宜。切勿忘记加水,同时水量不可过少,以防灭菌锅烧干而引起炸裂事故;过多,液面沸腾,则会打湿待灭菌物品包装纸。

（2）装料　将装料桶放回锅内，装入待灭菌的物品。注意装有培养基的容器放置时要防止液体溢出。不要装得太挤,以免妨碍水蒸气流通而影响灭菌效果。三角烧瓶与试管口端均不要与锅壁接触,以免冷凝水淋湿包口的纸而透入棉塞。

(3)加盖　将盖上与排气孔相连接的排气软管插入内层灭菌桶的排气槽内,摆正锅盖,对齐螺口,然后以同时旋紧相对的两个螺栓的方式拧紧所有螺栓,使螺栓松紧一致,勿使漏气。并打开排气阀。

(4)排气　接通电源开关加热(部分老式手提式灭菌锅用电炉或煤气加热),待水煮沸后,水蒸气和空气一起从排气孔排出。一般排出的气流很强并有嘘声时,表明锅内空气已排净。

(5)升压　当锅内空气排净时,即可关闭排气阀,让锅内的温度随水蒸气压力增加逐渐上升。当锅内压力升到所需压力时,控制热源,维持压力稳定至所需时间。灭菌的主要因素是温度而不是压力。因此锅内冷空气必须完全排尽后,才能关上排气阀,维持所需压力。(本实验用 121 ℃,20 min 灭菌。)

(6)降压　达到所需灭菌时间后,关闭热源,让压力自然下降显示为"0"后,打开排气阀,放净余下的蒸汽后,旋松螺栓,再打开锅盖,取出灭菌物品,倒掉锅内剩水。压力一定要降到显示为"0"时,才能打开排气阀,开盖取物。否则就会因锅内压力突然下降,使容器内的培养基由于内、外压力不平衡而冲出烧瓶口或试管口,造成棉塞沾染培养基而发生污染,甚至烫伤操作者。

(7)无菌检查　将取出的灭菌培养基,需摆斜面的则摆成斜面,然后放入 37 ℃恒温培养箱培养 24 h,经检查若无杂菌生长,即可待用。

(三)微孔过滤器

有些物质如抗生素、血清、维生素等易受热分解,因而要采用过滤除菌法。

1. 过滤器的种类

(1)滤膜过滤器　由醋酸纤维素、硝酸纤维素等制成,有孔径大小不同的多种规格(如 0.1 μm、0.22 μm、0.3 μm、0.45 μm 等),过滤细菌常用 0.45 μm 孔径。其优点是吸附性小,即溶液中的物质损耗少,滤速快。每张滤膜只使用 1 次,不用清洗。

(2)蔡氏过滤器　蔡氏过滤器是一种金属制成的过滤漏斗,其过滤部分是一种用石棉纤维和其他填充物压制成的片状结构。溶液中的细菌通过石棉纤维的吸附和过滤而被去除,但对溶液中其他物质的吸附性也较大。每张纤维板只能使用 1 次。

(3)玻璃滤器　玻璃滤器是一种由玻璃制成的过滤漏斗,其过滤部分是由细玻璃粉烧结成的板状构造。玻璃滤器规格很多,5 号(孔径 2~5 μm)和 6 号(孔径小于 2 μm)适用于过滤细菌。其优点是吸附量少,但每次使用后要洗净再用。清洗方法是:用水充分冲洗,然后浸于含 1%KNO$_3$ 的浓硫酸中 24 h,再用蒸馏水抽洗数次。在抽洗液中加入数滴 BaCl$_2$,至不出现 BaSO$_4$ 沉淀时,即表示已经洗净。

2. 过滤装置

微孔滤膜过滤器是实验中常用的液体过滤装置(图 2-4-5),灭菌后负压抽气过滤获得无菌液体培养基,无菌水等。

几种液体滤菌器的使用方法及注意事项基本相同,具体操作步骤如下。

(1)滤菌器的检查　滤菌器在安装前,应检查有无裂痕。其方法是先将过滤器与空气压缩机连接,然后将滤器投入水中,压入空气以检查有无明显漏气现象,如有大量气泡产生,即证明有裂痕,不得使用。

(2)清洗与灭菌　将清洗干净后的滤菌器进行包扎灭菌,蔡氏过滤器可用干热灭菌,其他

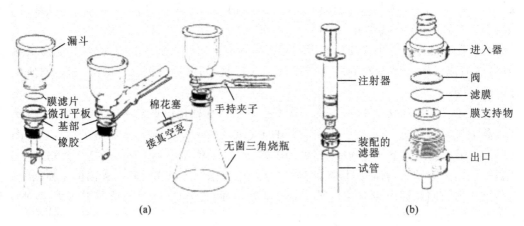

图 2-4-5　微孔滤膜过滤器

的用湿热高压杀菌。

（3）安装　以无菌操作将滤器和滤瓶装妥,并使滤瓶的侧管与抽气机的抽气橡皮管相连（或中间接压力计及缓冲空瓶）。

（4）抽滤　把滤液倒入滤器中,开动抽气装置,使滤瓶中的压力渐减,滤液流入滤瓶（或滤瓶中的无菌试管内）,滤毕将抽气橡皮管从滤瓶侧管处拔下,关闭抽气装置。

（5）在无菌操作下启开滤瓶的橡皮塞,迅速取出瓶中的滤液,移至无菌玻璃器内;若滤瓶中已装有试管,将盛有滤液的试管取出加塞即可。

（6）滤器用毕可先在消毒液中浸泡,再用毛刷洗净以除去所附蛋白质及其他污物,而且还应反向压入清水充分洗涤,干燥后用纸包裹,再行灭菌,备用。

如果蛋白质等物积于细菌过滤器,以致滤孔堵塞,为了使其复原,可根据过滤器的种类选择相应的处理方法。瓷土及石棉板过滤器,可以将其纳入高温炉以高温炽热方法进行清洁;多孔玻璃质除菌器可以用含硝酸钠的浓硫酸处理,然后彻底冲去硫酸,但切忌使用重铬酸钾洗液,因为重铬酸钾可被多孔玻璃吸附。

整个过程应在无菌条件下严格无菌操作,以防污染,过滤时应避免各连接处出现渗漏现象。

（四）紫外线杀菌器

紫外线杀菌机理主要是因为它诱导了胸腺嘧啶二聚体的形成和 DNA 链的交联,从而抑制了 DNA 的复制。另一方面,由于辐射能使空气中的氧电离成[O],再使 O_2 氧化生成臭氧（O_3）或使水（H_2O）氧化生成过氧化氢（H_2O_2）。O_3 和 H_2O_2 均有杀菌作用。通常认为杀菌效果最高的紫外线波长是 260.0 nm,在现有的人工光源中,低压泵灯的特殊谱线 253.7 nm 与 260.0 nm 最接近,所以具有强烈的杀菌效果。

紫外线杀菌器采取了特制的高强度无臭氧紫外线杀菌灯和内壁经过特殊处理的微炭臭体不锈钢筒体,筒体处侧特殊抛光处理,使经过预处理的水在流过筒体时受到 253.7 nm 紫外线的足够照射,达到对流水杀菌的目的。其利用紫外线特性,杀灭水中细菌、病毒、酵母、霉菌及藻类生物,不需添加任何化学药品及不需加热和冷却,即能达到消毒效果,故广泛应用于医药品、饮料、化学、化妆品等工业净水系统中。

实验室常用紫外线等照射和化学消毒剂结合使用,用于无菌室、接种箱、手术室内的空气及物体表面的灭菌。紫外线穿透力不大,且紫外灯与照射物距离以不超过 1.2 m 为宜。在波长一定的条件下,紫外线的杀菌效率与强度和时间的乘积成正比。因此一般无菌操作前将无菌室、接种箱用紫外线照射 20～30 min。

此外,为了加强紫外线灭菌效果,在打开紫外灯以前,可在无菌室内(或接种箱内)喷洒 3%～5%石炭酸溶液,一方面使空气中附着有微生物的尘埃降落,另一方面也可以杀死一部分细菌。无菌室内的桌面、凳子可用 2%～3%的来苏尔擦洗,然后开紫外灯照射,即可增强杀菌效果,达到灭菌目的。

紫外线杀菌器使用的注意事项如下。

(1)紫外线不能直接照射到人体的肌肤。

(2)紫外线对工作环境的温度和湿度有一定的要求:在 20 ℃ 以上,照射强度较稳定,在 5～20 ℃ 之间,随温度的上升照射强度增加;相对湿度在 60% 以下时,杀菌能力较强,湿度增至 70% 时,微生物对紫外线的敏感性降低,湿度增至 90% 时,杀菌力衰退 30%～40%。

(3)对水进行消毒时,水层厚度均应小于 2 cm,水流过时接受 90000 $\mu W \cdot s/cm^2$ 以上的照射剂量才能使水达到有效消毒。

(4)紫外灯管和套管表面有灰尘和油污时,会阻碍紫外线透过,因而应经常(一般两周一次)以乙醇、丙酮、氨水擦拭。

(5)灯管启动至稳定状态需数分钟,端电压较高。关闭后若立即重开,常常较难启动,且易损坏灯管并减少灯管使用寿命,故一般不宜频繁启动。

2.5　斜面培养基制备及倒平板技术

一、斜面培养基的制备

培养基是供微生物生长、繁殖和代谢的营养物质。由于微生物具有不同的营养类型,对营养物质的要求也不尽相同,加之实验和研究的目的不同,所以培养基的种类很多,使用的原料也各有差异。但从营养角度分析,培养基中一般含有微生物所必需的碳源、氮源、无机盐、能源、生长因子及水等。另外培养基还应具有适宜的 pH 值、一定的酸碱缓冲能力、一定的氧化还原电位及合适的渗透压。在液体培养基中加入 0.5%～1%的琼脂配制成半固体培养基,加入 1%～2%的琼脂配制成固体培养基。琼脂在 96～100 ℃ 熔化,46 ℃ 以下凝固。培养基经灭菌后方可使用。

(一)斜面培养基的配制方法及步骤

(1)称量　依配方,按实际用量计算后称取各种药品于大烧杯中。

(2)加热溶解　在烧杯中加入少于所需的水量,然后放在石棉网上加热,并用玻璃棒搅拌,待药品完全溶解后再补充水分至所需量。若配制固体培养基,则将称好的琼脂放入已溶解后的药品中,再加热溶解,在此过程中,需要不断地搅拌,以防琼脂糊底或溢出,最后补足所失水分。

(3)调节 pH 值　初制备好的培养基往往不符合所要求的 pH 值,故需要用 pH 试纸矫正,用 1 mol/L HCl 溶液或 1 mol/L NaOH 溶液调节 pH 值至所需范围。

(4)过滤　用滤纸或多层纱布过滤。一般无特殊要求的情况下这一步可以省去。

(5)分装　分装时可用三角漏斗,以免使培养基沾在管口或瓶口上而造成污染。分装量:

①液体培养基,分装高度为试管高度的 1/4;②固体培养基,分装高度为试管高度的 1/5,三角烧瓶容量的 1/2;③半固体培养基,为试管高度的 1/3。

(6)加塞　培养基分装完毕后,在试管口或三角烧瓶口塞上棉塞(或泡沫塑料塞及试管帽等),以阻止外界微生物进入培养基内造成污染。

(7)包扎　加塞后将全部试管用麻绳捆好,再在棉塞外包一层牛皮纸,以防止灭菌时冷凝水润湿棉塞,其外再用一道麻绳扎好。用记号笔注明培养基名称、组别、配制日期。三角烧瓶加塞后,外包牛皮纸,用麻绳以活结形式扎好,使用时容易解开,同样用记号笔标明培养基名称、组别及配制日期。

(8)灭菌　将上述培养基放置于 121 ℃,0.1 MPa 灭菌 20 min。①加水:打开灭菌锅,向锅内加入适量水。②装料:加水后,将待灭菌的物品放入锅内,注意不要放得太紧,以免妨碍蒸汽流通,影响灭菌效果。③加盖:将盖上排气孔相连的排气软管插入内层灭菌锅的排气槽内,摆正锅盖,对齐螺口。然后以同时旋紧相对的两个螺栓的方式拧紧所有螺栓,并打开外气阀。④排气:用电炉或煤气加热,自开始产生蒸汽 10 min 后关紧放气阀。⑤升压:加热,升压、升温。⑥保压:当压力表指针达到所需压力时,控制热能,计时。⑦降压:达到要求后,关闭热源,待压力降至零时,打开排气阀,放尽余气后再开锅,取出灭菌物品,倒掉余水。

(9)搁置斜面　将灭菌的试管培养基冷至 50 ℃左右(以防斜面上冷凝水太多),将试管口搁置在玻璃棒或其他合适高度的器具上,搁置的斜面长度以不超过试管总长的一半为宜。

(10)无菌检查　将灭菌培养基放入 37 ℃的温室中培养 24～48 h,以检查灭菌是否彻底。

二、倒平板技术

(1)溶解　将培养基加热熔化,然后冷至 55～60 ℃。

(2)倒平板　右手持盛培养基的试管或三角烧瓶置于火焰旁边,用左手将试管塞或瓶塞轻轻地拔出,试管口或瓶口保持对着火焰;然后用右手手掌边缘或小指与无名指夹住试管(瓶)塞(也可将试管塞或瓶塞放在左手边缘或小指与无名指之间夹住。如果试管内或三角烧瓶内的培养基一次用完,试管塞或瓶塞则不必夹在手中)。左手持培养皿并将皿盖在火焰旁打开一缝,迅速倒入培养基约 15 mL,加盖后轻轻摇动培养皿,使培养基均匀分布在培养皿底部,然后平置于桌面上,待凝后即为平板。在需要倒大量平板时,还可以使用自动倒平板仪。

三、注意事项

1. 斜面培养基的配制

(1)称药品用的牛角匙不要混用,称完药品应及时盖紧瓶盖。

(2)调节 pH 值时要小心操作,避免多次回调。

(3)分装过程中,不要使培养基沾到管口或瓶口上,以免沾污棉塞而引起污染。

(4)使用高压蒸汽灭菌锅时,切勿忘记加水并且加水量不可过少,以防止灭菌锅烧干而引起炸裂。在灭菌过程中,操作者切勿擅自离开,随时注视压力的变化。

(5)使用高压蒸汽灭菌锅时,必须待锅内的冷空气排尽后才能关上排气阀;灭菌完毕后等到压力降到"0"后才能打开排气阀,开盖取物。

(6)若灭菌的培养基在恒温箱中培养后有菌生长,说明灭菌不彻底,应该重新灭菌。

2. 倒平板技术

(1)在加热溶解培养基时,温度不宜过高,且在溶解过程中操作者切勿擅自离开,以防培养基烧糊。

(2) 倒平板时切忌幅度过大导致大范围的气流运动,增加污染概率。

(3) 用于倒平板的培养基一定要彻底熔化,否则会在所倒的平板培养基表面出现未熔化的琼脂块。

(4) 所倒平板冷却后,平板表面凹凸不平,说明冷却过程中遭到移动或所放置位置不水平。

2.6　微生物接种技术

将微生物的培养物或含有微生物的样品移植到培养基上的操作技术称为接种。接种是微生物实验及科学研究中的一项最基本的操作技术。无论微生物的分离、培养、纯化或鉴定以及有关微生物的形态观察及生理研究都必须使用接种技术。

菌种分离或移接工作应在无菌环境中进行,接种室、接种箱或超净工作台是常用的接种环境,使用前先清洁,做好卫生,再进行消毒处理。可用紫外灯照射和甲醛熏蒸的双重作用,或用3%来苏尔及其他表面消毒剂进行喷雾。

操作者的手应先用肥皂洗净,再用乙醇棉球消毒;整个操作过程都要靠近酒精灯火焰;接种工具在用前和用后必须在火焰上灭菌;棉塞不得乱放,操作中只能夹在手上;不能有跑、跳等力度大的动作,以免引起空气大震动而增加染菌机会。

由于实验目的、培养基类及容器等不同,所用接种方法不同,如斜面接种、液体接种、固体接种和穿刺接种等,以获得生长良好的纯种微生物。为此,接种必须在一个无杂菌污染的环境中进行严格的无菌操作。同时,因接种方法的不同,常采用不同的接种工具,如接种针、接种环、移液管和玻璃刮铲等。

1. 常见的接种工具

在实验室或工厂实践中,用得最多的接种工具是接种环、接种针。由于接种要求或方法的不同,接种针的针尖部常做成不同的形状,有刀形、耙形等之分。有时滴管,吸管也可作为接种工具进行液体接种。在固体培养基表面要将菌液均匀涂布时,需要用到涂布棒。常用工具如图2-6-1所示。

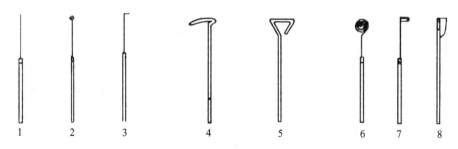

图 2-6-1　常见的接种工具
1—接种针;2—接种环;3—接种钩;4、5—涂布棒;6—接种圈;7—接种锄;8—小解剖刀

2. 常用的接种方法

(1) 划线接种　这是最常用的接种方法。即在固体培养基表面做来回直线形的移动,就可达到接种的作用。常用的接种工具有接种环、接种针等。在斜面接种和平板划线中就常用此法。

（2）**三点接种** 在研究霉菌形态时常用此法。即把少量的微生物接种在平板表面上,成等边三角形的三点,让它各自独立形成菌落后再观察、研究它们的形态。除三点外,也有一点或多点进行接种的。

（3）**穿刺接种** 在保藏厌氧菌种或研究微生物的动力时常采用此法。做穿刺接种时,用的接种工具是接种针。用的培养基一般是半固体培养基。用接种针蘸取少量的菌种,沿半固体培养基中心向管底做直线穿刺,如某细菌具有鞭毛而能运动,则在穿刺线周围能够生长。

（4）**浇混接种** 该法是将待接的微生物先放入培养皿中,然后倒入冷却至 45 ℃左右的固体培养基,迅速轻轻摇匀,这样菌液就达到稀释的目的。待平板凝固之后,置合适温度下培养,就可长出单个的微生物菌落。

（5）**涂布接种** 涂布接种与浇混接种略有不同,就是先倒好平板,让其凝固,然后再将菌液倒入平板上面,迅速用涂布棒在表面做来回左右的涂布,让菌液均匀分布,就可长出单个的微生物的菌落。

（6）**液体接种** 从固体培养基中将菌洗下,倒入液体培养基中,或者从液体培养物中,用移液管将菌液接至液体培养基中,或从液体培养物中将菌液移至固体培养基中,都可称为液体接种。

（7）**注射接种** 该法是用注射的方法将待接的微生物转接至活的生物体内,如人或其他动物中,常见的疫苗预防接种,就是用注射接种把疫苗接入人体,来预防某些疾病。

（8）**活体接种** 活体接种是专门用于培养病毒或其他病原微生物的一种方法,因为病毒必须接种于活的生物体内才能生长繁殖。所用的活体可以是整个动物,也可以是某个离体活组织。例如,猴肾等,也可以是发育的鸡胚。接种的方式可以是注射,也可以是拌料喂养。

3. 无菌操作

培养基经高压灭菌后,用经过灭菌的工具(如接种针和吸管等)在无菌条件下接种含菌材料(如样品、菌苔或菌悬液等)于培养基上,这个过程称为无菌接种操作。在实验室检验中的各种接种必须是无菌操作。

实验台面不论是什么材料,一律要求光滑、水平。光滑是便于用消毒剂擦洗,水平是倒琼脂培养基时利于培养皿内平板的厚度保持一致。在实验台上方,空气流动应缓慢,杂菌应尽量减少,其周围杂菌也应越少越好。为此,必须清扫室内,关闭实验室的门窗,并用消毒剂进行空气消毒处理,尽可能地减少杂菌的数量。

空气中的杂菌在气流小的情况下,随着灰尘落下,所以接种时,打开培养皿的时间应尽量短。用于接种的器具必须经干热或火焰等灭菌。接种环的火焰灭菌方法(图 2-6-2):通常接种环在火焰上充分烧红(接种柄一边转动一边慢慢地来回通过火焰三次),冷却,先接触一下培养基,待接种环冷却到室温后,方可用它来挑取含菌材料或菌体,迅速地接种到新的培养基上。然后,将接种环从柄部至环端逐渐通过火焰灭菌,复原。不要直接烧环,以免残留在接种环上的菌体爆溅而污染空间。平板接种时,通常把平板的面倾斜,把培养皿的盖打开一小部分进行接种。在向培养皿内倒培养基或接种时,试管口或瓶壁外面不要接触皿底边,试管或瓶口应倾斜一下在火焰上通过。

4. 斜面接种法

把各种培养条件下的菌种,接种至斜面上(包括从试管斜面、培养基平板、液体纯培养物等中把菌种移接于斜面培养基上)。这是微生物学中最常用、最基本的技术之一。接种前,需在待接种试管上贴好标签,注明菌名及接种日期。操作应在无菌室、接种柜或超净工作台上进

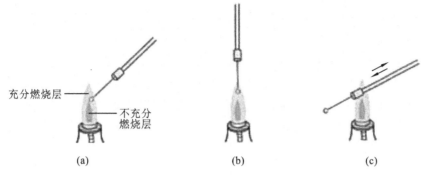

充分燃烧层
不充分燃烧层
(a)　　　　　　　(b)　　　　　　　(c)

图 2-6-2　接种环的火焰灭菌步骤

行,先点燃酒精灯。

具体操作如下(图 2-6-3)。

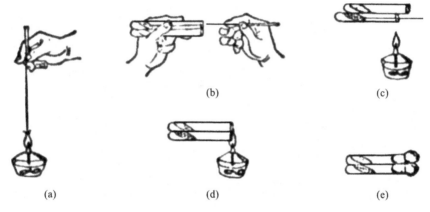

(a)　　　　　(b)　　　　(c)　　　(d)　　　(e)

图 2-6-3　斜面接种操作过程

(1) 点燃酒精灯,以灯焰周围 1～2 cm 处的空间为无菌区,所以在酒精灯灯焰旁进行无菌接种操作,可避免杂菌污染。

(2) 将菌种及接种用的斜面培养基(两支斜面试管)同时握在左手中,使中指位于两试管之间。管内斜面向上,两试管管口相互平行,两支试管处于接近水平位置,用右手的小指、无名指及手掌在火焰旁同时拔去两支试管的棉塞,并使管口在火焰上通过,以烧死试管口的杂菌。随后把管口移至火焰近旁 1～2 cm 处。

(3) 右手拿接种环,先垂直、后水平方向把接种环放在火焰上灼烧。凡是需进入试管的杆部分均应通过火焰灼烧,下端的环心须烧红,以彻底灭菌。灼烧时,应把环放在酒精灯的外焰(氧化焰)上,因外焰温度高,易于烧红。

(4) 将烧过的接种环伸入菌种管内,先使环接触斜面上端的培养基或试管壁,使接种环充分冷却,待培养基不再被接种环熔化时,即可将接种环伸向斜面中部蘸取少量菌体,然后小心地将接种环从试管内抽出。注意不能让环接触管壁和管口。取出后,接种环不能通过火焰,在火焰旁抽出并迅速伸入新培养基斜面管内,在斜面下 1/5 处,由下往上做 S 形或是直线划线。注意不要把培养基划破,也不要把菌蘸在管壁上。此过程要迅速、准确完成。

(5) 接种完毕,试管口必须迅速通过火焰灭菌,在火焰旁塞入棉塞。注意不要使试管离开火焰去迎棉塞,以免带菌空气进入。

（6）划线完毕,接种环要灼烧灭菌才能放回原处,以免污染环境。放回接种环后,再进一步把试管的棉塞塞紧。置 28 ℃下培养 24 h,进行观察。

5. 液体接种法

这种方法多用于增菌液进行增菌培养,也可用纯培养菌接种液体培养基进行生化实验,其操作方法与斜面接种法基本相同,不同之处是挑取菌苔的接种环放入液体培养基后,应在液体表面处的管壁(瓶壁)上轻轻摩擦,使菌体分散从环上脱开,进入液体培养基。若菌种为液体培养物,则可以使用无菌刻度吸管定量吸出后加入或直接倒入液体培养基,总之要保证整个操作过程无菌操作。

6. 穿刺接种法

穿刺接种常用于保藏菌种或细菌运动性的检查。一般适用于细菌、酵母菌的接种培养。用接种针蘸取少许菌种,移入装有固体或半固体培养基的试管中,自培养基中心垂直刺入到底,但不要穿透,然后按原来的穿刺线将针慢慢拔出(图 2-6-4)。

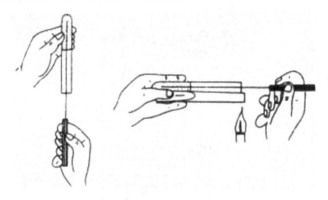

图 2-6-4 穿刺接种法

7. 平板接种法

平板接种法是将菌种接至培养皿的方法,其目的是观察菌落形态、分离纯化菌种、活菌计数以及在平板上进行各种实验时采用的一种接种方法,包括点种法和划线法。

接种时以中指、无名指及小指托住培养皿下盖底部,用虎口及食指扶住上盖,在酒精灯火焰附近,用接种环挑取菌苔移入平板中央,也可以在平板上进行划线(图 2-6-5)。

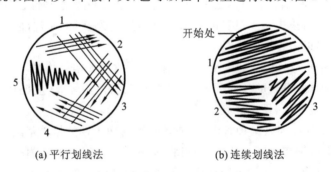

(a) 平行划线法　　　　　　(b) 连续划线法

图 2-6-5 平板划线

将已接种的斜面、液体、半固体培养基和平板放置在 28 ℃恒温箱中培养,其中平板需要倒置,24 h 后取出观察结果。

8. 注意事项

（1）接种环（针、铲）一定要保证其冷却后方可进行转接，以免烫死微生物。

（2）取试管棉塞时要轻缓，不宜用力过猛。棉塞一定要夹在手上，不能放在桌子上。

（3）斜面接种时，所划直线尽可能直，不要划破培养基，也不要使接种环触碰管壁或管口。

（4）使用刻度吸管转接时，手指不要触碰其下端，防止染菌。

（5）牢固树立无菌操作概念，细心体会无菌操作要领。

9. 思考与探究

（1）接种前后为什么都要灼烧接种环？

（2）何谓无菌操作？接种前应做哪些准备工作？

（3）为什么在接种前一定要将接种环冷却？如何判断灼烧过的接种环是否已经冷却？

第**3**部分　微生物学基础性实验

实验 1　实验室环境和人体表面微生物的检查

一、实验目的与内容

1. 实验目的

（1）比较来自不同场所与不同条件下细菌的数量与类型。

（2）证实实验室环境与人体表面存在微生物。

（3）体会无菌操作的重要性。

2. 实验内容

（1）微生物接种培养的常用方法。

（2）观察不同类群微生物的菌落形态特征。

二、实验原理

微生物分布广泛,它们无孔不入、无处不在。在我们的周围存在许多看不见摸不着的微生物,如何使"看不见"变得"看得见"呢? 本实验通过培养的方法使肉眼看不见的单个菌体在固体培养基上生长繁殖形成肉眼可见的具有一定形态的菌落。以实验室环境和人体表面微生物的检查为切入点,提高学生对微生物的感性认识,牢固树立"无菌操作"观念,便于初学者掌握一套无菌操作技术。所谓无菌操作是指除了使用的容器、用具和培养基必须进行严格的灭菌处理外,还要通过一定技术来保证目的微生物在转移过程中不被环境中的微生物污染,这些技术包括用接种环(针)、吸管等工具进行接种、稀释、涂片、计数和划线分离等。

自然界中细菌、放线菌、酵母菌和霉菌四大类群微生物都可能存在。用高氏1号培养基可以培养放线菌,用蔡氏培养基可培养真菌,本实验选用牛肉膏蛋白胨培养基重点培养细菌。

将营养琼脂平板接种后置于37 ℃倒置培养18～24 h,可形成菌落或菌苔。菌落的形态描述可从菌落的大小、表面光滑或粗糙、干燥或湿润、隆起或扁平、边缘整齐或呈锯齿状、菌落透明或不透明、颜色以及质地均匀与否、疏松或紧密等特征着手,进行菌落计数和类型统计,以证实实验室环境与人体表面存在微生物。

三、实验器材

1. 培养基

牛肉膏蛋白胨培养基(营养琼脂平板)。

2. 仪器及其他用品

无菌水、灭菌棉签、接种环(针)、记号笔、试管架、酒精灯和废物缸等。

四、实验步骤

1. 标记

分别在已灭菌的平板底部边缘写上小组的组号、日期、待接种的样品名(如实验台面、接种室、指甲垢等),为了不影响观察,字体书写不要太大,可用符号或数字代表。注意:不能在皿盖上做标记,以免在同时观察多个平板时盖错皿盖。

2. 倒平板

将灭菌的营养琼脂培养基冷却到 50 ℃左右(以用手摸不烫手为准),在酒精灯旁以无菌操作倒平板,冷却后备用。

3. 实验室环境的检查

(1) 空气中微生物的监测　用自然沉降法,将标有"空气 1"的平板在大实验室(人流量大,空气流动)内打开皿盖,使平板表面完全暴露在空气中,各小组摆放位置呈五点分区;将另一个标为"空气 2"的平板放在经紫外灯照射杀菌的接种室中,同法打开皿盖暴露平板,30 min 后盖上 2 个皿盖。

(2) 取出灭菌湿棉签,在实验台面擦拭 2 cm² 的范围,然后将棉签从平板的开启处伸进平板表面进行滚动接种,立即盖回皿盖。同法将擦拭了门把的棉签滚动接种。

4. 人体表面微生物的检查

(1) 头发或头皮屑　取 1~2 根头发轻轻放在平板上,迅速盖上皿盖;或打开皿盖,在平板上方轻轻拍头发,将头屑震落到平板上,迅速盖上皿盖。

(2) 指甲垢　灼烧灭菌的接种环轻轻刮指甲垢,迅速打开皿盖进行平板划线接种。

(3) 洗手前后的手部微生物检查　同一位同学进行洗手前后的手部微生物培养才具有可比性。洗手前,用右手食指在平板上划线接种。按一定方法洗手后同样用右手食指划线接种。不同小组的洗手方式可如表 3-1-1 设计,以考察不同牌子的洗手液或肥皂,比较在不同的干手方式下去除微生物的效果。

表 3-1-1　不同洗手液不同干手方式去除微生物的效果比较

干手方式＼洗手液	威露士洗手液	立白洗手液	舒肤佳香皂	雕牌肥皂	上海硫黄皂
自然干					
烘手机烘干					
乙醇棉球擦拭后挥发干					

5. 培养

将所有的营养琼脂平板翻转,置于 37 ℃生化培养箱中倒置培养 24 h,观察结果。

五、注意事项

(1) 要牢牢树立"无菌操作"的观念,倒平板、接种等操作一定要在酒精灯旁进行。烧环要用酒精灯的外焰。

(2) 标记的字体不能太大。应尽可能用少和小的记号标记平板以免影响观察。切记标记要写在平板的底部,以免多个平板同时观察时混淆皿盖。

六、实验结果分析

本实验所接种的样品很可能含有四大类群的微生物,甚至有病毒。营养琼脂培养基含有牛肉膏蛋白胨等丰富的营养,在本实验条件下(营养琼脂平板,37 ℃)培养出来的主要是细菌的菌落。注意细菌菌落特征的描述。

琼脂用作凝固剂,其优点有:性质稳定,微生物基本不利用,熔点较高(96 ℃),凝固点为40～45 ℃,透明度好,能为微生物提供一个营养表面,易于形成单菌落。但琼脂也有缺点,它会产生水蒸气,水蒸气遇冷形成水滴,故培养时平皿要倒置,可避免水滴滴在菌落表面影响观察。

七、实验报告

将实验结果记录于表 3-1-2。

表 3-1-2　不同样品来源菌落特征记录表

样 品 来 源	菌落计数	菌落类型	特 征 描 写						
			大小	形态	干湿	扁/隆	透明度	颜色	边缘
大实验室空气 (30 min)									
接种室空气 (不流动空气 30 min)									
实验台面									
门把									
头发(或头皮屑)									
指甲垢									
洗手前手部									
洗手后手部									

八、思考与探究

(1) 人多的实验室与少人走动的接种室比较,平板上的菌落数和菌落类型有区别吗? 试解释。

(2) 比较各种来源的样品,哪一种菌落数和菌落类型最多? 为什么?

(3) 比较洗手前后手部菌落数的变化,谈谈你的体会。洗手后仍有少量细菌生长,你认为是什么原因? 如果洗手后的菌落数比洗手前多,你如何分析?

(4) 通过本实验,在减少微生物的污染和防止细菌的扩散方面,你有何体会?

九、参考文献

[1] 沈萍,陈向东. 微生物学实验[M]. 4 版. 北京:高等教育出版社,2007.

[2] 黄秀梨,辛明秀. 微生物学实验指导[M]. 2 版. 北京:高等教育出版社,2008.

[3] 蔡信之,黄君红. 微生物学实验[M]. 北京:科学出版社,2010.

实验 2　油镜的使用与细菌简单染色

一、实验目的与内容

1. 实验目的

(1) 掌握显微镜油镜的使用方法。

(2) 掌握细菌涂片的制作。

(3) 学习微生物染色的基本技术,掌握细菌的简单染色法。

2. 实验内容

(1) 油镜的使用技术。

(2) 菌涂片的制作,细菌的染色及观察。

二、实验原理

(一) 油镜使用的原理

普通光学显微镜有目镜头和物镜头,物镜头根据物镜与样片之间的介质不同,可分为以下两类。①干燥系物镜:以空气为介质,包括低倍物镜(4×、10×)和高倍物镜(40×)。②油浸系物镜:常以香柏油为介质,此物镜又叫油镜(100×),其上常刻有"HI"(homogeneous immersion)或"OI"(oil immersion)字样,有的还刻有一圈白线标记。

细菌个体微小,肉眼难以观察,需借助普通光学显微镜的油镜将其放大千倍左右才能看清。光镜的几种物镜中以油镜的放大倍数最大,尤其适用于微生物学研究。与低倍镜和高倍镜相比,油镜在使用时必须在载玻片与镜头之间滴加镜油,例如香柏油。使用镜油的作用有二:一是增加光照强度,二是增加显微镜的分辨率。

1. 增加光照强度

空气的折射率为1,玻璃的折射率为1.52。当载玻片与油镜镜头之间的介质为空气时,透过载玻片进入空气的光线会发生折射,从而导致进入镜头的光线较少。视野的光照强度不够,成像就不清晰。为了使透过载玻片的光线在进入镜头前尽量减少损失,就需要在载玻片与油镜镜头之间滴加和玻璃折射率相近的介质,通常使用香柏油(折射率为1.51)、液体石蜡(折射率为1.48)。镜油的使用能避免光线发生折射而散失,因而提高了物镜的分辨力,使成像更清晰(图 3-2-1)。

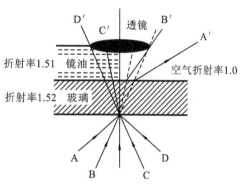

图 3-2-1　油镜示意图

2. 增加显微镜的分辨率

显微镜的分辨率是指显微镜能辨别两点之间的最小距离的能力,可表示为

$$分辨率 = \lambda/2NA, \quad NA = n\sin(\alpha/2)$$

式中:λ——光波波长;

　　NA——物镜的数值孔径值;

n——介质折射率；

α——物镜镜口角。

光波波长和物镜镜角不变，但标本和镜头之间的介质可发生改变。香柏油的折射率比空气大，从而使油镜的数值孔径值高于低倍镜和高倍镜，其分辨率也相应提高，可以达到0.2 μm。

（二）细菌的简单染色

在中性、碱性或弱酸性溶液中细菌细胞常带负电荷，而碱性染料在电离时其分子的染色部分带正电荷，很容易与细菌结合而使细菌着色。单染色即用一种染料进行染色，常用碱性染料进行单染，如美蓝、结晶紫、碱性品红及孔雀绿等。

如果细菌分解糖类产酸，pH值降低，细菌带正电荷，则可与伊红、酸性品红或刚果红等酸性染料进行染色。该法仅能显示细胞的外部形态，并不能辨别其内部结构。

三、实验器材

（1）菌种 金黄色葡萄球菌（*Staphylococcus aureus*）、枯草芽孢杆菌（*Bacillus subtilis*）、大肠杆菌（*Escherichia coli*）和迂回螺菌（*Spirillum volutans*）。

（2）试剂 草酸铵结晶紫、石炭酸品红染液、香柏油、二甲苯、无菌水。

（3）仪器及用具 载玻片、普通光学显微镜、接种环、酒精灯、擦镜纸、吸水纸。

四、实验步骤

（一）油镜的使用方法

1. 观察前的准备

（1）显微镜的安置 置显微镜于平整的实验台上，镜座距实验台边缘约10 cm。镜检时姿势要端正。双目显微镜用双眼观察。

（2）光源调节 打开照明光源，调节适当的照明亮度，根据光源的强度及所用物镜的放大倍数选用凹面或凸面反光镜并调节其角度使整个视野都有均匀的照明。

（3）调节双目显微镜的目镜 根据使用者的个人情况，调节目镜间距，在左目镜上一般还配有屈光度调节环，可适应眼距不同或双眼视力有差异的观察者。

（4）聚光器数值孔径值的调节 调节聚光器虹彩光圈，使其与物镜的数值孔径值相符或略低。有些显微镜的聚光器只标有最大数值孔径值，而没有具体的光圈数刻度。在聚光器的数值孔径值确定后，若需改变光照度，可通过升降聚光器或改变光源的亮度来实现，原则上不应再对虹彩光圈进行调节。当然，虹彩光圈、聚光器高度及照明光源强度的使用也不是固定不变的，只要能获得良好的观察效果，有时也可根据具体情况灵活应用。

将要观察的标本放在载物台上，待检部位应位于物镜正下方。

2. 显微观察

在目镜保持不变的情况下，使用不同放大倍数的物镜所能达到的分辨率及放大率都是不同的，应根据所观察微生物大小选用不同的物镜。例如，观察酵母菌等个体较大的微生物形态时可选用高倍镜，而观察个体较小的细菌或微生物细胞结构时应选用油镜。一般情况下，特别是初学者，进行显微观察时应遵循从低倍镜到高倍镜再到油镜的观察顺序，因为在低倍数物镜视野相对大，易发现目标及确定观察位置。

（1）低倍镜观察 将要观察的载玻片置于载物台上，用玻片夹夹住，移动推进器使观察对象处于物镜正下方。用粗调节器上升载物台，在侧面观察，使物镜接近载玻片。防止物镜压损载玻片。然后从目镜中观察视野,旋动粗调节器使标本在视野中初步聚焦,再用细调节器调至物像清晰为止。使用推进器移动标本,认真观察标本各部分寻找要观察的目标。

在任何时候使用粗调节器聚焦物像时,必须养成好的调焦习惯:先从侧面注视,小心调节物镜靠近标本,然后用目镜观察慢慢调节物镜离开标本。以防因一时的误操作而损坏镜头及载玻片。

(2)高倍镜观察　轻轻转动物镜转换器将高倍镜移至工作位置,对聚光器光圈及视野亮度进行适当调节后,微调细调节器使物像清晰,利用推进器移动标本仔细观察并记录所观察到的结果。转动转换器时,不要用手指扳动物镜镜头。

一般情况下,当物像在一种物镜视野中已清晰聚焦后,转动物镜转换器将其他物镜转到工作位置进行观察时,物像将保持基本准焦的状态,这种现象称为物镜的同焦。利用这种同焦现象可以保证在使用高倍镜或油镜等放大倍数高、工作距离短的物镜时仅用细调节器即可对物像清晰聚焦,从而避免由于使用粗调节器时可能的误操作而损害镜头或载玻片。

(3)油镜观察　在高倍镜下找到合适的观察目标后,将高倍镜转离工作位置,在待观察的样品区域滴上一滴香柏油,将油镜转到工作位置,油镜镜头此时应正好浸泡在镜油中。调节聚光器和光圈使视野的亮度合适,微调细调节器使物像清晰。如果油镜已经离开油面,则必须重新从侧面注视,再将油镜头浸入油中,重复上面的操作。

注意:切不可将高倍镜转动经过加有镜油的区域。

3.显微镜用完后的处理

观察完毕,上升镜筒,取下载玻片。先用干净擦镜纸擦去镜头上的镜油,然后用擦镜纸蘸少许二甲苯擦去镜头上残留的油迹,最后再用干净的擦镜纸擦去残留的二甲苯。用柔软的绸布或绒布擦拭显微镜的机械部分。将物镜镜头转成"八"字形。

(二)细菌的简单染色

(1)涂片　左手持盛菌液试管,右手持接种环,用接种环从试管斜面中取少许菌,在预先滴有一小滴无菌水的载玻片中央混合均匀,涂成一薄层。注意拔或塞试管塞时,应将试管口通过火焰略加灼烧,最后将接种环在火焰上灼烧灭菌。

(2)干燥　自然干燥或电吹风干燥。

(3)固定　菌涂片朝上,在酒精灯火焰的外焰中快速来回移动 3~4 次。

(4)染色　将载玻片平放,滴加染液覆盖涂菌部位即可,碱性美蓝 1.5 min,草酸铵结晶紫染液或石炭酸品红染液 1 min。

(5)水洗　倾去染液,用自来水冲洗,水流不宜过急、过大,勿直接冲涂片处,至洗出水无色为止。

(6)干燥　用吸水纸吸去多余水分,自然干燥或用电吹风吹干。

(7)镜检　将制备好的涂片置于显微镜下观察、记录。注意要完全干燥下才能用油镜观察。

五、注意事项

(1)用油镜时,勿将镜臂弯曲倾斜,以免油滴或菌液流淌外溢,影响观察造成污染。切不可将高倍镜转动经过加有镜油的区域。

(2)不要使用过多的二甲苯或让其在镜头上停留时间过长或残留,以防溶解固定透镜的树脂而损坏镜头。此外,切忌用手或其他纸擦拭镜头,以免使镜头沾上油污或刮花镜头,影响观察。

（3）涂片时取菌量要适宜且要均匀涂抹,避免贪多造成菌体重叠难以观察细胞形态。但也应避免取菌量太少而难以在显微镜视野中找到细胞。

（4）灼烧接种环后取菌一定要等环冷却完全,否则高温会使菌体变形。涂片干燥后要热固定时,应避免加热时间过长或加热温度过高,否则细胞会皱缩变形。

六、实验结果分析

记录革兰氏染色结果;分辨出革兰氏阳性菌(G^+菌)或革兰氏阴性菌(G^-菌);如果染色结果不理想,请分析原因。

七、实验报告

绘图:绘出油镜下观察到的几种供试菌的形态。

八、思考与探究

（1）用油镜观察时应注意哪些问题?用哪种物质作为镜油?镜油起什么作用?

（2）什么是物镜的同焦现象?它在显微镜观察中有何意义?

（3）涂片未经热固定会出现什么问题?若温度过高时间过长情况会怎么样?

（4）根据你的实验体会,谈谈应如何根据所观察的微生物的大小选择不同的物镜进行有效的观察。

九、参考文献

[1] 黄秀梨,辛明秀.微生物学实验指导[M].2版.北京:高等教育出版社,2008.

[2] 沈萍,陈向东.微生物学实验[M].4版.北京:高等教育出版社,2007.

实验3 细菌革兰氏染色法

一、实验目的与内容

1. 实验目的

（1）巩固细菌制片、染色和无菌操作技术,进一步熟悉显微镜特别是油镜的使用方法。

（2）加深对细菌形态的感性认识。

（3）学习革兰氏染色等复染色法的原理。

（4）掌握革兰氏染色的操作技术。

（5）了解革兰氏染色法在细菌分类鉴定中的重要意义。

2. 实验内容

（1）制备细菌革兰氏染色玻片标本。

（2）观察细菌革兰氏染色的结果。

二、实验原理

丹麦病理学家 C. Gram 于 1884 年创立了革兰氏染色法,该法可将所有细菌分为革兰氏阳性菌和阴性菌两大类,是细菌学上常用的鉴别染色法。

微生物染色是借助物理和化学因素的作用进行的。细胞及细胞内含物对染料的毛细现象、渗透和吸附作用等物理因素,正、负离子之间的相互吸引及其相互作用等化学因素,是微生物细胞染色的基本原理。染色剂按染料电离后所带电荷的性质分为几种类型:酸性染料(如酸性品红、刚果红、伊红和苯胺黑等)、碱性染料(碱性品红、中性红、孔雀绿、番红、结晶紫、美蓝等,细菌易被这种染料染色)和中性(复合)染料(伊红,美蓝,Giemsa 染料等)。微生物常用染色方法有两种:只用一种染料对菌体进行染色的方法称为单染色法(简单染色法);用两种或两种以上的染料对菌体进行染色的方法称为复染色法,革兰氏染色法即是常见的复染色法。

细菌对革兰氏染色的不同反应,是由于细菌的细胞壁结构和成分的不同所决定的。革兰氏阳性菌细胞壁中肽聚糖的含量和交联程度均较高,层数也多(15～50 层),所以细胞壁较厚,壁上的间隙较小,媒染后形成的结晶紫-碘复合物就不易脱出细胞壁。另外,由于脂类含量很低,经乙醇脱色处理后,主要引起肽聚糖脱水,使网孔孔径变得更小,通透性进一步降低,结果蓝紫色的结晶紫-碘复合物就留在细胞内仍保留初染时的蓝紫色。

而革兰氏阴性菌的肽聚糖含量与交联程度较低,层数也少(多数 1 层,个别至多 3 层),故其壁较薄,壁上的孔隙较大。再者,细胞壁的脂类含量高,经乙醇脱色处理后,细胞壁因脂类被溶解而孔隙更大,所以结晶紫-碘复合物极易脱出细胞壁,乙醇脱色后成无色,经番红复染,就呈现复染液番红的红色。革兰氏染色过程及结果见图 3-3-1 所示。

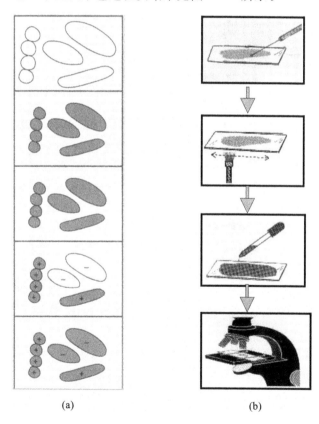

(a) (b)

图 3-3-1　革兰氏染色法制片、染色过程及结果图

(a)菌体着色示意图(从上至下):染色前、初染后、媒染后、脱色后、复染后

(b)革兰氏染色法制片与染色过程图(从上至下):涂片、热固定、染色、显微观察

革兰氏染色的实际意义如下。

(1) 鉴别细菌　用革兰氏染色法可将所有细菌分成 G^+ 菌和 G^- 菌两大类,便于初步认识

细菌,再做进一步鉴定。

（2）选择药物　G⁺菌和G⁻菌对化学药剂和抗生素的敏感性不同,大多数G⁺菌对青霉素、红霉素、头孢菌素、龙胆紫等敏感。大多G⁻菌对这几种药物不敏感。但对氯霉素、庆大霉素、卡那霉素等敏感;临床上可根据病原菌的革兰氏染色反应选择有效的药物用于治疗。

（3）辨别疾病　G⁺菌和G⁻菌的致病作用不同,有些G⁺菌能产生外毒素,而G⁻菌则主要产生内毒素。两者的致病机理不同,所致病的表现症状也不一样。

三、实验器材

1. 菌种

牛肉膏蛋白胨培养基上培养的金黄色葡萄球菌（*Staphylococcus aureus*）或枯草芽孢杆菌（*Bacillus subtilis*）16～18 h 和大肠杆菌（*Escherichia coli*）24 h 斜面、平板培养物（或液体培养物）。

2. 试剂

草酸铵结晶紫染液、卢戈氏碘液、石炭酸品红染液、95％乙醇、二甲苯、香柏油、无菌生理盐水。

3. 器材

普通光学显微镜、双层瓶（内装香柏油和二甲苯）、酒精灯、废液缸、洗瓶、载玻片、接种环、擦镜纸、吸水纸（滤纸）、滴管、玻片镊。

四、实验步骤

1. 制片

（1）涂片

① 常规涂片法:取干净载玻片,滴一滴蒸馏水于载玻片中央,按无菌操作法用接种环分别取少量大肠杆菌和金黄色葡萄球菌菌苔,在载玻片上的水滴中涂抹,使之形成均匀薄膜。如果用液体培养物,则用接种环分别蘸取 1～2 环菌液直接涂沫于载玻片上。

② 三区涂片法:在干净载玻片的近中央左右两处各滴一滴蒸馏水,做好标记。按无菌操作法用接种环分别取金黄色葡萄球菌和大肠杆菌少许,各涂于一处的水滴内,分别涂匀,形成左、右两个菌种的涂布区。再用接种环将左边菌液靠右区往中央拖延,然后将右边菌液靠左区往中央拖延,两种不同的菌液在中央区混合并涂匀。最后就形成了左、右两区为单菌种涂片区,中央为两种菌的混合涂片区。

（2）干燥　让涂片自然晾干、用电吹风干燥或用酒精灯火焰的文火烘干。

（3）固定　手执玻片一端,让涂菌面朝上,通过火焰2～3次固定（以不烫手为宜）。

2. 染色

（1）初染　将玻片置于废液缸内玻片搁架上,滴加草酸铵结晶紫染液覆盖涂菌部位,染色1～2 min,倾去染液,水洗至流出水无色。

（2）媒染　滴加碘液冲去玻片上残水,再覆盖 1 min,倾去碘液,水洗至流出水无色。

（3）脱色　用吸水纸吸去残水,将玻片倾斜,用滴管连续滴加 95％乙醇脱色 20～30 s 至流出液无色,立即水洗。

（4）复染　用吸水纸吸去残水,滴加番红复染液染色 2 min,然后水洗,最后将染好的涂片放在空气中晾干或者用吸水纸吸干。

3. 镜检

（1）观察　先用低倍镜,再用高倍镜,最后用油镜观察,并判断菌体的革兰氏染色反应性。

(2) 实验完毕后的整理　①将浸过油的镜头先用擦镜纸将油镜头上的油擦去,再用擦镜纸蘸少许二甲苯将镜头擦 2～3 次,然后用擦镜纸将镜头擦 2～3 次。②观察后的染色玻片用纸将香柏油擦干净,用洗衣粉水煮沸、清洗,晾干后可再次使用。③清洁目镜和其他物镜,擦尽机械部分的灰尘,还原显微镜并放回原处。

五、注意事项

(1) 选用培养 18～24 h 的细菌菌种为宜,如菌龄过老,革兰氏阳性菌会由于菌体死亡或自溶被染成红色,而造成假阴性。

(2) 载玻片要洁净无油,否则菌液涂不开,且固定效果不好,导致水洗时菌体易被冲掉。

(3) 无菌操作取菌时一定要待接种环冷却后再取菌,以免高温使菌体变形。涂片时取菌量宜少、涂布要均匀、涂片厚度宜薄,不能有菌团,以免影响脱色,而出现假阳性。

(4) 涂片需干燥后再加热固定,避免加热时间过长引起细胞易破裂或变形,甚至载玻片破裂。加热固定时要用载玻片夹子或镊子,以免烫伤。

(5) 染色过程中勿使染色液干涸。用水冲洗后,应吸去载玻片上的残水,以免染色液被稀释而影响染色效果。使用染料时注意避免沾到衣物和实验台面。

(6) 脱色步骤是革兰氏染色成败的关键,脱色不足易造成假阳性,脱色过度易造成假阴性。脱色程度适当,才能避免产生假性革兰氏染色结果。脱色时间的长短受涂片厚薄及乙醇用量等因素的影响,难以严格规定。初学者应反复练习,以掌握脱色时间。

(7) 如要确证一个未知菌的革兰氏染色反应,必须同时做一张已知革兰氏阳性菌和阴性菌的混合涂片,作为对照。

六、实验结果分析

(1) 镜检时金黄色葡萄球菌菌体呈球状,呈蓝紫色,大肠杆菌菌体呈短杆状,呈红色。金黄色葡萄球菌为革兰氏阳性菌,大肠杆菌为革兰氏阴性菌。

(2) 涂片要薄而均匀,否则会影响染色效果,甚至会出现同一种菌两种染色结果的现象(菌团内部脱色不足)。

(3) 菌龄、乙醇的量、脱色时间等均会影响革兰氏染色的结果。

七、实验报告

(1) 绘出油镜下金黄色葡萄球菌(*Staphylococcus aureus*)和大肠杆菌(*Escherichia coli*)的形态图,并注明两种菌的革兰氏染色的反应性。

(2) 将实验结果记录于表 3-3-1。

表 3-3-1　革兰氏染色结果记录表

菌　　名	菌体颜色	菌体形态	结果(G^- 或 G^+)
大肠杆菌			
金黄色葡萄球菌			

八、思考与探究

(1) 哪些环节会影响革兰氏染色结果的正确性? 其中最关键的环节是哪一步,为什么?

(2) 染色过程中应注意哪些事项? 为什么要选用幼龄的细菌?

（3）根据细菌革兰氏染色的原理，请设计简便方法以简化操作流程，但仍能达到理想的实验结果。革兰氏染色法中你认为哪一步可以省略？

（4）革兰氏染色法中的三区涂片法有何优点？

（5）细菌革兰氏染色法的操作要点是什么？若镜检时发现部分菌体呈红色，部分菌体呈紫色或蓝紫色，如何判断该菌的革兰氏染色结果？

（6）在进行细菌涂片时应注意哪些环节？为什么要求制片完全干燥后才能用油镜观察？

九、参考文献

[1] 程丽娟,薛泉宏.微生物学实验技术[M].2 版.北京:科学出版社,2012.

[2] 杜连祥,路福平.微生物学实验技术[M].北京:中国轻工业出版社,2005.

[3] 黄秀梨.微生物学实验指导[M].北京:高等教育出版社,1996.

[4] 刘国生.微生物学实验技术[M].北京:科学出版社,2007.

[5] 全桂静,雷晓燕,李辉.微生物学实验指导[M].北京:化学工业出版社,2010.

[6] 沈萍,陈向东.微生物学实验[M].4 版.北京:高等教育出版社,2007.

[7] 赵斌,何绍江.微生物学实验[M].北京:科学出版社,2002.

[8] 周德庆.微生物学实验教程[M].3 版.北京:高等教育出版社,2013.

[9] 杨革.微生物实验教程[M].2 版.北京:科学出版社,2010.

[10] 王宜磊.微生物学[M].北京:化学工业出版社,2010.

[11] 岑沛霖.工业微生物学[M].北京:化学工业出版社,2000.

[12] 洪庆华,迟杰,齐云,等.影响革兰氏染色结果的原因分析[J].实验技术与管理,2011,28(5):41-43.

[13] 洪庆华,石璐,孙进梅,等.革兰氏染色三步法应用试验探讨[J].实验室研究与探索,2010,29(11):15-17.

[14] 牛天贵.食品微生物检验[M].北京:中国计量出版社,2003.

[15] 陈坚,堵国成,李寅,等.发酵工程实验技术[M].北京:化学工业出版社,2003.

实验 4　细菌的芽孢染色与荚膜染色

一、实验目的与内容

1. 实验目的

（1）学习并掌握芽孢染色法，了解芽孢杆菌的形态特征。

（2）学习并掌握荚膜染色法。

2. 实验内容

（1）用 Schaeffer-Fulton 氏染色法将细菌制片染色后镜检。

（2）用负染色法和 Anthony 氏染色法将细菌制片染色后镜检。

二、实验原理

简单染色法适用于一般的微生物菌体染色，而某些微生物具有一些特殊结构，如芽孢、荚膜和鞭毛，对它们进行观察之前需要进行有针对性的染色。

芽孢是芽孢杆菌属和梭菌属细菌生长到一定阶段形成的一种抗逆性很强的休眠体结构，也被称为内生孢子(endospore)，通常呈圆形或椭圆形。细菌能否形成芽孢及芽孢的形状、着生位置、芽孢囊是否膨大等特征都是鉴定细菌的重要指标。与正常细胞或菌体相比，芽孢壁厚、透性低而不易着色，但是芽孢一旦着色就很难被脱色。利用这一特点，首先用着色能力较强的染料，如孔雀绿(malachite green)或碱性品红(basic fuchsin)在加热条件下进行染色时，此染料不仅可以进入菌体，而且也可以进入芽孢，进入菌体的染料可经水洗脱色，而进入芽孢的染料则难以透出。再用对比度大的复染剂(如番红)染色后，菌体染上复染剂颜色，而芽孢仍为原来的颜色，这样就可以将两者区别开来。

荚膜是包裹在某些细菌细胞外的一层黏液状或胶状物质，含水量高，其他成分主要为多糖、多肽和糖蛋白等。由于荚膜与染料间的亲和力弱，不易着色，通常采用负染色法染荚膜，即设法使菌体和背景着色而荚膜不着色，从而使荚膜在菌体周围呈一透明圈。也可以采用 Anthony 氏染色法，首先用结晶紫初染，使细胞和荚膜都着色，随后用硫酸铜水溶液洗，由于荚膜对染料亲和力差而被脱色，硫酸铜还可以吸附在荚膜上使其呈现淡蓝色，从而与深紫色菌体区分。由于荚膜的含水量在 90% 以上，故染色时一般不加热固定，以免荚膜皱缩变形。

三、实验器材

1. 菌种

枯草芽孢杆菌(*Bacillus subtilis*)、梭状芽孢杆菌(*Bacillus cereus*)、产气荚膜杆菌(*Clostridium perfringen*)、圆褐固氮菌(*Azotobacter chroococcum*)。

2. 溶液和试剂

5% 孔雀绿溶液、0.5% 番红水溶液、品红染色液、黑色素溶液、6% 葡萄糖水溶液、甲醇、1% 甲基紫水溶液、20% $CuSO_4$ 水溶液。

3. 仪器和其他用品

酒精灯、乙醇、木夹、香柏油、二甲苯、载玻片、盖玻片、擦镜纸、接种针、显微镜。

四、实验步骤

(一)芽孢染色

1. Schaeffer-Fulton 氏染色法

(1)制片　按常规涂片、干燥、固定。

(2)加热染色　加数滴 5% 孔雀绿溶液于涂片上，用木夹夹住载玻片一端，在微火上加热至染料冒蒸气并开始计时，维持 5 min，加热过程中及时补充染色液。切勿让涂片干涸。

(3)水洗　待玻片冷却后，用缓流自来水冲洗载玻片背面，直至流出的水无色为止。

(4)复染　用 0.5% 番红水溶液复染 1.5 min。

(5)水洗　用缓流水洗后，干燥。

(6)镜检　先低倍镜，再高倍镜，最后油镜观察。

(二)荚膜染色

1. 负染色法

(1)制片　取洁净的载玻片一块，加蒸馏水一滴，取少量菌体放入水滴中混匀并涂布。

(2)干燥　将涂片放在空气中晾干或用电吹风冷风吹干。

(3)染色　在涂面上加品红染色液染色 2~3 min。

（4）水洗　用水洗去品红染液。

（5）干燥　将染色片放空气中晾干或用电吹风冷风吹干。

（6）涂黑素　在染色涂面左边加一小滴黑色素,用一边缘光滑的载玻片轻轻接触黑色素,使黑色素沿玻片边缘散开,然后向右一拖,使黑色素在染色涂面上成为一薄层,并迅速风干。

（7）镜检　先低倍镜,再高倍镜观察。

2. Anthony 氏染色法

（1）涂片　按常规法涂片,可多挑些菌体与水充分混合,并将黏稠的菌液尽量涂开,但涂布的面积不宜过大。

（2）干燥　在空气中自然干燥。

（3）染色　用1‰甲基紫水溶液覆盖涂菌区域染色 2 min。

（4）脱色　用20‰$CuSO_4$水溶液洗去结晶紫,脱色要适度(冲洗 2 遍)。用吸水纸吸干,并立即加1~2滴香柏油于涂片处,以防止 $CuSO_4$ 结晶的形成。

（5）镜检　先用低倍镜再用高倍镜观察。观察完毕后注意用二甲苯擦去镜头上的香柏油。

五、注意事项

（1）选用适当菌龄的菌种,幼龄的尚未形成芽孢,而老龄菌芽孢囊已破裂。选用培养3~5天的胶质芽孢杆菌,该菌在甘露醇作碳源的培养基上生长时,荚膜丰厚。

（2）加盖玻片时不可有气泡,否则会影响观察。

（3）加热染色时必须维持在染色液微冒蒸气的状态,加热沸腾会导致菌体或芽孢囊破裂,如加热不够则难以着色。

（4）在采用 Anthony 法染色时,标本经染色后不可用水洗,必须用 20‰ $CuSO_4$ 水溶液冲洗。

（5）脱色必须等玻片冷却后进行,否则骤然用冷水冲洗会导致玻片破裂。

六、实验结果分析

芽孢呈绿色,芽孢囊及营养体为红色。枯草芽孢杆菌芽孢呈椭圆到柱状,位于菌体中央或稍偏,菌体基本无大变化;梭状芽孢杆菌芽孢呈圆形,比菌体粗,位于菌体顶端,使细菌呈鼓槌状。进行荚膜染色,最好选用新鲜的培养材料,可以保证荚膜不容易脱落。

七、实验报告

（1）完成表 3-4-1。

表 3-4-1　细菌的芽孢染色与荚膜染色结果

菌　　种	放大倍数	颜　　色			形　　态
		芽孢	荚膜	菌体	
枯草芽孢杆菌	1000				
梭状芽孢杆菌	1000				
产气荚膜杆菌	1000				
圆褐固氮菌	1000				

（2）绘图表示你观察到的两种芽孢杆菌的芽孢在形状、大小、着生位置上的区别。

（3）绘图说明圆褐固氮菌菌体及荚膜的形状。

八、思考与探究

(1) 哪些环节会影响芽孢染色结果的正确性？其中最关键的环节是什么？

(2) 若在你的制片中仅看到游离芽孢,而很少看到芽孢囊和营养细胞,试分析原因。

(3) 荚膜为何不易着色？荚膜染色过程中为什么不需加热固定？

(4) 为什么包在荚膜内的菌体着色,而荚膜不着色？

九、参考文献

[1] 沈萍,陈向东.微生物学实验[M].4 版.北京:高等教育出版社,2007.

[2] 蔡信之,黄君红.微生物学实验[M].北京:科学出版社,2010.

[3] 黄秀梨,辛明秀.微生物学实验指导[M].2 版.北京:高等教育出版社,2008.

实验 5　鞭毛染色法及活细菌运动性的观察

一、实验目的与内容

1. 实验目的

(1) 学习并掌握细菌鞭毛染色的基本方法及观察细菌鞭毛的着生情况。

(2) 学习用压滴法和悬滴法观察细菌的运动性。

2. 实验内容

(1) 对细菌鞭毛进行染色。

(2) 观察细菌鞭毛。

(3) 观察细菌的运动。

二、实验原理

鞭毛是某些细菌表面细长弯曲的丝状物,是细菌的运动器官和特殊构造。细菌鞭毛的长短、数量和生长位置是鉴别菌种的一个重要的形态学指标,也是细菌重要的抗原物质与致病因素。根据鞭毛的特征,可将有动力细菌分为单端极鞭毛菌、单端丛鞭毛菌、周鞭毛菌、侧鞭毛菌。

一般细菌的鞭毛都非常纤细,其直径为 $0.01 \sim 0.02~\mu m$,在普通光学显微镜的分辨力限度以外,故需要用特殊的鞭毛染色法才能看到。鞭毛染色法的基本原理是在染色前先经媒染剂处理,媒染剂吸附在鞭毛上,使鞭毛加粗,然后进行染色,便可达到普通光学显微镜的辨析范围以内。常用的媒染剂由丹宁酸和氯化高铁或钾明矾等配制而成。

在显微镜下观察细菌的运动性,也可以初步判断细菌是否有鞭毛。通常使用压滴法或悬滴法观察细菌的运动性。观察时,要适当减弱光线,增加反差,如果光线很强,细菌和周围的液体就难以辨别。

三、实验器材

1. 实验菌种

苏云金芽孢杆菌(*Bacillus thuringiensis*)、假单胞菌(*Pseudomonas sp.*)、金黄色葡萄球菌(*Staphylococcus aureus*)。

2. 实验试剂

鞭毛染色液(分别配制 A 液和 B 液):万分之一的美蓝水溶液、凡士林、无菌水。

3. 实验器材

显微镜、载玻片、凹玻片、盖玻片、接种环、镊子等。

四、实验步骤

(一)鞭毛染色

(1)菌种　用新培养的菌种为宜,如所用菌种已长期未移种,则用新制备的斜面连续移种 2~3 次后再使用。最好是将经活化的菌种接种到新制备的琼脂斜面或半固体培养基平皿上,培养 10 h 左右,备用。

(2)制片　在载玻片的一端滴一滴蒸馏水,用接种环挑取少许备用的菌苔,最好从菌落的边缘取菌苔,注意不要挑上培养基,在载玻片的水滴中轻蘸几下。将载玻片稍倾斜,使菌液随水滴缓慢流到另一端,然后平放在空气中干燥。

(3)染色　涂片干燥后滴加 A 液染 3~5 min,蒸馏水冲洗,或将残水沥干或用 B 液冲去残水(注意:一定要充分洗净 A 液后再加 B 液,否则背景很脏)。洗净 A 液滴加 B 液后,将玻片在酒精灯上稍加热,使其微冒蒸汽且不干,一般染 30~60 s。然后用蒸馏水冲洗,自然干燥。

(4)镜检　镜检时,如未见鞭毛,应在整个涂片上多找几个视野,有时只在部分涂片上染出鞭毛。菌体为深褐色,鞭毛为褐色。

(二)细菌运动性观察

1. 压滴法

(1)分别将 5 mL 无菌水倒入苏云金芽孢杆菌、假单胞菌和金黄色葡萄球菌的斜面培养物内,制成菌悬液。各取出 1 mL 菌悬液稀释至肉眼看不到混浊为止。

(2)各取 2~3 环三种稀释菌悬液,分别放在三片清洁的载玻片中央,再各放一环 0.01% 的美蓝水溶液混匀。

(3)用镊子夹一洁净的盖玻片,使其一边先接触菌悬液,然后将整个盖玻片慢慢放下,注意不要产生气泡。按此法分别将盖玻片覆盖于三种菌悬液上。

(4)先以低倍镜找到标本,再用高倍镜观察,观察时光线要调得暗些。

2. 悬滴法

(1)在洁净盖玻片周围涂少许凡士林。

(2)在盖玻片中央滴一小滴菌悬液,或用接种环取 1~2 环菌悬液置于中央。

(3)将凹玻片反转,使凹窝中心对准盖玻片上菌液滴,液滴不得与凹玻片接触,以接种环柄轻压使盖玻片与凹玻片黏在一起,液滴处于封闭的小室中,防止液滴干燥和气流的影响。

(4)小心将凹玻片翻转过来,使菌液滴仍悬浮在盖玻片下和凹窝中心。

(5)先用低倍镜找到悬滴边缘,再用高倍镜观察。观察时光线要调得暗一些。

用悬滴法分别观察苏云金芽孢杆菌、假单胞菌和金黄色葡萄球菌的运动性。细菌运动有一定的前进方向,并可转弯,极生单鞭毛菌类多为直线运动,周生鞭毛菌类多做波浪式运动。

五、注意事项

(1)细菌鞭毛观察首先要选好菌种。细菌的鞭毛应多而长易于观察。

(2)菌种必须活化,即要连续移种几次。

（3）要注意培养时间,培养时间要严格掌握,一般培养 9～12 h 较好,菌龄超过 15 h,鞭毛染色效果较差,这可能与老龄菌体活动度降低、鞭毛易脱落有关。

（4）必须是新鲜的染色液,染色液最好都现用现配。

（5）染色过程中的细节也应充分注意:①取菌要取菌落边缘的幼龄菌体。②取菌后的接种环在载片上的蒸馏水中轻轻蘸几下即可,不要用力太猛,更不能用接种环大幅度涂开。③将载片稍倾斜时使菌液散开即可,否则鞭毛易脱落,造成染色失败。④鞭毛染色的玻片只能自然干燥,不能用热风吹干,不能热固定,这是由于加热后菌体易变形,鞭毛易脱落,影响观察。

（6）载玻片要求干净无油污。鞭毛染色所用载玻片的清洗方法如下。

选择光滑无伤痕的玻片。先用洗衣粉煮沸,洗衣粉最好在洗玻片前加蒸馏水煮沸,用滤纸过滤去渣。为了避免玻片彼此磨损,最好把载玻片放在特制的架上煮,煮毕稍冷却后取出,用清水洗净,再放入浓洗液中浸泡 24 h 左右,取出用清水冲洗残酸,最后用蒸馏水洗净,沥干水并放于 95% 乙醇中脱水,取出玻片,用火焰烧去乙醇,立即使用。如不立刻使用,可存放于干净的盒中或 50% 乙醇中短期存放。由于空气中常常漂浮油污,最好立即使用。在洗净的玻片上滴上水滴后应能均匀散开。

六、实验结果分析

有些菌体不能正常观察到鞭毛,其原因是鞭毛与菌体脱离,分析结果可能是以下原因。

（1）选用的菌种可能培养时间过长,为老龄菌种,鞭毛易脱落。

（2）在制备菌种菌液时振荡幅度太大,使鞭毛脱落。

（3）鞭毛染色及冲洗染液时,操作不够规范,液体流动性大而使鞭毛受损脱落。

七、实验报告

观察的几种菌的鞭毛着生情况并绘图表示。

八、思考与探究

（1）你所观察到的几种菌是否都具有运动性?为什么?

（2）没有鞭毛的活细菌在光学显微镜下完全不动吗?真实地记录你观察到的现象,并进行解释。

九、参考文献

［1］黄秀梨,辛明秀.微生物学实验指导［M］.2 版.北京:高等教育出版社,2008.

［2］沈萍,陈向东.微生物学实验［M］.4 版.北京:高等教育出版社,2007.

实验6　酵母菌的形态观察与死活鉴定

一、实验目的与内容

1. 实验目的

（1）观察酵母菌的细胞形态及出芽生殖方式。

（2）学习并掌握区分酵母菌死、活细胞的染色方法。

2. 实验内容

（1）培养酵母液体培养物。

（2）观察酵母菌的细胞形态，计算酵母菌死亡率。

二、实验原理

酵母菌是多形的、不运动的单细胞真核微生物，较细菌个体大，通常为卵圆形、圆形、圆柱形或柠檬形。有些酵母菌细胞与其子代细胞连在一起成为链状，称为假丝酵母。酵母菌的细胞核与细胞质已有明显的分化，原生质中常含有肝糖、脂肪粒等内含物，成年细胞中央有很大的液泡。其繁殖方式也较为复杂，无性繁殖主要是出芽生殖，仅裂殖酵母是以分裂方式繁殖；有性繁殖是通过接合产生子囊孢子，为生孢酵母，属于真菌子囊菌亚门，有的不能形成子囊孢子，故列入半知菌亚门。

本实验通过用美蓝染色制成水浸片，来观察生活的酵母形态和出芽生殖方式。美蓝是一种无毒性染料，它的氧化型是蓝色的，而还原型是无色的，用它来对酵母的活细胞进行染色，由于细胞中新陈代谢的作用，使细胞内具有较强的还原能力，能使美蓝从蓝色的氧化型变为无色的还原型，所以酵母的活细胞无色，而对于死细胞或代谢缓慢的老细胞，则因它们无此还原能力或还原能力极弱，而被美蓝染成蓝色或淡蓝色。因此，用美蓝水浸片不仅可观察酵母的形态，还可以区分死、活细胞。但美蓝的浓度、作用时间等均有影响，应加以注意。

酵母菌的子囊孢子生成与否及其形状，是酵母菌分类上的重要依据。一部分酵母菌只有当它在最适条件下，才能观察到形成的子囊孢子，不同种属的酵母菌，形成子囊孢子的条件不同。本实验用生长在克氏或麦氏培养基上的酿酒酵母为材料，进行子囊孢子的观察。

三、实验器材

1. 供试菌种

酿酒酵母（*Saccharomyces cerevisiae*）或卡尔酵母（*Saccharomyces carlsbergensis*）、28 ℃下恒温培养 2 天左右的豆芽汁（或麦芽汁）液体培养物。

2. 试剂

0.05％、0.1％吕氏碱性美蓝染液、革兰氏染色用的碘液。

3. 器皿

显微镜、载玻片、盖玻片、接种环等。

四、实验步骤

1. 美蓝浸片观察

（1）在载玻片中央加一滴 0.1％吕氏碱性美蓝染液，液滴不可过多或过少，以免盖上盖玻片时，溢出或留有气泡。然后按无菌操作法取在豆芽汁液体培养 48 h 的酿酒酵母少许，放在吕氏碱性美蓝染液中，使菌体与染液均匀混合。

（2）用镊子夹一块盖玻片，小心地盖在液滴上。盖片时应注意，不能将盖玻片平放下去，应先将盖玻片的一边与液滴接触，然后将整个盖玻片慢慢放下，这样可以避免产生气泡。

（3）将制好的水浸片放置 3 min 后镜检。先用低倍镜观察，然后换用高倍镜观察酵母的形态和出芽情况，同时可以根据是否染上颜色来区别死、活细胞。

（4）染色 0.5 h 后，再观察一下死细胞数是否增加。

（5）用 0.05％吕氏碱性美蓝染液重复上述的操作。

2. 水-碘浸片观察

在载玻片中央滴一滴革兰氏染色用的碘溶液,然后再在其上加三滴水,取酵母菌少许,放在水-碘液滴中,使菌体与溶液混匀,盖上盖玻片后镜检。

3. 酵母菌死亡率计算

酵母菌死亡率一般用百分数表示,即死亡细胞占总细胞的百分数。在一个视野里计数死细胞和活细胞,共计数 5~6 个视野,记录并计算。

$$死亡率＝死细胞总数/(死、活细胞总数)×100\%$$

五、注意事项

(1) 活化酵母菌的豆芽汁培养基要新鲜、无沉淀。

(2) 染色必须在高于细胞等电点的 pH 值下进行,否则细胞吸收碱性染料量很少,易造成观察误差。

六、实验结果分析

在制作水浸片时,菌液不宜过多或过少,否则,在盖盖玻片时菌液会溢出或出现气泡而影响观察计数结果。盖玻片不宜平着放下,盖玻片一边与菌液接触,然后慢慢将盖玻片放下使其盖在菌液上,并用吸水纸吸去多余的水分,应避免产生气泡。观察过程中如果死亡细胞较少,可通过微加热增加酵母的死亡率,易于观察死亡细胞。

七、实验报告

(1) 绘图说明你所观察到的酵母菌的形态特征,注明菌名与放大倍数。

(2) 三线表记录吕氏碱性美蓝染液、碘染液浓度和作用时间对死、活细胞数的影响。

八、思考与探究

(1) 吕氏碱性美蓝染液浓度和作用时间的不同,对酵母菌死细胞数量有何影响?试分析其原因。

(2) 在显微镜下,酵母菌有哪些突出的特征区别于一般细菌?

九、参考文献

[1] 沈萍,陈向东. 微生物学实验[M]. 4 版. 北京:高等教育出版社,2007.

[2] 杜连祥. 工业微生物学实验技术[M]. 天津:天津科学技术出版社,1992.

实验 7　放线菌和霉菌的形态观察

一、实验目的与内容

1. 实验目的

学习并掌握观察丝状微生物放线菌及霉菌显微形态的方法。

2. 实验内容

(1) 插片法及印片法培养放线菌并用显微镜观察其菌丝形态。

(2) 载片法及直接法培养霉菌并用显微镜观察其菌丝体形态及产孢结构。

二、实验原理

放线菌和霉菌均为丝状微生物,通常在固体培养基上生长时,根据其功能以及位置的不同可分为营养菌丝(或称基内菌丝,培养基基质表面或内部扩展,执行吸收营养以及排泄代谢废物功能)和气生菌丝(向培养基上部空间生长的菌丝)。对于放线菌来说,气生菌丝成熟后会分化成孢子丝,通过横割分裂的方式产生分生孢子,不同种类的放线菌其孢子丝以及孢子的形状颜色往往不尽相同,故常作为分类的重要依据。霉菌作为真核微生物,其菌丝比放线菌粗,结构也更为复杂,并且由于生理功能的不同以及所处环境的差异,往往出现不同形状的特化,气生菌丝体往往特化出各种各样的子实体,无性或有性孢子着生于其里面或上面,这些显微结构特征也是霉菌鉴定的重要指标。为了尽可能观察到放线菌和霉菌在自然生长状态下的形态特征,人们设计了多种培养或观察方法,其侧重点和优劣各有不同,常见的方法有以下几种。

1. 放线菌的培养和观察方法

(1)插片法 在接种过放线菌的平板上插上盖玻片后培养,使放线菌菌丝沿着培养基与盖玻片的交接处生长而附着在盖玻片上,培养一段时间后轻轻取出盖玻片,即可观察到自然状态生长的放线菌气生菌丝以及基内菌丝的形态结构。

(2)搭片法 在平板固体培养基上开槽后,将放线菌划线接种于槽口,盖上盖玻片,放线菌菌丝将黏附于盖玻片生长,培养适当时间后即可取出盖玻片观察。

(3)玻璃纸法 将玻璃纸覆盖在平板培养基表面,其上接种放线菌培养,由于玻璃纸为半透膜,放线菌可透过玻璃纸从培养基中吸取营养并形成菌落。观察时取下玻璃纸固定在载玻片上镜检,该方法既可保持菌丝生长的自然状态,又可观察到放线菌生长不同阶段的菌落特征。

(4)印片法 将要观察的放线菌的菌落或菌苔直接印在载玻片上,经染色后观察。该方法主要用于观察放线菌的孢子丝以及孢子的显微特征,操作比较简单,但可能引起形态特征的改变。

2. 霉菌的培养和观察方法

(1)载片法 将霉菌接种于载玻片上的小块琼脂块上,再盖上盖玻片,置于适当条件下培养并观察,该方法为实验室观察真菌形态的基本方法,可很好地保持其自然生长状态。

(2)插片法 与放线菌类似。

(3)玻璃纸法 与放线菌类似。

(4)粘片法 用透明胶粘贴菌丝或者孢子,置于干净载玻片上,染色并观察,该法操作简单,可用于观察气生菌丝体以及孢子的形态结构。

(5)直接法 取培养物用乳酸石炭酸棉蓝染液染色并镜检。

上述为常见的放线菌及霉菌形态的观察方法,由于其在固体培养基上均以菌丝的方式生长,故观察方法很多可以通用。但霉菌的菌丝及孢子均较为粗大,在低倍镜或中倍镜下即可观察,而放线菌往往需通过高倍镜或油镜进行观测。我们在观察其形态特征时,需根据观察的对象以及目的选择合适的方法,并进行适当的调整。

三、实验器材

1. 菌种培养基

灰色链霉菌(*Streptomyces griseus*)、曲霉(*Aspergillus sp.*)、青霉(*Penicillium sp.*)、高氏1号琼脂培养基、土豆琼脂培养基。

2. 试剂

20％甘油(灭菌)、石炭酸品红染液、乳酸石炭酸棉蓝染液。

3. 仪器及其他用具

吸管、平皿、载玻片、盖玻片、U 形玻璃搁架、解剖针、解剖刀、镊子、接种环(以上用具如用于微生物培养,必须按照要求灭菌)、显微镜。

四、实验步骤

(一)放线菌的形态观察

1. 插片法(图 3-7-1(a))

(1)倒平板 将高氏 1 号琼脂培养基熔化后冷却至约 50 ℃时倒 20 mL 左右于灭菌培养皿中,凝固待用。

(2)接种 用接种环挑取放线菌孢子,来回划线接种于平板培养基上,可适量多些。

(3)插片 用镊子将灭菌盖玻片以约 45°角插入培养皿内的培养基中,深度约为盖玻片的 1/3,盖玻片数量根据需要而定。

(4)培养 将插片平板置于 28 ℃下倒置培养 3～7 天。

(5)观察 小心用镊子将盖玻片取出,轻轻擦去背面的培养物,放在载玻片上(有菌丝体的面朝上),直接置于显微镜下观察,也可将盖玻片放入石炭酸品红染液池中浸染 0.5～1 min,用吸水纸吸掉盖玻片上多余的染液,酒精灯微火烘干,置于滴有适量蒸馏水的载玻片上(有菌丝体面朝上),显微观察。

2. 印片法

(1)取菌 用解剖刀从插片法琼脂培养平板中,连同培养基切下一小块菌苔,菌面朝上置于载玻片上。

(2)印片 另取一载玻片置于火焰上微热后,盖在菌苔上轻轻按压,使其印于载玻片中央,然后将载玻片有印迹的一面朝上,微火固定。

(3)染色 滴加石炭酸品红染液染 0.5～1 min,水洗后干燥。

(4)观察 将其置于显微镜下用高倍镜或油镜观察。

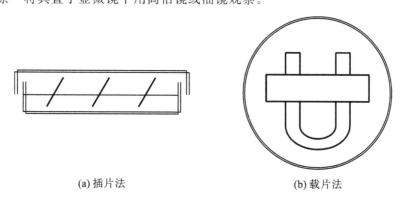

(a)插片法   (b)载片法

图 3-7-1 插片法以及载片法示意图

(二)霉菌的形态观察

1. 载片法(图 3-7-1(b))

(1)培养湿室准备 在培养皿底铺一层滤纸,其上放一“U”形玻璃搁架,将洁净的载玻片置于搁架上,取两片盖玻片分别斜立于载玻片两侧,盖上皿盖,用纸包扎后 121 ℃灭菌 20 min,

于 60 ℃烘箱中干燥后备用。

（2）培养基准备　将已灭菌的土豆琼脂培养基熔化冷却至 50 ℃左右,取 6～7 mL 注入空的灭菌平皿中,待凝固后,用无菌解剖刀切成 0.5～1 cm² 的琼脂块,用刀尖铲起琼脂块放在已灭菌的培养皿内的载玻片上,每片上放置 2 块。

（3）接种　用灭菌的尖细接种针取一点霉菌孢子,轻轻点在琼脂块的边缘,用无菌镊子将盖玻片盖在琼脂块上。

（4）保湿培养　在培养皿的滤纸上,加无菌的 20% 甘油 3～5 mL,盖上皿盖,置 28 ℃培养。

（5）观察　根据需要培养一段时间后,取出载玻片置低倍或高倍镜下镜检。

2. 直接观察法

在洁净载玻片上加一滴乳酸石炭酸棉蓝染液,用解剖针从霉菌菌落的边缘处取小量已产孢子的霉菌菌丝置于染色液中,细心地挑散菌丝,盖上盖玻片,注意不要产生气泡。置显微镜下先用低倍镜观察,必要时再换高倍镜。

五、注意事项

（1）插片法培养放线菌时,一定注意无菌操作,避免杂菌污染。

（2）印片时不要用力过大,以免压碎琼脂,也不要来回错动,避免改变放线菌的自然形态。

（3）载片法培养霉菌时:一是注意无菌操作;二是接种量尽量少,避免生长过于稠密影响观察。

（4）霉菌直接制片过程中尽量小心,尽可能保持其自然状态,加盖玻片时切勿压入气泡,以免影响观察。

六、实验结果分析

放线菌与霉菌的显微结构是微生物鉴定的重要依据,显微观察时应尽量保持其自然生长状态,因此通过一些特殊的挑取或培养方法使其形态能在显微镜下观察,观察部位不同,菌种不同,则选择的方法也不同。本次实验用的放线菌为灰色链霉菌,通过插片法可观测其气生菌丝以及基内菌丝的特点,请仔细区分;通过印片法,借助油镜可观察其孢子丝以及孢子的形态结构;针对青霉和曲霉,重点是观测其产孢结构,前者为帚状分支,后者为球形。要想获得较好的观察结果,必须注意两个方面:一是培养时无菌操作,二是密度越小越好。

七、实验报告

记录放线菌的营养菌丝、气生菌丝、孢子丝以及孢子的形态;记录霉菌的营养菌丝、气生菌丝、子实体以及分生孢子的形态。

八、思考与探究

（1）如何区分放线菌的基内菌丝和气生菌丝?

（2）放线菌和霉菌的显微结构有哪些比较明显的区别?

九、参考文献

[1] 沈萍,陈向东.微生物学实验[M].4 版.北京:高等教育出版社,2007.

[2] 周德庆.微生物学实验教程[M].2 版.北京:高等教育出版社,2006.

[3] 汪红,解丽芳,王甜,等.用浸染法提高放线菌形态观察的效果[J].西华师范大学报,

2011,32(3):256-258.

实验 8　微生物大小测定及显微镜直接计数法

一、实验目的与内容

（1）了解用显微镜测定微生物大小与用血球计数板测定微生物数量的原理。

（2）学习并掌握显微镜下测定微生物细胞大小的技术，包括目镜测微尺、镜台测微尺的校正技术与测定细胞大小的技术。

（3）了解血球计数板的构造，掌握使用血细胞计数板进行微生物计数的方法。

二、实验原理

微生物细胞的大小，是微生物重要的形态特征之一，也是分类鉴定的依据之一。由于菌体很小、只能在显微镜下来测量，测定需要借助特殊的测量工具——镜台测微尺和目镜测微尺。

目镜测微尺是一块圆形玻片，在玻片中央有精确等分刻度，一般有等分成 50 小格和 100 小格两种。测量时，将其放在接目镜中的隔板上（此处正好与物镜放大的中间像重叠）来测量经显微镜放大后的细胞物像。由于不同目镜、物镜组合的放大倍数不相同，目镜测微尺每格实际表示的长度也不一样，因此目镜测微尺测量微生物大小时须先用置于镜台上的镜台测微尺校正，以求出在一定放大倍数下，目镜测微尺每小格所代表的相对长度。

镜台测微尺是中央部分刻有精确等分线的载玻片，一般将 1 mm 等分为 100 格，每格长 10 μm（即 0.01 mm），是专门用来校正目镜测微尺的。校正时，将镜台测微尺放在载物台上，由于镜台测微尺与细胞标本处于同一位置，都要经过物镜和目镜的两次放大成像进入视野，即镜台测微尺随着显微镜总放大倍数的放大而放大，因此从镜台测微尺上得到的读数就是细胞的真实大小，所以用镜台测微尺的已知长度在一定放大倍数下校正目镜测微尺，即可求出目镜测微尺每小格所代表的相对长度，然后移去镜台测微尺，换上待测标本片，用校正好的目镜测微尺在同样放大倍数下测量微生物大小（图 3-8-1）。

显微镜直接计数法是将小量待测样品的悬浮液置于一种特别的具有确定面积和容积的载玻片（又称计菌器）上，于显微镜下直接计数的一种简便、快速、直观的方法。目前国内外常用的计菌器有血细胞计数板、Peteroff-Hauser 计菌器以及 Hawksley 计菌器等，它们都可用于酵母、细菌、霉菌孢子等悬液的计数，基本原理相同。后两种计菌器较薄，因此可用油浸物镜对细菌等较小的细胞进行观察和计数。显微镜直接计数法的优点是直观、快速、操作简单。此法的缺点是所测得的结果通常是死菌体和活菌体的总和。目前已有一些方法可以克服这一缺点，如结合活菌染色微室培养（短时间）以及加细胞分裂抑制剂等方法来达到只计数活菌体的目的。本实验以血球计数板为例进行显微镜直接计数。

血球计数板是一块特制的载玻片（图 3-8-2），其上由四条槽构成三个平台。中间较宽的平台又被一短横槽隔成两半，每一边的平台上各列有一个方格网，每个方格网共分为 9 个大方格，中间的大方格即为计数室。计数室的刻度一般有两种规格：一种是一个大方格分成 25 个中方格，而每个中方格又分成 16 个小方格；另一种是一个大方格分成 16 个中方格，而每个中方格又分成 25 个小方格。无论是哪一种规格的计数板，每一个大方格中的小方格都是 400

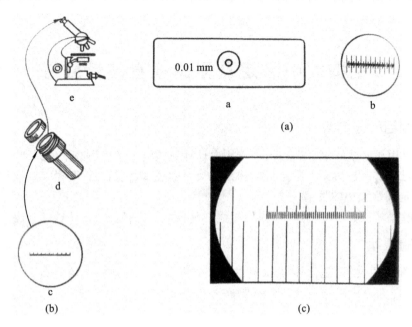

图 3-8-1　测微尺及其安装和校正

（a）镜台测微尺 a 及其中央部分的放大 b；

（b）目镜测微尺 c 及其安装在目镜 d 上再安装在显微镜 e 上的方法；

（c）镜台测微尺校正目镜测微尺时的情况

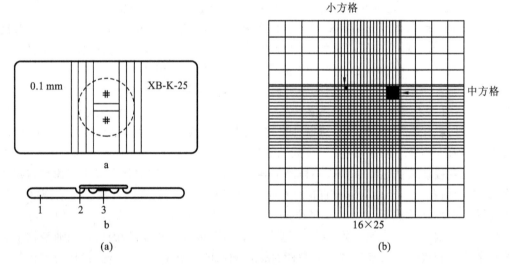

图 3-8-2　血球计数板构造示意图

（a）计数板正面和侧面结构示意图：a. 正面图；b. 纵切面图（1. 血球计数板；2. 盖玻片；3. 计数室）

（b）计数板上的方格网，中间大方格为计数室

个。每一个大方格边长为 1 mm，则每一个大方格的面积为 1 mm²，盖上盖玻片后，盖玻片与载玻片之间的高度为 0.1 mm，所以计数室的容积为 0.1 mm³。

计数时，通常数 5 个中方格的总菌数，然后求得每个中方格的平均值，再乘上 25 或 16，就得出一个大方格中的总菌数，然后换算成 1 mL 菌液中的总菌数。

设 5 个中方格中的总菌数为 A，菌液稀释倍数为 B，则

$$1\ \text{mL 菌液中的总菌数} = \frac{A}{5} \times 25 \times 10^4 \times B(25\ \text{个中方格})$$

$$= \frac{A}{5} \times 16 \times 10^4 \times B(16\ \text{个中方格})$$

三、实验器材

1. 实验材料

枯草芽孢杆菌(*Bacillus subtilis*)、金黄色葡萄球菌(*Staphylococcus aureus*)、酿酒酵母。

2. 其他试剂

香柏油、二甲苯、生理盐水。

3. 主要仪器设备

普通光学显微镜、目镜测微尺、镜台测微尺、血球计数板、毛细滴管、小烧杯。

四、实验步骤

1. 微生物大小的测定

(1) 目镜测微尺的安装　把目镜的上透镜旋开,将目镜测微尺轻轻放在目镜的隔板上,使有刻度的一面朝下。旋上目镜透镜,再将目镜插入镜筒内。

(2) 校正目镜测微尺　将镜台测微尺放在显微镜的载物台上,使有刻度的一面朝上。先用低倍镜观察,调焦距,待看清镜台测微尺的刻度后,转动目镜,使目镜测微尺的刻度与镜台测微尺的刻度相平行,利用推进器移动镜台测微尺,使两尺在某一区域内两线完全重合,然后分别数出两重合线之间镜台测微尺和目镜测微尺所占的格数(图 3-8-1)。用同样的方法换成高倍镜和油镜进行校正,分别测出在高倍镜和油镜下两重合线之间两尺分别所占的格数。

由于已知镜台测微尺每格长 10 μm,根据下列公式即可分别计算出在不同放大倍数下,目镜测微尺每格所代表的长度。

$$\text{目镜测微尺每格长度}(\mu m) = \frac{\text{两重合线间镜台测微尺格数} \times 10}{\text{两重合线间目镜测微尺格数}}(\mu m)$$

(3) 菌体大小的测定　将镜台测微尺取下,换上细菌染色制片,先在低倍镜和高倍镜下找到目的物,然后在油镜下用目镜测微尺测量菌体的大小。先量出菌体的长和宽占目镜测微尺的格数,再以目镜测微尺每格的长度计算出菌体的长和宽。

值得注意的是,和动植物一样,同一种群中的不同菌体细胞之间也存在个体差异,因此在测定每一种菌种细胞大小时应对多个细胞进行测量,然后计算取平均值。

2. 显微镜计数

(1) 菌悬液制备　用无菌生理盐水适当稀释制备酿酒酵母菌悬液。

(2) 镜检血球计数板　在加样前,先对计数板的计数室进行镜检。若有污物,可用自来水冲洗,再用 95% 乙醇棉球轻轻擦洗,然后吹干后才能进行计数。

(3) 加样品　血球计数板盖上盖玻片,将酵母菌悬液摇匀,用无菌毛细滴管吸取少许,由盖玻片边缘滴一小滴,让菌液沿缝隙靠毛细渗透作用自动进入计数室,一般计数室均能充满菌液。加样时计数室不可有气泡产生,加样后静置 5 min,使细胞或孢子自然沉降。

(4) 显微镜计数　将加有样品的血球计数板置于显微镜载物台上,先用低倍镜找到计数室所在位置,然后换成高倍镜进行计数。若发现菌液太浓或太稀,需重新调节稀释度后再计数。一般样品稀释度要求每小格内有 5~10 个菌体为宜。每个计数室选 5 个中方格(可选 4

个角和中央的一个中方格)中的菌体进行计数。位于格线上的菌体一般只数上方和右边线上的。如遇酵母出芽,芽体大小达到母细胞的一半时,即作为两个菌体计数。计数一个样品要由两个计数室中计得的平均数值来计算样品的含菌量。

(5)清洗 使用完毕后,将血球计数板及盖玻片进行清洗、干燥,放回盒中,以备下次使用。

五、注意事项

(1)校正目镜测微尺时,光线不宜过强,转换高倍镜和油镜校正时,务必小心,防止物镜压坏镜台测微尺和损坏镜头。

(2)细菌个体微小,在进行细胞大小测定时一般应尽量使用油镜,以减小误差。

(3)清洗血球计数板时,不可以使用刷子等硬物,也不可用酒精灯火焰烘烤。

(4)取样时要先摇匀菌液,加样时计数室不可有气泡产生。

(5)进行显微计数时应先在低倍镜下寻找大方格的位置,找到计数室后将其移至视野中央,再换高倍镜观察和计数。

六、实验结果分析

1. 目镜测微尺校正结果

目镜测微尺校正结果记录于表 3-8-1。

表 3-8-1 目镜测微尺校正结果

物镜	物镜倍数	目镜测微尺格数	镜台测微尺格数	目镜测微尺每格的长度/μm
低倍镜	×10			
高倍镜	×40			
油镜	×100			

2. 各菌测定结果

各菌测定结果记录于表 3-8-2、表 3-8-3。

表 3-8-2 金黄色葡萄球菌大小测定记录

编 号	1	2	3	4	5	平均值
直径(宽度)/μm						

表 3-8-3 枯草芽孢杆菌大小测定记录

编 号	1	2	3	4	5	平均值
宽度/μm						
长度/μm						

3. 结果计算

将上述测定结果经过计算后填入表 3-8-4。

表 3-8-4 相关结果计算

菌 种 名 称	目镜测微尺每格代表的长度/μm	宽度		长度		菌体大小/$\mu m \times \mu m$
		目镜测微尺平均格数	宽度/μm	目镜测微尺平均格数	长度/μm	
金黄色葡萄球菌						
枯草芽孢杆菌						

4. 酿酒酵母显微计数结果

酿酒酵母显微计数结果记录于表 3-8-5。

表 3-8-5　酿酒酵母显微计数结果

		各中方格菌数					A	B	两室平均值	1 mL 菌液中的总菌数
		1	2	3	4	5				
酿酒酵母	第 1 室									
	第 2 室									

七、实验报告

根据测量结果对各菌的大小进行描述,列出菌体大小和酿酒酵母计数结果的计算过程。分析实验结果,总结实验成败的因素。

八、思考与探究

(1) 为什么更换不同放大倍数的目镜或物镜时,必须用镜台测微尺重新对目镜测微尺进行校正?

(2) 在不改变目镜和目镜测微尺,而改用不同放大倍数的物镜来测定同一细菌的大小时,其测定结果是否相同?为什么?

(3) 哪些因素会造成血球计数板的计数误差,应如何避免?

(4) 在显微镜下直接测定微生物数量有什么优缺点?

(5) 某单位希望检测一种干酵母粉中的活菌存活率,请设计 1～2 种可行的检测方法。

九、参考文献

［1］ Lansing M Prescott,John P Harley, Donald A Klein. Microbiology［M］. 6th. New York：McGraw-Hill Higher Education,2005.

［2］黄秀梨. 微生物学实验指导［M］. 北京：高等教育出版社,1999.

［3］沈萍,陈向东. 微生物学实验［M］. 4 版. 北京：高等教育出版社,2007.

［4］Michael T Madigan,John M Martinko. Brock Biology of Microorganisms［M］.11th. New Jersey：Pearson Prentice Hall,2006.

实验 9　常见微生物培养基的制备

一、实验目的与内容

1. 实验目的

(1) 学习并掌握配制培养基的一般方法和步骤。

(2) 学习并掌握高压蒸汽灭菌锅的使用。

2. 实验内容

(1) 培养基的配制。

(2) 高压蒸汽灭菌锅的使用。

二、实验原理

培养基是人工配制的适合微生物生长繁殖或积累代谢产物的营养基质,用以培养、分离、鉴定、保存各种微生物或积累代谢产物。在自然界中,微生物种类繁多,营养类型多样,加之实验和研究的目的不同,所以培养基的种类很多。但是,不同种类的培养基中,一般应含碳源、氮源、能源、生长因子、无机盐和水六大营养要素。不同微生物都有其最适 pH 值。霉菌和酵母菌的培养基的 pH 值一般是偏酸性的,而细菌和放线菌培养基的 pH 值一般为中性或偏碱的,所以配制培养基时都要根据不同微生物的要求将培养基的 pH 值调到合适的范围。培养基配制好后,用稀酸或稀碱调其 pH 值至所需酸碱度或自然 pH 值。在配制固体培养基时还要加入一定量琼脂作凝固剂。

由于配制培养基的营养物质和容器等含有各种微生物,因此,已配制好的培养基必须立即灭菌,如果来不及灭菌,应暂存冰箱内以防止其中的微生物生长繁殖而消耗养分和改变培养基的酸碱度所带来的不利影响。

根据微生物种类和实验目的不同,培养基又可分不同类型。按成分不同,培养基可分成天然培养基、合成培养基和半合成培养基;按物理性质不同,培养基可分为固体培养基、半固体培养基和液体培养基;按用途不同,培养基可分为基础培养基、鉴别培养基、选择培养基和加富培养基。

高压蒸汽灭菌是利用高压蒸汽产生的高于 100 ℃ 的高温以及热蒸汽的穿透能力,导致菌体蛋白质凝固变性而达到灭菌的目的。

本实验通过配制适用于一般细菌、放线菌和真菌的三种培养基来了解和掌握配制培养基的基本原理和方法。培养细菌一般用牛肉膏蛋白胨培养基,这是一种应用十分广泛的天然培养基,其中的牛肉膏为微生物提供碳源、磷酸盐和维生素,蛋白胨主要提供氮源和维生素,而 NaCl 提供无机盐。高氏 1 号培养基是用来培养和观察放线菌的合成培养基,如果加入适量的抗生素可用来分离各种放线菌。此合成培养基的主要特点是含有多种化学成分已知的无机盐,这些无机盐可能相互作用而产生沉淀。如高氏 1 号培养基中的磷酸盐和镁盐相互混合时易产生沉淀,因此,在混合培养基成分时,一般是按配方的顺序依次溶解各成分,甚至有时还需要将两种或多种成分分别灭菌,使用时再按比例混合。此外,合成培养基有的还需要补加微量元素,如高氏 1 号培养基中的 $FeSO_4 \cdot 7H_2O$ 的用量只有 0.001%,在配制培养基时需预先配成高浓度的 $FeSO_4 \cdot 7H_2O$ 储备液,然后按需加入一定的量到培养基中。

三、实验器材

1. 溶液和试剂

牛肉膏、蛋白胨、NaCl、可溶性淀粉、$NaNO_3$、KNO_3、KH_2PO_4、K_2HPO_4、$MgSO_4 \cdot 7H_2O$、$K_2HPO_4 \cdot 3H_2O$、$FeSO_4 \cdot 7H_2O$、葡萄糖、$CaSO_4 \cdot 2H_2O$、$CaCO_3$、酵母膏、1 mol/L NaOH、1 mol/L HCl、牛胆盐、乳糖、溴甲酚紫、20%乳糖溶液、2%伊红水溶液、0.5%美蓝水溶液。

2. 仪器和其他用品

电炉、天平(扭力托盘天平、电子天平)、高压蒸汽灭菌锅、培养皿、试管、三角烧瓶、烧杯、量筒、白搪瓷杯、玻璃棒、牛角匙、精密 pH 试纸(pH 值 5.5~9.0)、记号笔、棉花、牛皮纸、棉绳、纱布、漏斗、漏斗架、胶管、止水夹等。

四、实验步骤

1. 牛肉膏蛋白胨培养基（营养琼脂培养基）

牛肉膏	3.0 g
蛋白胨	10.0 g
NaCl	5.0 g
水	1000 mL
pH 值	7.4～7.6

（1）称量　按培养基配方比例依次准确地称取牛肉膏、蛋白胨、NaCl 放入烧杯中。牛肉膏常用玻璃棒挑取，放在小烧杯或表面皿中称量，用热水溶化后倒入烧杯。也可以放在称量纸上，称量后直接放入水中，这时如稍微加热，牛肉膏便会与称量纸分离，然后立即取出纸片。

（2）加热溶解　在上述烧杯中加入少于所需要的水量，用玻璃棒搅拌，然后在石棉网上加热使其溶解。药品完全溶解后，补充水到所需的总体积，如果配制固体培养基，将称好的琼脂放入已溶的药品中，再加热溶解，最后补足所损失的水分。在制备时，一般也可先将一定量的液体培养基分装于三角烧瓶中，然后按 1.5%～2.0% 的量将琼脂分别加入各三角烧瓶中，不必加热溶解，而是灭菌和加热溶解同时进行，节省时间。

（3）调节 pH 值　在未调节 pH 值前，先用精密 pH 试纸测量培养基的原始 pH 值，如果偏酸，用滴管向培养基中逐滴加入 1 mol/L NaOH，边加边搅拌，并随时用 pH 试纸测其 pH 值，直至 pH 值达到 7.4～7.6。反之，用 1 mol/L HCl 进行调节。对于有些要求 pH 值较精确的微生物，其 pH 值的调节可用酸度计（使用方法可参考有关说明书）进行。

（4）分装　按实验要求，可将配制的培养基分装入试管内或三角烧瓶内。①液体分装：分装高度以试管高度的 1/4 左右为宜。分装三角烧瓶的量则根据需要而定，一般以不超过三角烧瓶容积的 1/2 为宜，如果是用于振荡培养，则根据通气量的要求酌情减少。有的液体培养基在灭菌后，需要补加一定量的其他无菌成分，如抗生素等，则装量一定要准确。②固体分装：分装试管，其装量不超过管高的 1/5，灭菌后制成斜面。分装三角烧瓶的量以不超过三角烧瓶容积的 1/2 为宜。③半固体分装：试管一般以试管高度的 1/3 为宜，灭菌后垂直放置待凝。

（5）加塞　培养基分装完毕后，在试管口或三角烧瓶口上塞上棉塞或乳胶塞及试管帽等，以阻止外界微生物进入培养基内而造成污染。

（6）包扎　加塞后，将几支试管在胶塞处包一层聚丙乙烯薄膜，再用棉绳包扎好。用记号笔注明培养基名称、组别、配制日期。三角烧瓶不用加塞，外包聚丙乙烯薄膜，用棉绳以活结的形式扎好，用记号笔注明培养基名称、组别、配制日期。

（7）灭菌　将上述培养基以 121 ℃ 高压蒸汽灭菌 20 min。具体操作步骤如下。

① 加水：往锅内加入适量的水，切勿加少了。

② 装料：把要灭菌的材料装入锅内。

③ 加盖：关严灭菌锅盖和其他阀门，勿使漏气。

④ 加热。按灭菌的程序加热。

⑤ 排放冷空气：当压力上升至 0.05 MPa 时，打开放气阀，将锅内的冷空气放走，待压力下降为"0"时，再关闭放气阀。

⑥ 升压。

⑦ 保压：当压力上升至所需压力时，控制热源，维持压力至所需时间。

⑧ 降压：达到所需灭菌时间后，关闭热源，让压力自然下降到"0"后，打开放气阀，再开盖。

(8) 搁置斜面　将灭菌的试管培养基冷却至 50 ℃左右(以防斜面上冷凝水太多)，将试管口端搁在玻璃棒或其他合适高度的器具上，搁置的斜面长度以不超过试管总长的一半为宜。

(9) 无菌检查　将灭菌培养基放入 37 ℃的温室中培养 24～28 h，以检查灭菌是否彻底。

2. 高氏 1 号培养基(培养放线菌用)

培养基的配方如下：

可溶性淀粉	20 g
NaCl	0.5 g
KNO_3	1 g
K_2HPO_4	0.5 g
$MgSO_4$	0.5 g
$FeSO_4$	0.01 g
琼脂	20 g
水	1000 mL
pH 值	7.2～7.4

3. 查氏培养基(培养霉菌用)

培养基的配方如下：

$NaNO_3$	2 g
K_2HPO_4	1 g
KCl	0.5 g
$MgSO_4$	0.5 g
$FeSO_4$	0.01 g
蔗糖	30 g
琼脂	15～20 g
水	1000 mL
pH 值	自然

4. 无氮培养基(固氮菌分离用)

培养基的配方如下：

甘露醇或葡萄糖	10 g
KH_2PO_4	0.2 g
$MgSO_4 \cdot 7H_2O$	0.2 g
NaCl	0.2 g
$CaSO_4 \cdot 2H_2O$	0.2 g
$CaCO_3$	5 g
蒸馏水	1000 mL
pH 值	7.0～7.2

5. LB 肉汤培养基

蛋白胨	10 g
酵母膏	5 g
NaCl	10 g

蒸馏水	1000 mL
pH 值	7.0

注:商品化的 LB 肉汤培养基按说明书配制。

6. 乳糖胆盐发酵培养基(大肠菌群的测定用)

蛋白胨	20.0 g
牛胆盐	5.0 g
乳糖	10.0 g
溴甲酚紫	0.01 g
蒸馏水	1000 mL
pH 值	7.3~7.5

7. 伊红美蓝培养基(EMB 培养基)

蛋白胨水培养基	100 mL
20%乳糖溶液	2 mL
2%伊红水溶液	2 mL
0.5%美蓝水溶液	1 mL

将已灭菌的蛋白胨水培养基(pH 值 7.6)加热熔化,冷却至 60 ℃左右时,再把已高温灭菌的乳糖溶液、伊红水溶液及美蓝水溶液按上述量以无菌操作加入。摇匀后,趁热注入培养皿中,凝成平板,待用。

五、注意事项

(1)商品化固化培养基直接按说明书配制,但由于有牛肉膏、酵母膏、蛋白胨等成分,易吸潮,要注意及时盖好瓶盖。

(2)在使用高压蒸汽灭菌锅时,要严格按照操作程序进行灭菌,操作者切勿擅自离开,以免发生事故。

(3)升压前必须充分排尽锅内的冷空气,否则压力虽然升高,而温度达不到要求,造成灭菌不彻底的结果。这是高压蒸汽灭菌彻底的一个关键。

(4)灭菌完毕后,压力未降到 0.05 MPa 以下前切勿打开放气阀,否则锅内突然减压,培养基和其他液体会从容器内喷出而沾污乳胶塞,容易造成杂菌污染甚至人身伤害。

六、实验结果分析

在琼脂溶化过程中,应控制火力,以免培养基因沸腾而溢出容器,同时,必须不断搅拌,防止琼脂糊底烧焦。配制培养基是不可用铜或铁锅加热溶化,以免离子进入培养基中影响细菌生长。高压蒸汽灭菌时避免被蒸汽烫伤,在气压指针降到"0"时方可打开灭菌锅,避免被溅出的高温液体烫伤。

七、实验报告

(1)将培养基按成分来源和物理状态进行分类。

(2)判断培养基高压蒸汽灭菌是否彻底。

八、思考与探究

(1)试述高压蒸汽灭菌的主要操作过程和注意事项。

（2）培养基配好后为什么要立即灭菌？如何检验灭菌后的培养基是否无菌？

（3）高压蒸汽灭菌锅灭菌开始之前，为什么要将锅内冷空气排尽？灭菌完毕后，为什么待压力降至"0"时才能打开放气阀，开盖取物？

（4）在使用高压蒸汽灭菌锅灭菌时，怎样减少不安全的因素？

（5）灭菌在微生物实验操作中有何重要意义？

（6）黑曲霉的孢子与芽孢杆菌的孢子对热的抗性哪个较强？为什么？

九、参考文献

［1］黄秀梨,辛明秀.微生物学实验指导［M］.2 版.北京:高等教育出版社,2008.

［2］沈萍,陈向东.微生物学实验［M］.4 版.北京:高等教育出版社,2007.

实验 10 微生物平板菌落计数

一、实验目的与内容

1. 实验目的

（1）学习和掌握微生物平板菌落计数的原理和方法、步骤。

（2）掌握倒平板技术、系列稀释原理及操作方法,涂布平板及倾注平板方法,掌握平板菌落计数操作技术。

（3）了解微生物平板菌落计数法的主要应用范围。

2. 实验内容

（1）无菌操作倒平板。

（2）试样的制备与稀释操作。

（3）涂布平板、倾注平板方法的微生物培养与计数操作。

二、实验原理

显微镜直接计数法是在计数板上直接检测微生物样品中的总菌数,而平板菌落计数法或液体连续稀释法是对微生物进行培养后计数活菌的方法,称为活菌计数法（由于培养后通过菌落才能计数故又称间接计数法）。

微生物的单个细胞在固体培养基上可繁殖产生肉眼可见的子细胞群体,称为单菌落。平板菌落计数法是将待测样品经适当稀释之后,其中的微生物充分分散成单个细胞,取一定量的稀释样液涂布接种到平板上,在一定条件下（如需氧情况、营养条件、pH 值、培养温度等）培养一定时间后,统计菌落数目,根据其稀释倍数和取样接种量换算出样品中的含菌数,这就是平板菌落计数法。

由每个单细胞生长繁殖而形成肉眼可见的菌落,所以一个单菌落应代表原样品中的一个单细胞。统计菌落数,根据其稀释倍数和取样接种量即可换算出样品中的含菌数。由于平板上的每个单菌落理论上是从原始样品液中的单细胞（或孢子）生长繁殖而来,因此在菌样的测定中必须使样品中的细胞（或孢子）充分均匀地分散,且经适当稀释,以便使每个平板上所形成的菌落数在适当的范围内,以便于计数,一般细菌平板菌落计数时以每皿 50～200 个为宜。但是,由于待测样品往往不易完全分散成单个细胞,所以,长成的一个单菌落也可能来自样品中的 2~3 或更多个细胞。因此平板菌落计数的结果往往偏低。为了清楚地阐述平板菌落计数的结果,现在已倾向使用菌落形成单位(colony-forming units,CFU)而不以绝对菌落数来表示样品的活菌含量。

平板菌落计数法最大的优点是能测出样品中的活菌数,故又称为活菌计数法。该法操作简便,实验器具常用、易得,是一种应用广泛的微生物生长繁殖测定方法,特别是在食品、生物制品、土壤、水源及进出口产品等的检验检测方面应用极其广泛,也可用于微生物的分离纯化、选种与育种。

平板菌落计数法虽然操作较烦琐,结果需要培养一段时间才能取得,而且测定结果易受多种因素的影响。但是,由于该计数方法的最大优点是可以获得活菌的信息,所以被广泛用于生物制品检验(如活菌制剂),以及食品、饮料和水(包括水源水)等的含菌指数或污染程度的检测。按现有国家标准方法规定,即在需氧情况下,37 ℃培养 48 h,能在普通营养琼脂平板上生长所观测到的细菌菌落总数,所以厌氧或微需氧菌、有特殊营养要求的及非嗜中温的细菌,因难以繁殖生长而不适于用该法。故该法也有一定的局限性。

三、实验器材

1. 菌种及培养基

大肠杆菌(*Escherichia coli*)菌悬液(液体培养物)或斜面、固体培养菌苔、无菌平板计数琼脂(PCA)培养基或牛肉膏蛋白胨琼脂培养基。

2. 器材

天平、高压灭菌锅、干热灭菌箱、超净工作台、振荡器、恒温培养箱、恒温水浴锅、无菌培养皿(直径 90 mm)、试管、试管架、1 mL 移液管、接种环、称量纸、酒精灯、火柴、记号笔等。

四、实验步骤

1. 培养基与无菌器材的准备

精确称取 PCA 培养基 23.5 g,加入蒸馏水 1000 mL,分装入 250 mL 三角烧瓶,也可根据配方配制牛肉膏蛋白胨琼脂培养基。另取 100 mL 蒸馏水装入 250 mL 三角烧瓶,121 ℃灭菌 20 min。培养基置 45~50 ℃恒温水浴锅中保温备用。

培养皿、加塞试管、移液管等玻璃器皿进行包扎与灭菌,烘箱中干燥备用。

2. 菌液稀释与接种前准备

编号:取 6 支无菌试管,依次编号并标记为 10^{-1}、10^{-2}、10^{-3}、10^{-4}、10^{-5}、10^{-6},再取 12 套无菌培养皿,依次标记为 10^{-4}、10^{-5}、10^{-6},每种浓度设 3 个重复平板,另设 3 个空白对照。

分装稀释液:用 10 mL 移液管分别精确吸取 9 mL 无菌水于上述各编号的试管中。

稀释菌液:吸取适量无菌水加到大肠杆菌斜面培养物上,用接种环轻轻刮下菌苔,振荡均匀,制成菌液(原液)。采用 10 倍稀释法对菌液(原液)进行稀释,每次稀释前,先将菌液充分摇匀。然后用 1 mL 无菌移液管精确移取 1 mL 菌液至 10^{-1} 的试管中(注意:这根已接触过原始菌样的移液管的尖端不能再接触 10^{-1} 试管的液面)。另取 1 mL 无菌移液管,以同样的方式,先在 10^{-1} 试管中来回吹吸菌液数次,并精确移取 1 mL 菌液至 10^{-2} 的试管中,如此稀释至 10^{-6} 为止。整个稀释流程如图 3-10-1 所示。

3. 平板接种

平板接种有倾注接种法和涂布平板接种法两种常用方法。使用倾注接种法进行菌落计数

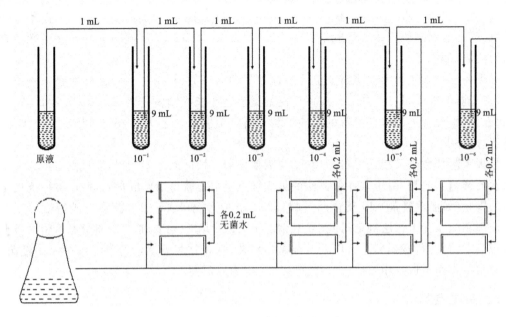

图 3-10-1　平板菌落计数法操作示意图

的方法又称为混合平板计数法,使用涂布接种法进行菌落计数的方法又称为平板表面菌落计数法。

（1）倾注接种法

① 转移菌液:用 1 mL 无菌移液管分别精确吸取无菌水、10^{-6}、10^{-5}、10^{-4} 稀释菌液各 0.2 mL 加至相应编号的无菌培养皿中（空白对照平皿中加无菌水）。由低浓度向高浓度时,移液管可不必更换,否则每个浓度分别用一支移液管。

② 倒培养基:在 12 个平板中分别倒入已熔化并在 45～50 ℃恒温箱中保存的 PCA 或牛肉膏蛋白胨培养基 15～20 mL,立即快速轻轻摇动培养皿。摇动方法是将培养皿在桌面上前后左右轻轻晃动几次,然后顺时针或逆时针方向轻摇,使菌液和培养基充分混匀,平置冷凝。

（2）涂布接种法　涂布接种法与倾注接种法基本相同,所不同的是先将培养基熔化后趁热倒入无菌平板中,待凝固后编号,然后用无菌移液管吸取 0.2 mL 菌液对号接种在不同稀释度编号的琼脂平板上,空白对照中加 0.2 mL 无菌水,每个编号设三个重复。再立即用无菌涂布棒将菌液在平板上涂抹均匀,每个稀释度用一个灭菌涂布棒,由低浓度向高浓度涂抹时,也可以不更换涂布棒。将涂抹好的平板平放于桌上 20～30 min,使菌液渗透入培养基内。

4. 培养和菌落计数

在 37 ℃下倒置培养 24 h,取出平板,计数各皿中的菌落数,算出同一稀释度三个平板上的菌落平均数,按公式活菌数（个）/mL＝$(X_1+X_2+X_3)/3×5×$稀释倍数,计算出菌原液的含菌数。每皿 30～300 个菌落为合适范围。为防止漏计和重复计数,可用记号笔在皿底标记菌落然后计数。若平板中菌落密度高,可在皿底正中划十字线,将平皿分为均等的四区,计有代表性的四分之一区域内的菌落数再进行统计。操作者对同一平板复核自己的计数结果,其差异应在 5％以内,而其他人对这一平板重复计数,其差异应在 10％以内。差异过大则应找出原因,加以校正。

据报道,在制作平板时加入 $2×10^{-5}$ g/L 的 TTC（氯化三苯基四氮唑）染料 3 mL,或加入 $5×10^{-5}$ g/L 的章纳氏绿染料 2 mL,对细菌生长无不良影响,方便菌落观察,提高样品的检测灵敏度。

5．清洗器皿

用刮铲将长有菌落的培养基刮下，收集到三角烧瓶中，121 ℃灭菌 15 min，再倒入垃圾箱。培养皿、试管等玻璃器皿加洗衣粉煮沸半小时，再用自来水冲洗干净，蒸馏水冲洗后晾干备用。

五、注意事项

（1）稀释菌液加入培养皿时，要"对号入座"。吸液量要准确，无论是菌液稀释还是吸取菌液加入平板均要做到准确。

（2）转移菌液时，按先空白对照，后低浓度向高浓度菌液的顺序进行，否则就需依次更换无菌移液管。每一支移液管只能接触一个稀释度的菌悬液，并要注意每支移液管在移取菌液前，必须在菌液中来回吹吸几次，应使菌液混合均匀，尽量分散微生物细胞，使菌液充分混匀并让移液管内壁达到吸附平衡，否则稀释不精确，结果误差较大。

（3）只有用涂布器将菌液涂布均匀，菌落才能有效分散在平板上，才有可能获得较好的计数结果。

（4）用倾注接种法时，菌液加入培养皿后尽快倒入熔化并恒温在 45 ℃左右的培养基，立即摇匀。否则菌体易吸附于皿底，造成分布不均匀，不易形成分散的单菌落，最终影响计数结果的准确性。倾注培养基的量为 12～20 mL，以 15 mL 为宜，平板过厚可能影响观察，太薄又易干裂。

（5）所有操作应当在超净工作台或经过消毒处理的无菌室进行，保证全程无菌操作。

（6）收集有细菌菌落的培养基，经灭菌处理后应倒进垃圾箱，不能倒进洗涤池，否则冷凝后会堵塞下水道。

六、实验结果分析

1．结果记录

将各培养平板的计数结果记录在表 3-10-1 中。

表 3-10-1　平板菌落计数结果

稀 释 度	每皿菌落数			平　　均
	X_1	X_2	X_3	
CK				
10^{-4}				
10^{-5}				
10^{-6}				

2．结果计算

计算结果时，应选取每皿菌落数在 30～300 个的一组平板为代表进行统计。

计算公式：活菌数（个）/ mL＝$(X_1＋X_2＋X_3)/3×5×$稀释倍数，X 表示一个平皿中的菌落总数。

3．结果分析

每个培养皿中涂布平板用的菌液加入的量以 0.1～0.2 mL 较为适宜，如果菌液过少不易涂布开，过多则在涂布完后或在培养时菌液仍会在平板表面流动，不易形成单菌落，影响实验结果。

七、实验报告

(1) 记录并计算大肠杆菌原液菌量(活菌数/mL)。

(2) 叙述平板菌落计数的原理和实验流程。

八、思考与探究

(1) 要使平板菌落计数准确,需要掌握哪几个关键?为什么?

(2) 同一种菌液用血球计数板和平板菌落计数法同时计数,所得结果是否一样?为什么?

(3) 试比较平板菌落计数法和显微镜下直接计数法的优缺点。

(4) 平板菌落计数法的原理是什么?它适用于哪些微生物的计数?

(5) 菌液样品移入培养皿后,若不尽快地倒入培养基并充分摇匀,将会出现什么结果?为什么?

(6) 如果在平板菌落计数时同一稀释度三个重复或三个稀释度的菌数计算结果相差悬殊,你认为原因是什么?怎么分析结果误差?

(7) 仔细观察一下,长在平板表面和培养基内部的菌落有何不同?为什么?

九、参考文献

[1] [日]微生物研究法讨论会. 微生物学实验法[M]. 程光胜,等,译. 北京:科学出版社,1981.

[2] 何绍江,陈雯莉. 微生物学实验[M]. 北京:中国农业出版社,2007.

[3] 胡开辉. 微生物学实验[M]. 北京:中国林业出版社,2004.

[4] 刘国生. 微生物学实验技术[M]. 北京:科学出版社,2007.

[5] 杨革. 微生物学实验教程[M]. 北京:科学出版社,2004.

[6] 赵斌,何绍江. 微生物学实验[M]. 北京:科学出版社,2002.

[7] 李华. 平板菌落计数的改进方法[J]. 生物学通报,2006,41(1):51-52.

[8] 李二卫. 食品卫生微生物学检验菌落总数测定方法的探讨[J]. 中国卫生检验杂志,2010,20(8):1940-1941.

实验 11　土壤中微生物的分离与纯化

一、实验目的与内容

1. 实验目的

(1) 学习并掌握分离纯化微生物的基本操作技术。

(2) 了解不同微生物在固体培养基上的培养特征。

2. 实验内容

(1) 稀释平板涂布法分离土壤中的细菌、放线菌及霉菌。

(2) 平板划线分离法分离土壤中的细菌、放线菌及霉菌。

二、实验原理

自然界中存在的微生物多为不同微生物的混合,彼此影响作用,构成了一个个微生物群落,给我们研究某种特定微生物带来了极大的不便。为了研究单一微生物的特性,必须从这些混合菌中获得纯培养,而获得纯培养的方法被称为微生物的分离与纯化。

自 19 世纪 80 年代科赫发明平板纯化培养以来,微生物的分离与纯化技术不断完善与发展,目前已形成多种在细胞或菌落水平上的纯化手段,常见的有以下几种。

(1)稀释平板涂布法　样品梯度稀释至适当浓度后,取 0.1 mL 滴于平板培养基表面,用涂布棒分散开,培养后挑取单菌落。

(2)平板划线分离法　用接种环蘸取少量待分离的含菌样品,在平板培养基表面进行有规则的划线,微生物浓度将随着划线次数的增加而减少,并逐步分散开来,经培养后,可在平板表面合适稀释度部位形成分散的单菌落。常见的平板划线方法有两种,连续划线和分区划线,前者取菌后通过在平板上"Z"字形划线来稀释样品,后者通过分区划线稀释的方法获得单菌落,更适合于样品浓度较大的情况。

(3)稀释混合倒平板法　将待分离的含菌样品梯度稀释,然后分别取不同稀释液 0.5～1.0 mL 于无菌培养皿中,倾入已熔化并冷却至 50 ℃左右的琼脂培养基,迅速旋摇,充分混匀。待琼脂凝固后,培养并挑取单菌落。

以上分离纯化方法被称为菌落水平的纯化,通常要得到纯培养需通过多次操作,如果要达到细胞水平的纯化,需借助一些特殊的手段获得微生物单个细胞或孢子,如分离湿室法、显微操纵器法、菌丝尖端切割法等。这些方法由于需无菌操作,且需在显微镜下完成,因此对操作技术有较高的要求,且待分离微生物越小分离越困难。

在分离纯化微生物的过程中,可根据目标菌的生理生化特征,在培养基中添加特殊成分以达到减少杂菌、富集目标菌的目的。如分离霉菌时可在培养基中加入链霉素抑制细菌生长,分离放线菌时可加入苯酚或者重铬酸钾。

土壤是微生物的"大本营",是最丰富的菌种资源库,本实验将用三种不同的培养基从土壤中分离细菌、放线菌以及霉菌。

三、实验器材

1. 培养基

牛肉膏蛋白胨琼脂培养基、高氏 1 号琼脂培养基、马丁氏琼脂培养基。

2. 溶液或试剂

1% 重铬酸钾溶液、4.5 mL 无菌生理盐水试管、45 mL 无菌生理盐水带玻璃珠三角烧瓶、链霉素。

3. 仪器及其他用具

灭菌平皿、涂布棒、接种环、试管、试管架、记号笔、显微镜、酒精灯、1 mL 加样枪、200 μL加样枪、灭菌枪头若干。

四、实验步骤

(一)稀释平板涂布法分离纯化土壤微生物

1. 培养平板准备

将牛肉膏蛋白胨琼脂培养基、高氏 1 号琼脂培养基以及马丁氏琼脂培养基加热熔化,冷却至 55 ℃左右时倒平板,每种培养基倒三皿,高氏 1 号琼脂培养基倒平板前加入重铬酸钾(终浓度 50 mg/L),马丁氏琼脂培养基加入链霉素溶液(终浓度 30 mg/L),平皿底部标上培养基名称及时间。

2. 土壤样品的采集

取地面以下 5～10 cm 表层土适量，装入采样袋中，备用。采样用具事先灭菌处理，采样时避免手直接接触土样。

3. 土壤样品的稀释

从采集的土样中称取 5 g，无菌操作倒入 45 mL 无菌生理盐水三角烧瓶中，在振荡器中振荡 20～30 min，或手动振摇，使样品中微生物细胞充分分散，静置约 30 s，即成 10^{-1} 稀释液；再用加样枪吸取 0.5 mL 移入装有 4.5 mL 无菌生理盐水的试管中，振荡混匀，即成 10^{-2} 稀释液；再换枪头吸取 10^{-2} 稀释液 0.5 mL，移入装有 4.5 mL 无菌生理盐水的试管中，振荡，即成 10^{-3} 稀释液；以此类推，梯度稀释，制成 10^{-1}、10^{-2}、10^{-3}、10^{-4}、10^{-5} 等不同稀释度的土壤溶液。

4. 平板涂布

本次实验用后 3 个稀释梯度分别涂平板，将每种培养基的三个平板分别用记号笔标上 10^{-3}、10^{-4}、10^{-5} 三种稀释度（在皿底标记），然后用无菌枪头吸取 10^{-3}、10^{-4}、10^{-5} 三管土壤稀释液各 0.1 mL 加入对应的琼脂平板上，用无菌涂布棒将菌液在平板上涂布均匀，更换稀释度时需将涂布棒灼烧灭菌，冷却后再使用。

5. 培养

将涂布好的平板平放于桌面约 20 min，使菌液渗透入培养基内，然后倒置培养，牛肉膏蛋白胨琼脂培养基平板 37 ℃培养 2～3 天，马丁氏琼脂培养基平板 28 ℃培养 3～5 天，高氏 1 号琼脂培养基平板 28 ℃培养 5～7 天。

6. 观察并挑取单菌落

观察并记录不同培养基不同稀释度平板上微生物的生长情况，选择典型的单菌落，接种于相应的斜面培养基上，培养后即为初步分离的纯种。

7. 清洗平皿

培养后废弃平板应煮沸杀菌后清洗，晾干备用。

（二）平板划线法分离纯化土壤微生物

1. 培养平板准备

按稀释平板涂布法倒平板，每种培养基倒两皿，用记号笔标明培养基名称及时间。

2. 划线

在酒精灯火焰附近用灭菌接种环蘸取 10^{-1} 土壤悬液一环在平板上进行划线，分区划线法和连续划线法各划一皿，具体方法如下。

（1）分区划线法　在平板一边做第一次"Z"字形划线，3～4 条，再转动培养皿约 70°角，将接种环剩余菌灼烧并冷却后，通过第一次划线部分，做第二次"Z"字形划线，再用同样的方法进行第三次、第四次划线（图 3-11-1）。

（2）连续划线法　从平板边缘的一点开始，连续做紧密的"Z"字形划线，直至划满整个平板，中间不烧接种环。

3. 培养

将划好线的平板倒置培养，牛肉膏蛋白胨琼脂培养基平板 37 ℃培养 2～3 天，马丁氏琼脂培养基平板 28 ℃培养 3～5 天，高氏 1 号琼脂培养基平板 28 ℃培养 5～7 天。

4. 观察并挑取单菌落

观察并记录不同培养基平板上微生物的生长情况，比较连续划线与分区划线的异同，选择

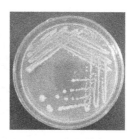

(a) 操作示范　　　　　(b) 划线方法　　　　　(c) 培养结果

图 3-11-1　平板分区划线示意图

典型的单菌落,接种于相应的斜面培养基上,培养后即为初步分离的纯种。

5. 清洗平皿

培养后废弃平板应煮沸杀菌后清洗,晾干备用。

五、注意事项

(1) 本次实验用培养基琼脂含量可适当提高,以方便涂布或划线。在倒平板时,最好使培养基冷却至较低温度(55 ℃左右)再倒平板,以免产生大量冷凝水,同时也可避免加入的抗生素失效。

(2) 平板划线时环口与平板夹角尽量小,避免划破培养基。

(3) 挑取单菌落时尽量选择孤立典型的菌落,对于霉菌菌落尽量在产孢前挑取,避免交叉污染,以尽快获得纯种。

(4) 操作过程中注意无菌操作,避免空气中杂菌的影响。

六、实验结果分析

本实验从土壤中分离纯化微生物,不论是平板涂布还是划线分离,其原理都是稀释样品,使其能在培养基上出现单菌落,由于土壤样品菌浓度未知,因此在涂布时根据经验选择了连续3 个不同的梯度,总有一个梯度能达到满意的稀释度。不同类型的微生物在培养基上的菌落形态差别很大,通常细菌菌落较小,光滑湿润,易于基质脱离;放线菌菌落质地致密,菌落小而干燥;霉菌形成的菌落较大而疏松,多呈绒毛状或絮状,应注意观察区分。本实验中在培养基上也可能长出酵母菌菌落,也比较光滑湿润,但较细菌菌落大而厚。分离纯化的目的是获得纯培养,通常挑取的单菌落需通过染色鉴定,不纯则需继续进行平板涂布或划线分离,直至菌株纯化为止,实验室保存菌株衰退后也往往采用此法挑出单菌落以达到复壮的目的。

七、实验报告

(1) 记录通过稀释涂平板是否得到单菌落,合适的稀释梯度,若无请分析原因。

(2) 记录划线分离结果,是否得到单菌落,若未成功请分析原因。

(3) 记录培养基上出现的细菌、放线菌以及霉菌的菌落特征。

八、思考与探究

(1) 如何判断分离得到的单菌落是否为纯培养?

(2) 放线菌培养基中加入重铬酸钾,霉菌培养基中加入链霉素的目的是什么?

(3) 分区划线为何需灼烧接种环,与连续划线相比有何不同?

(4) 比较细菌、放线菌以及霉菌的菌落特征并分析其原因。

九、参考文献

[1] 沈萍,陈向东. 微生物学实验[M]. 4 版. 北京:高等教育出版社,2007.

[2] 周德庆. 微生物学实验教程[M]. 2 版. 北京:高等教育出版社,2006.

实验 12 细菌生长曲线的测定

一、实验目的与内容

1. 实验目的

(1) 通过细菌数量的测量了解大肠杆菌的生物特征和规律,绘制生长曲线。

(2) 学习光电比浊法测量细菌数量的方法。

2. 实验内容

测定细菌生长曲线。

二、实验原理

将一定量的菌种接种在液体培养基内,在一定的条件下培养,可观察到细菌的生长繁殖有一定的规律性,如以细菌活菌数的对数作纵坐标,以培养时间作横坐标,可绘成一条曲线,称为生长曲线。单细胞微生物发酵具有 4 个阶段,即调整期(迟滞期)、对数期(生长旺盛期)、平衡期(稳定期)、死亡期(衰亡期)。生长曲线可表示细菌从开始生长到死亡的全过程。不同微生物有不同的生长曲线,同一种微生物在不同的培养条件下,其生长曲线也不一样。因此,测定微生物的生长曲线对于了解和掌握微生物的生长规律是很有帮助的。

测定微生物生长曲线的方法很多,有血细胞计数法、平板菌落计数法、称重法和比浊法。本实验用比浊法,由于细胞悬液的浓度与混浊度成正比,因此,可以利用分光光度计测定菌悬液的吸光度来推知菌液的浓度。将所测得的吸光度(A_{600})与对应的培养时间作图,即可绘出该菌在一定条件下的生长曲线。注意,由于吸光度表示的是培养液中的总菌数,包括活菌和死菌,因此所测生长曲线的衰亡期不明显。从生长曲线我们可以算出细胞每分裂一次所需要的时间,即代时以 G 表示,计算公式为 $G=(t_2-t_1)\times\lg2/(\lg W_2-\lg W_1)$。式中:$t_1$ 和 t_2 为所取对数期两点时间,W_1 和 W_2 为相应时间测得的细胞含量(g/L)或 A 值。

三、实验器材

1. 菌种

大肠杆菌(*Escherichia coli*)、金黄色葡萄球菌(*Staphylococcus aureus*)。

2. 培养基

牛肉膏蛋白胨培养基(LB 液体培养基)70 mL(分装 2 支大试管(5 mL/支),剩余 60 mL 装入 250 mL 的三角烧瓶)。

3. 仪器和器具

取液器、培养箱、恒温摇床、722 型分光光度计、比色杯、无菌 1000 μL 吸头、平板、培养瓶等。

四、实验步骤

1. 标记

取 11 支无菌大试管,用记号笔分别标明培养时间,即 0 h、1.5 h、3 h、4 h、6 h、8 h、10 h、12 h、14 h、16 h 和 20 h。

2. 接种

分别用 5 mL 无菌吸管吸取 2.5 mL 大肠杆菌过夜培养液(培养 10～12 h)转入盛有 50 mL LB 液体培养基的三角烧瓶内,混合均匀后分别取 5 mL 混合液放入上述标记的 11 支无菌大试管中。

3. 培养

将已接种的试管置恒温摇床 37 ℃振荡培养(振荡频率 250 r/min),分别培养 0 h、1.5 h、3 h、4 h、6 h、8 h、10 h、12 h、14 h、16 h 和 20 h,将标有相应时间的试管取出,立即放冰箱中储存,最后一同比浊测定其吸光度。

4. 比浊测定

用未接种的 LB 液体培养基作空白对照,选用 600 nm 波长进行光电比浊测定。从早取出的培养液开始依次测定,对细胞密度大的培养液用 LB 液体培养基适当稀释后测定,使其 A 值在 0.1～0.65 之内(测定 A 值前,将待测定的培养液振荡,使细胞均匀分布)。

本操作步骤也可用简便的方法代替。

(1) 用 1 mL 无菌吸管取 0.25 mL 大肠杆菌过夜培养液转入盛有 3～5 mL LB 液体培养基的试管中,混匀后将试管直接插入分光光度计的比色槽中,比色槽上方用自制的暗盒将试管及比色暗室全部罩上,形成一个大的暗环境。另以 1 支盛有 LB 液体培养基但没有接种的试管调零点,测定样品中培养 0 h 的 A 值。测定完毕后,取出试管置 37 ℃环境中继续振荡培养。

(2) 分别在培养 0 h、1.5 h、3 h、4 h、6 h、8 h、10 h、12 h、14 h、16 h 和 20 h 后,取出培养物试管按上述方法测定 A 值。该方法准确度高、操作简便。但须注意的是使用的 2 支试管要很干净,其透光程度愈接近,测定的准确度愈高。

五、注意事项

(1) 测定 A 值时,要求从低浓度到高浓度测定。

(2) 严格控制培养时间。

(3) 注意无菌操作,避免杂菌污染。

(4) 菌液在测量之前要充分摇匀。

六、实验结果分析

稳定期的数值可能会波动较大,其原因如下。

(1) 液体培养基中菌体数量在稳定期处于相对稳定状态(即新生菌量与死亡菌量处于动态平衡中),数据在一定范围内波动属于正常现象。

(2) 培养时间为 8 h 时菌液中便出现衰亡菌体的沉淀物,这样导致测量数据不准确,出现数据上下波动的情况。

(3) 由于实验室人员分组样品多仪器少,便会出现在不同仪器上测量不同时刻的数据,不同仪器间存在的准确度差异便会表现在测量数据差异上。

七、实验报告

(1) 记录培养菌液吸光度数据并进行分析。

(2) 绘制细菌生长曲线,比较各组生长曲线上的最大吸光度。

八、思考与探究

(1) 计算出大肠杆菌和金黄色葡萄球菌在牛肉膏蛋白胨培养基中对数生长期中的代时(min)(繁殖一代的时间),为什么比理论时间长一些?

(2) 细菌生长繁殖所经历的四个时期中,哪个时期其代时最短?若细胞密度为 10^3 个/mL,培养 4.5 h 后,其密度高达 2×10^8 个/mL,计算出其代时。

(3) 为什么可用比浊法来表示细菌的相对生长状况?

(4) 根据实验结果,谈谈次生代谢产物的大量积累在哪个时期?根据细菌生长繁殖的规律,采用哪些措施可使次生代谢产物积累更多?在工业上如何缩短发酵时间?

(5) 如果用活菌计数法制作生长曲线,会有什么不同?两者各有什么优缺点?

九、参考文献

[1] 黄秀梨,辛明秀.微生物学实验指导[M].2 版.北京:高等教育出版社,2008.

[2] 沈萍,陈向东.微生物学实验[M].4 版.北京:高等教育出版社,2007.

实验 13　厌氧微生物的培养

一、实验目的与内容

1. 实验目的

学习培养厌氧微生物的方法,了解厌氧微生物生长的特性。

2. 实验内容

(1) 深层穿刺法,厌氧培养丙酮丁醇梭菌。

(2) 厌氧罐培养法示范。

(3) 厌氧袋法培养丙酮丁醇梭菌。

二、实验原理

厌氧性微生物如梭状芽孢杆菌和产甲烷的细菌等,都属于无氧呼吸的类型,其细胞具有脱氢酶系,缺乏氧化酶系。此类微生物只有在没有游离氧存在的条件下才能生长繁殖,在有氧的条件下,很难生长,甚至死亡。其原因一般认为,氧本身对于厌氧性微生物的生长并无直接影响,而是在有氧存在的条件下进行呼吸时,形成过氧化物(如过氧化氢——H_2O_2),但厌氧性微生物缺乏过氧化氢酶,不能分解 H_2O_2,最终因 H_2O_2 对细胞的毒害作用而抑制了厌氧性微生物的生长繁殖,甚至死亡。还有人认为,厌氧性微生物在生长繁殖时,要求较低的氧化还原电位,而在氧分子较多的条件下,不能得到较低的氧化还原电位,因而厌氧性微生物的生长受到了抑制。

培养厌氧性微生物,可以用液体培养基,也可用固体培养基,但无论用哪种培养基,均需先将培养基中的氧除去。此外,还要对培养环境进行除氧处理。总之,常用的厌氧培养方法分为无氧的培养环境和在培养基内造成缺氧条件(即增强培养基的还原能力)两大类。目前,各种厌氧微生物培养技术很多,专业实验仪器主要有厌氧手套箱等。对于厌氧要求相对较低的厌氧菌的培养,可采取碱性焦性没食子酸法、厌氧罐培养法、庖肉培养基法等。本实验将主要介绍这几种方法,它们属于最基本也是最常用的厌氧培养技术。

1. 碱性焦性没食子酸法

焦性没食子酸与碱性溶液($NaOH$、Na_2CO_3 或 $NaHCO_3$)发生反应,形成易被氧化的碱性没食子酸,与氧发生氧化作用形成黑褐色的焦性没食子橙,大量地吸收氧而造成厌氧环境,有利于厌氧菌的生长繁殖。通常 $100 cm^3$ 空间用焦性没食子酸 1 g 及 10% 氢氧化钠或氢氧化钾 10 mL。

2. 厌氧罐培养法

在密闭的厌氧罐中利用镁与氯化锌遇水后发生反应产生一定量的氢气,被经过处理的钯或铂催化,氢与氧化合形成水,从而除掉罐中的氧造成厌氧环境。由于适量的 CO_2($2\% \sim 10\%$)对大多数的厌氧菌的生长有促进作用,在进行厌氧菌的分离时可提高检出率,所以一般在供氢的同时还向罐内提供一定的 CO_2,厌氧罐中 H_2 及 CO_2 的生成可采用钢瓶灌注的外源法,但更方便的是利用各种化学反应在罐中自行生成的内源法。本实验中是利用镁与氯化锌遇水后发生反应产生氢气,及碳酸氢钠与柠檬酸反应产生 CO_2 的内源法。而厌氧罐中使用的厌氧指示剂一般是根据美蓝在氧化态时呈蓝色,而在还原态时呈无色的原理设计的。

3. 庖肉培养基法

碱性焦性没食子酸法和厌氧罐培养法都主要用于厌氧菌的斜面及平板等固体培养,而庖肉培养基法则在对厌氧菌进行液体培养时最常采用。其基本原理是,将精瘦牛肉或猪肉处理后配成庖肉培养基,其中既含有易被氧化的不饱和脂肪酸,能吸收氧,又含有谷胱甘肽等还原性物质,可形成负氧化还原电势差,再加上将培养基煮沸驱氧及用石蜡或凡士林封闭液面,可用于培养厌氧菌,这种方法是保存厌氧菌,特别是厌氧的芽孢菌的一种简单可行的方法。若操作适宜,严格厌氧菌都可获得生长。

4. 厌氧培养箱培养法

厌氧培养箱(图 3-13-1)是一种在无氧环境条件下进行细菌培养及操作的专用装置。它能提供严格的厌氧状态、恒定温度的培养条件和具有一个系统化、科学化的工作区域。它是可在无氧环境下进行细菌培养及操作的专用装置,可培养最难生长的厌氧生物,而且还能避免以往厌氧生物在大气中操作时接触氧而死亡的危险性。

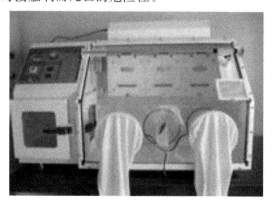

图 3-13-1　厌氧培养箱

厌氧培养箱除氧是利用通入的按一定比例(体积)(如 N_2、H_2、CO_2 的体积比为 8∶1∶1)配制的混合气体而造成厌氧环境的。通入的氢气在钯粒的催化下,与氧气反应生成水而除去箱内的氧,箱内的干燥剂则不断除去所形成的水分。

三、实验器材

1. 菌种

丙酮丁醇梭菌(*Clostridium acetobutylicum*)。

2. 培养基及试剂

RCM 培养基(即强化梭菌培养基)、TYA 培养基、玉米醪培养基、中性红培养基、明胶麦芽汁培养基、$CaCO_3$、焦性没食子酸(即邻苯三酚)、Na_2CO_3、10%NaOH 溶液、0.5%美蓝水溶液、6%葡萄糖水溶液、钯粒(A 型)、$NaBH_4$、KBH_4、$NaHCO_3$、柠檬酸。

3. 实验仪器及设备

带塞或塑料帽玻璃管(直径 18～20 mm,长 180～200 mm)、1 mL 血浆瓶、250 mL 血浆瓶、250 mL 锥形瓶、试管、厌氧罐、厌氧袋(不透气的无毒复合透明薄膜塑料袋,14 cm×32 cm)、培养皿、真空泵、带活塞干燥器、氮气钢瓶。

四、实验步骤

(一)真空干燥器厌氧培养法

此法不适用于培养需要 CO_2 的微生物。该法是在干燥器内使焦性没食子酸与氢氧化钠溶液发生反应而吸氧,形成无氧的小环境而使厌氧菌生长。

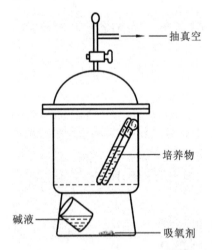

图 3-13-2　简易厌氧培养示意图

1. 培养基准备与接种

将 3 支装有玉米醪培养基或 RCM 培养基的大试管放在水浴中煮沸 10 min,以赶出其中溶解的氧气,迅速冷却后(切勿摇动)备用。在无菌条件下,将其中 2 支试管分别接种丙酮丁醇梭菌。

2. 干燥器准备与抽气

在带活塞的干燥器内底部,预先放入焦性没食子酸粉末 30～40 g 和斜放盛有 200 mL 15%～20% NaOH 溶液的烧杯。将接种有厌氧菌的培养管放入干燥器内。在干燥器口上涂抹凡士林,密封后接通真空泵,抽气 3～5 min,关闭活塞。轻轻摇动干燥器,促使烧杯中的 NaOH 溶液倒入焦性没食子酸中,两种物质混合发生吸氧反应,使干燥器中形成无氧小环境(图 3-13-2)。

3. 观察结果

将干燥器置于 37 ℃恒温箱中培养约 7 天(培养过程中再间歇抽气 2 或 3 次),取出培养管,观察形成的醪盖,分别制片观察菌体的形态特征。

(二)厌氧罐培养法

此法利用透明的聚碳酸酯硬质塑料制成的一种小型罐状密封容器,采用抽气换气法充入氢气,利用钯作催化剂与罐内氧气发生作用达到除氧的目的,同时充入 10%(V/V)的 CO_2 以促进某些革兰氏阴性厌氧菌的生长(图 3-13-3)。

其实验操作过程如下。

1. 制备厌氧度指示剂管

取 3 mL 0.5% 美蓝水溶液用蒸馏水稀释至 100 mL；6 mL 0.1 mol/L NaOH 溶液用蒸馏水稀释至 100 mL；6 g 葡萄糖加蒸馏水至 100 mL。将上述 3 种溶液等体积混合，并用针筒注入安瓿管内 1 mL，沸水浴加热至无色，立即用酒精喷灯火焰封口。取一根直径 1 cm、长 8 cm 的无毒透明塑料软管，将装有美蓝指示剂的安瓿管置于软管中，制成美蓝厌氧度指示剂管。

2. 培养基准备与接种

将制成无菌无氧的 RCM 或 TYA 培养基平板，在无菌操作下迅速划线接种丙酮丁醇梭菌，并立即将平皿倒置放入已准备好的厌氧罐中，同时放入一支美蓝厌氧度指示剂管。随后及时旋紧罐盖，达到完全密封。

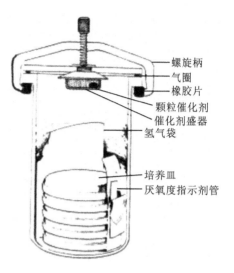

螺旋柄
气圈
橡胶片
颗粒催化剂
催化剂盛器
氢气袋

培养皿
厌氧度指示剂管

图 3-13-3　厌氧罐厌氧培养装置

3. 抽气换气

将真空泵接通厌氧罐抽气接口，抽真空至表指针达 0.09～0.093 MPa（680～700 mmHg 柱）时，关闭抽气口活塞，用止血钳夹住抽气橡皮管。打开氮气钢瓶气阀向厌氧罐内充入氮气，当真空表指针返回到零位终止充氮。再按上述步骤抽气和充入氮气，如此重复 2～3 次，使罐中氧的含量达最低。最后充入的氮气使真空表指针达 0.02 MPa（160 mmHg）时停止充氮气。再开启 CO_2 钢瓶阀门，向罐内充入 CO_2 直至真空表指针达到 0.011 MPa（80 mmHg）时停止。为除尽罐内残留的氧，以氢气袋（用医用"氧气袋"灌满氢气）气管连接，向厌氧罐内充入氢气直至真空表指针回到零位为止。充气完毕，封闭厌氧罐。

4. 恒温培养

将厌氧罐置于 37 ℃恒温箱中培养 6～7 天，注意罐中厌氧度指示剂管的颜色变化。

5. 观察结果和镜检

从罐内取出平皿，观察菌落特征。并挑取菌落做涂片，用结晶紫染液染色，镜检，比较不同菌的菌体细胞形态特征，并做记录。

（三）厌氧袋培养法

厌氧袋除氧是利用氢硼化钠与水反应产生氢，在催化剂钯的作用下，氢与袋中氧结合生成水达到除氧目的，除氧效果可通过袋中厌氧度指示剂管观察。同时，利用柠檬酸与碳酸氢钠的作用产生 CO_2，以利于需要 CO_2 的厌氧菌的生长。

其反应过程为

$$NaBH_4 + 2H_2O \longrightarrow NaBO_2 + 4H_2 \uparrow$$
$$C_6H_8O_7 + 3NaHCO_3 \longrightarrow Na_3C_6H_5O_7 + 3H_2O + 3CO_2 \uparrow$$

1. 厌氧袋

选用无毒复合透明薄膜塑料，采用塑膜封口机或电热法烫制成 20 cm×40 cm 的塑料袋。

2. 制作产气管

取一根无毒塑料软管（直径 2.0 cm，长 20 cm），管壁制成小孔，一端封实。天平称取 0.4 g $NaBH_4$ 和 0.4 g $NaHCO_3$，用擦镜纸包成小包，塞入软管底部，其上塞入 3 层擦镜纸，将装有 3 mL 5% 柠檬酸溶液的安瓿管塞入塑料管中，管口塞上有缺口的泡沫塑料小塞，即制成产气管。

3. 制作厌氧度指示剂管

取一根无毒透明塑料软管(直径 2.0 cm,长 10 cm)。量取 0.5% 美蓝水溶液 3 mL,用蒸馏水稀释至 100 mL;取 0.1 mol/L NaOH 溶液 6 mL,用蒸馏水稀释至 100 mL;称取 6 g 葡萄糖加蒸馏水稀释成 100 mL 溶液。将上述 3 种溶液等量混合后取 2 mL 装入 1 支安瓿管,经沸水浴加热至无色后立即用酒精喷灯封口,即为厌氧度指示剂管。

4. 催化剂和吸湿剂

催化剂钯粒(A 型)10～20 粒加热活化,随后装入带孔的小塑料硬管内,制成钯粒催化管。取变色硅胶少许,用滤纸包好,塞入带孔塑料管内,为吸湿剂管。

5. 培养基准备和接种

将灭菌的中性红培养基和 $CaCO_3$ 明胶培养基分别在沸水浴中煮沸 10 min,以驱赶其中溶解的氧,冷却至 50 ℃ 左右倒平板,冷凝后在平板表面涂布接种丙酮丁醇梭菌。随后立即将平皿放入厌氧袋中,每袋可倒置平放 3 个平皿。

6. 封袋除氧和培养

将产气管、厌氧度指示剂管、钯粒催化管和吸湿剂管分别放入袋中平皿两边,尽量赶出袋中空气,用宽透明胶带将袋口封住,用一根 1 cm 宽、与袋口宽等长的有机玻璃条或小木条将袋口卷折 2～3 层,用夹子夹紧,严防漏气(图 3-13-4)。使袋口倾斜向上,随后隔袋折断产气管中的安瓿管颈,使试剂反应产生 H_2 和 CO_2,H_2 在钯粒催化下与袋内 O_2 反应生成水。经 5～10 min,钯粒催化管处升温发热,生成少量水蒸气。在折断产气管半小时后,隔袋折断厌氧度指示剂管中的安瓿管颈,观察指示剂不变蓝,表明袋内已形成厌氧环境。此时将厌氧袋转入 37 ℃ 恒温箱中培养 6～7 天。

7. 观察结果和镜检

从袋中取出平皿观察菌落特征。丙酮丁醇梭菌在中性红平板上显示黄色菌落,挑取典型单菌落涂片染色后进行镜检,观察菌体细胞形态特征,并做记录。

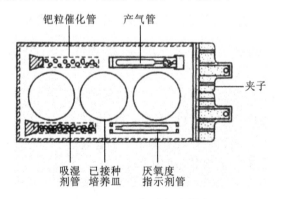

图 3-13-4 厌氧袋厌氧培养装置

五、注意事项

(1) 培养需要 CO_2 的厌氧菌时,需在厌氧小环境中供应 CO_2。

(2) 氢气是危险易爆气体,使用氢气钢瓶充氢气时,应严格按操作规程进行,切勿大意,严防事故。

(3) 选用干燥器、针筒、厌氧罐或厌氧袋时,应事先仔细检查其密封性能,以防漏气。

(4) 已制备灭菌的培养基在接种前应在沸水浴中煮沸 10 min,以消除溶解在培养基中的氧气。

（5）针筒培养液刃天青指示剂出现红色，表明有残留氧气。厌氧袋和厌氧罐中美蓝厌氧度指示剂管变成蓝色，表明除氧程度不够。

（6）产气荚膜梭菌为条件致病菌，防止其进入口中和沾上伤口。

六、实验结果分析

实验过程中，无论是无氧的培养环境还是在培养基内造成缺氧条件的培养方式，都需要检测除氧程度，最好每种培养方式同时接种一种严格好氧菌作为对照。

七、实验报告

（1）实验中选用厌氧培养法的培养结果填入表 3-13-1。

表 3-13-1　厌氧培养法的培养结果

培养方法	菌种名称	菌落形态特征		液体培养特征	备注
		菌落大小、形状、颜色、光滑度、透明度、气味	菌体形态有无芽孢、芽孢形状、碘液染色		

（2）试比较以上厌氧培养方法的优缺点，并分析实验成功的关键。

八、思考与探究

（1）请设计一个从土壤中分离、纯化和培养出厌氧菌的试验方案。

（2）试举例说明研究厌氧菌的实际意义。

九、参考文献

［1］黄秀梨，辛明秀. 微生物学实验指导［M］. 2 版. 北京：高等教育出版社，2008.

［2］沈萍，陈向东. 微生物学实验［M］. 4 版. 北京：高等教育出版社，2007.

［3］杨汝德. 现代工业微生物学实验技术［M］. 北京：科学出版社，2007.

实验 14　噬菌体特异性溶菌试验

一、实验目的与内容

1. 实验目的

学习并了解噬菌体溶菌的专一性特点，掌握噬菌体检测的基本方法。

2. 实验内容

观察特异性溶菌现象，用双层琼脂平板法检测噬菌体。

二、实验原理

噬菌体是以细菌作为宿主的病毒，具备病毒的基本特征。烈性噬菌体侵入宿主细胞后不断增殖，最终造成细菌裂解死亡，此即溶菌现象，在液体培养基中培养时可观察到敏感菌菌悬液由混浊逐渐澄清的现象。由于噬菌体对宿主具有高度选择性,故其溶菌性质的专一性很强,如大肠杆菌噬菌体仅对大肠杆菌有效,而枯草芽孢杆菌噬菌体只能裂解枯草芽孢杆菌。

噬菌体个体极其微小,通常只能通过电子显微镜才可观察到其形态结构,但利用其裂解宿主细胞形成噬菌斑(固体平板上)或使菌悬液澄清(液体培养基中)的性质也可判断其存在。所谓噬菌斑,是指烈性噬菌体侵入敏感细菌后不断增殖和侵染周围细胞,最终在平板培养基细菌菌苔上形成一个具有一定形状、大小的肉眼可见的"负菌落"。

衡量样品中噬菌体的浓度可以通过效价(pfu/mL):1 mL 样品中所含侵染性噬菌体的粒子数。而噬菌斑的形态等性状可反映噬菌体的特性,其数量可反映噬菌体的效价,所以往往通过双层平板法计噬菌斑数来测样品中噬菌体的效价。

三、实验器材

1. 菌种及培养基

大肠杆菌噬菌体、大肠杆菌、枯草芽孢杆菌噬菌体、枯草芽孢杆菌、牛肉膏蛋白胨培养液、牛肉膏蛋白胨琼脂培养基、牛肉膏蛋白胨半固体培养基。

2. 溶液或试剂

5 mL 无菌生理盐水。

3. 仪器及其他用具

灭菌平皿、试管、试管架、记号笔、酒精灯、1 mL 加样枪、200 μL 加样枪、灭菌枪头若干。

四、实验步骤

1. 敏感菌接种

准备 4 支液体培养基试管,分别接种大肠杆菌(试管编号①、②)、枯草芽孢杆菌(试管编号③、④)。

准备 2 支固体斜面试管,分别接种上述 2 种细菌。

2. 培养

液体培养基试管于 37 ℃振荡培养 8 h,观察混浊度的变化。将大肠杆菌噬菌体接入试管①、③;枯草芽孢杆菌噬菌体接入试管②、④,继续振荡培养,观察各试管混浊度的变化。

固体斜面试管于 37 ℃培养 8 h 后备用。

3. 敏感菌菌悬液制备

在大肠杆菌及枯草芽孢杆菌固体斜面试管中加入 5 mL 生理盐水,刮下菌苔,制成菌悬液,备用。

4. 双层平板法培养噬菌体

(1) 培养基准备　熔化牛肉膏蛋白胨琼脂培养基以及半固体培养基,60 ℃水浴锅保温。

(2) 底层平板制备　将上述牛肉膏蛋白胨琼脂培养基倒入平板中,每皿约 10 mL,共 2皿,平放自然冷却,凝固备用。

(3) 噬菌体菌液混悬液制备　分别取大肠杆菌以及枯草芽孢杆菌菌悬液 0.5 mL,加入对应噬菌体液 0.2 mL,充分混匀并置 37 ℃水浴保温 5 min,使噬菌体充分吸附。

(4) 上层平板制备　在上述试管中分别加入半固体培养基 3.5 mL,充分混合后立即倒入底层培养基平板表面,边倒边摇动平板使其迅速铺满整个平皿,水平静置。

(5) 培养并观察　平板倒置于 37 ℃培养 24 h,观察噬菌斑的形态等特点,并做记录。

5. 清洗平皿

将含菌平板煮沸杀菌后清洗,晾干备用。

五、注意事项

(1) 敏感菌和对应噬菌体液混匀与吸附时间不宜太长,加入上层半固体培养基充分混匀后应立即浇注平板。

(2) 制备双层平板时应控制好温度,待凝固过程中应保证水平放置。

(3) 皿盖冷凝水对噬菌斑的形成会造成影响,故应倒置培养,但一定得等上层完全凝固后才可倒置。

(4) 操作过程中注意无菌操作,注意观察菌液混浊度的变化。

六、实验结果分析

本次实验是对烈性噬菌体侵染敏感菌特性的观察。在液体培养基中,由于细菌被裂解而导致培养液从混浊变为澄清,另外,噬菌体具有高度专一性,故只有与噬菌体对应的敏感菌才会被侵染裂解,实验中注意观察各个液体培养试管混浊度的变化。在固体培养基上,噬菌体将在敏感菌菌苔中产生噬菌斑,噬菌斑的特征可在一定程度上反应噬菌体的特性,稀释度合适时,噬菌斑的数目也可衡量原始样品中噬菌体的浓度,噬菌体的效价测定时往往采用这种方法,但需要对测试样品进行一系列梯度稀释,选择几个连续梯度涂平板,对合适数目梯度进行噬菌斑计数。

七、实验报告

(1) 记录 4 支液体培养试管混浊度的变化并分析原因。

(2) 记录噬菌斑的数目,并对其大小等特点进行描述。

八、思考与探究

(1) 噬菌体广泛存在于自然界中,细菌培养液常被其污染,如何判断你培养的细菌是否被噬菌体污染?

(2) 噬菌体的效价常用双层平板法测量,现有一份样品,里面的噬菌体浓度未知,请设计实验方案,获得其噬菌体浓度。

九、参考文献

[1] 沈萍,陈向东. 微生物学实验[M].4 版.北京:高等教育出版社,2007.

[2] 周德庆. 微生物学实验教程[M].2 版.北京:高等教育出版社,2006.

实验 15　物理因素对微生物生长的影响

一、实验目的与内容

(1) 了解物理因素及其对微生物生长的影响。

(2) 进一步熟悉无菌操作。

二、实验原理

微生物与所处的环境之间有复杂的相互影响和相互作用,各种环境因素(包括物理因素、化学因素和生物因素),如温度、渗透压、紫外线、pH 值、氧气、某些化学药品及拮抗菌等对微生物的生长繁殖、生理生化过程产生着影响。不良的环境条件使微生物的生长受到抑制,甚至导致菌体的死亡。但是某些微生物产生的芽孢,对恶劣的环境条件有较强的抵抗能力。我们可以通过控制环境条件,使有害微生物的生长繁殖受到抑制,甚至被杀死从而使有益微生物得到发展。

物理因素包括温度、渗透压、紫外线、光照等,都可对微生物的生长产生影响。

(1)温度可影响生物代谢过程中各种酶和蛋白的活性,从而影响其生长。不同的微生物生长繁殖所要求的最适温度不同,根据微生物生长的最适温度范围,可分为高温菌、中温菌和低温菌,自然界中绝大部分微生物属中温菌。有些微生物虽然是中温菌,但它可产生耐受极端高温的休眠体或孢子,因此他们可以对高温产生极强的抵抗能力。

(2)渗透压可影响生物膜内、外的物质交换,可造成细胞脱水等严重影响细胞功能的后果。

(3)紫外线主要作用于细胞内的 DNA。使同一条链 DNA 相邻嘧啶间形成胸腺嘧啶二聚体,引起双链结构扭曲变形,阻碍碱基正常配对,从而抑制 DNA 的复制,轻则使微生物发生突变,重则造成微生物死亡。紫外线照射的剂量和所用紫外灯的功率(瓦数)、照射距离和照射时间有关。当紫外灯和照射距离固定,照射的时间越长则照射的剂量越高。紫外线透过物质的能力弱,一层黑纸和普通玻璃足以挡住紫外线的通过。

三、实验器材

1. 实验材料

菌种:大肠杆菌(*Escherichia coli*)、金黄色葡萄球菌(*Staphylococcus aureus*)、枯草芽孢杆菌(*Bacillus subtilis*)。

2. 试剂

培养基:牛肉膏蛋白胨琼脂培养基、NaCl、无菌水。

3. 主要仪器设备

超净工作台、培养箱、酒精灯、接种环、培养皿、三角烧瓶、涂布棒、紫外灯。

四、实验步骤

1. 温度对微生物生长的影响

(1)倒平板 将牛肉膏蛋白胨琼脂培养基熔化后倒平板,厚度为一般的平板的 1.5~2 倍。

(2)标记、接种 取 9 套平板,分别在皿底用记号笔划出 3 个区域,标记为大肠杆菌、金黄色葡萄球菌、枯草芽孢杆菌。

按无菌操作要求,用接种环分别取上述 3 种菌,划线接种于平板的相应区域。

(3)培养、观察 各取 3 套平板倒置于 4 ℃、37 ℃和 50 ℃的培养箱中,24 h 后观察细菌生长状况并记录。以"－"表示不生长,"＋"表示生长,并以"＋"、"＋＋"、"＋＋＋"表示不同生长量。

2. 渗透压对微生物生长的影响

（1）倒平板　将含有 0.85％、5％、10％、20％ NaCl 的牛肉膏蛋白胨琼脂培养基熔化后倒平板。

（2）标记、接种　取 12 套平板，分别在皿底用记号笔标明 NaCl 浓度并划分出 3 个区域，标记为大肠杆菌、金黄色葡萄球菌、枯草芽孢杆菌。

按无菌操作要求，用接种环分别取上述 3 种菌，划线接种于平板的相应区域。

（3）培养、观察　将平板倒置于 30 ℃的培养箱中，24 h 后观察细菌生长状况并记录。以"－"表示不生长，"＋"表示生长，并以"＋"、"＋＋"、"＋＋＋"表示不同生长量。

3. 紫外线对微生物生长的影响

（1）取牛肉膏蛋白胨琼脂培养基平板 3 个，分别标明大肠杆菌、枯草芽孢杆菌、金黄色葡萄球菌。

（2）分别用无菌移液管取培养 18～20 h 的大肠杆菌、枯草芽孢杆菌和金黄色葡萄球菌菌液 0.1 mL（或 2 滴），加在相应的平板上，再用无菌涂布棒涂布均匀。

（3）紫外灯预热 10～15 min 后，把平板置于紫外灯下，将培养皿皿盖打开一半，使平板表面一半接受紫外照射，另一半仍由皿盖加以遮挡。开始计时，紫外线照射 20 min（照射的剂量以平板没有被遮盖的部位，有少量菌落出现为宜）。照射完毕后，盖上皿盖。

（4）37 ℃培养 24 h 后观察结果，比较并记录三种菌对紫外线的抵抗能力。

五、注意事项

（1）在高温培养条件下，平板的厚度为一般平板的 1.5～2 倍，以避免高温导致培养基干裂。

（2）无菌操作必须严格要求，不同菌种避免混杂。

（3）在平板上标记应当清晰，避免因平板过多造成混乱。

（4）注意紫外灯的使用，不要将身体长时间暴露于紫外灯下。

六、实验结果分析

1. 温度对微生物生长的影响

温度对微生物生长的影响的结果记录于表 3-15-1 中。

表 3-15-1　温度对微生物生长的影响

	4 ℃	37 ℃	50 ℃
大肠杆菌			
枯草芽孢杆菌			
金黄色葡萄球菌			

2. 渗透压对微生物生长的影响

渗透压对微生物生长的影响的结果记录于表 3-15-2 中。

表 3-15-2　渗透压对微生物生长的影响

	0.85％	5％	10％	20％
大肠杆菌				
枯草芽孢杆菌				
金黄色葡萄球菌				

3. 紫外线对微生物生长的影响

请绘图表示紫外线对微生物生长的影响。

七、实验报告

描述温度、渗透压和紫外线对微生物生长的影响。

八、思考与探究

（1）高温和低温对微生物生长各有何影响？为什么？

（2）按照微生物要求的最适生长温度，可把微生物分成哪几种类型？

（3）紫外线灭菌的原理是什么？使用时有哪些注意事项？

（4）举例说明生活中利用渗透压抑制微生物生长的方法和原理。

九、参考文献

［1］沈萍，范秀容，李广武. 微生物学实验［M］. 3 版. 北京：高等教育出版社，1999.

［2］黄秀梨. 微生物学实验指导［M］. 北京：高等教育出版社，1999.

［3］沈萍，陈向东. 微生物学实验［M］. 4 版. 北京：高等教育出版社，2007.

［4］Michael T Madigan，John M Martinko. Brock Biology of Microorganisms［M］. 11th. New Jersey：Pearson Prentice Hall，2006.

［5］Lansing M Prescott，John P Harley，Donald A Klein. Microbiology［M］. 6th. New York：McGraw-Hill Higher Education，2005.

［6］贾士儒. 生物工程专业实验［M］. 北京：中国轻工业出版社，2004.

［7］诸葛健，王正祥. 工业微生物实验技术手册［M］. 北京：中国轻工业出版社，1994.

实验 16 　消毒剂对微生物生长的影响（石炭酸系数测定）

一、实验目的与内容

1. 实验目的

了解化学因素对微生物生长的作用。

2. 实验内容

（1）了解化学消毒剂对微生物的作用。

（2）学习测定化学消毒剂的抑菌作用。

（3）学习测定石炭酸系数的方法。

二、实验原理

常用的化学消毒剂主要有重金属及其盐类、有机溶剂（酚、醇、醛等）、卤族元素及其化合物、染料和表面活性剂等。化学消毒剂对菌体作用的原理，使菌体蛋白变性，或使酶失活，或使核酸变性或破坏细胞的透性等，从而达到抑菌或杀菌效果。

化学消毒剂的杀菌能力常以石炭酸为标准，以石炭酸系数（酚系数）来表示。将某一消毒剂作不同的稀释,在一定时间内及一定条件下,该消毒剂杀死全部供试微生物的最高稀释倍数与达到同样效果的石炭酸的最高稀释倍数的比值,即为该消毒剂对该种微生物的石炭酸系数。石炭酸系数越大,说明该消毒剂杀菌能力越强。

三、实验器材

1. 菌种及培养基

大肠杆菌(*Escherichia coli*)、金黄色葡萄球菌(*Staphylococcus aureus*)、牛肉膏蛋白胨琼脂培养基、牛肉膏蛋白胨液体培养基。

2. 溶液或试剂

2.5%碘酒、75%乙醇、5%石炭酸、4%盐酸、4%NaOH、2%来苏尔。

3. 仪器或其他用具

无菌培养皿、无菌滤纸(用打孔器做成直径5 mm的圆片)、无菌镊子、三角涂布棒、无菌吸管等。

四、实验步骤

1. 滤纸片法测定化学消毒剂的杀(抑)菌作用

(1)倒平板　将已灭菌并冷至50 ℃左右的牛肉膏蛋白胨琼脂培养基倒入无菌培养皿中,水平放置待凝固。

(2)用无菌吸管吸取0.2 mL培养24 h的金黄色葡萄球菌菌液加入到上述培养基中,用无菌三角涂布棒涂布均匀。

(3)将已涂布好的平板底皿划分成6等份,每一份标明一种消毒剂名称。

(4)用无菌镊子将已灭菌的小圆滤纸片(直径为5 mm),分别浸入装有各种消毒剂溶液的小烧杯中浸湿。然后在烧杯壁上沥去多余的液体后,无菌操作将纸片贴在平板相应的区域。

(5)将上述贴好滤纸片的含菌平板倒置于37 ℃培养箱中,24 h后取出观察抑(杀)菌圈的大小。

2. 石炭酸系数的测定

(1)将石炭酸稀释成1/50、1/60、1/70、1/80、1/90等不同浓度,分别取5 mL装入相应的试管中。

(2)将待测消毒剂(来苏尔)稀释成1/150、1/200、1/250、1/300及1/500等不同的浓度,各取5 mL装入相应的试管中。

(3)取盛有已灭菌的牛肉膏蛋白胨液体培养基的试管30支,其中15支标明石炭酸的5种浓度,每种浓度3管(分别标记上"5 min"、"10 min"、"15 min"),另外15支标明来苏尔的5种浓度,每种浓度3管(分别标记上"5 min"、"10 min"、"15 min")。

(4)在上述盛有不同浓度的石炭酸和来苏尔溶液的试管中各接入0.5 mL大肠杆菌菌液并摇匀。每管自接种时起分别于5 min、10 min、15 min用接种环从各管内取一环菌液接入标记有相应石炭酸及来苏尔浓度的装有牛肉膏蛋白胨液体培养基的试管中。

(5)将上述试管置于37 ℃恒温培养箱中,48 h后观察并记录细菌的生长情况。细菌生长者培养液混浊,以"+"表示,不生长者培养液清澈,以"−"表示。

(6)计算石炭酸系数值　找出将大肠杆菌在药液中处理5 min后仍能生长,而处理10 min和15 min后不能生长的来苏尔及石炭酸的最大稀释倍数,计算两者的比值。例如,若来苏尔和石炭酸在10 min内杀死大肠杆菌的最大稀释倍数分别是300和60,则来苏尔的石炭酸系数为 300/60＝5，即来苏尔是石炭酸抑（杀）菌效果的 5 倍。

五、注意事项

（1）做滤纸片法测定化学消毒剂的杀（抑）菌作用，将滤纸片从消毒剂药液中取出时，在试管壁上沥去多余的药液，以保证滤纸片所含消毒剂液体量基本一致。

（2）做石炭酸系数的测定时，注意吸取菌液时要将菌液吹打均匀，保证每个试管中接入的菌量一致。

六、实验报告

各种化学消毒剂对金黄色葡萄球菌的作用效果记录于表 3-16-1。

表 3-16-1　各种化学消毒剂对金黄色葡萄球菌的作用效果

消毒剂	抑（杀）菌圈的直径/mm	消毒剂	抑（杀）菌圈的直径/mm
2.5％碘酒		4％HCl	
5％石炭酸		4％NaOH	
75％乙醇		2％来苏尔	

石炭酸系数的测定和计算结果记录于表 3-16-2。

表 3-16-2　石炭酸系数的测定和计算

消毒剂	稀释倍数	生长状况			石炭酸系数
		5 min	10 min	15 min	
石炭酸	50				
	60				
	70				
	80				
	90				
来苏尔	150				
	200				
	250				
	300				
	500				

七、思考与探究

（1）含化学消毒剂的滤纸片周围形成的抑（杀）菌圈表明该区域培养基中的原有细菌被杀死或被抑制而不能生长，你如何用实验证明抑（杀）菌圈的形成是由于化学消毒剂的抑菌作用还是杀菌作用？

（2）影响抑（杀）菌圈大小的因素有哪些？抑（杀）菌圈大小是否准确地反映出化学消毒剂抑（杀）菌力的强弱？

（3）在你的实验中，75％乙醇和无水乙醇对金黄色葡萄球菌的作用效果有何不同？你知道医院常用的消毒剂乙醇浓度是多少吗？请说明用此浓度乙醇的原因和机理。

八、附录

每四人一个实验台。

(1) 超净工作台 1 个,恒温箱 1 个,酒精灯 1 个,平板 4 套(1 套/人)。

(2) 接种环 4 根,酒精灯 4 盏,刮棒 1 支。

(3) 6 种化学药品各 1 小瓶,菌种 2 支(金黄色葡萄球菌、大肠杆菌各 1 支),细菌培养基 200 mL。

九、参考文献

[1] 周德庆.微生物学实验教程[M].2 版.北京:高等教育出版社,2006.

[2] 沈萍,范秀容,李广武.微生物学实验[M].3 版.北京:高等教育出版社,1999.

[3] 黄秀梨,辛明秀.微生物学实验[M].2 版.北京:高等教育出版社,2008.

[4] 沈萍,陈向东.微生物学实验[M].4 版.北京:高等教育出版社,2007.

实验 17　大分子物质(糖、脂类和蛋白质)的水解实验

一、实验目的与内容

1. 实验目的

(1) 通过微生物对不同大分子物质的水解实验,认识微生物代谢类型的多样性。

(2) 掌握微生物大分子水解实验的原理和方法。

(3) 进一步学习平板接种法及穿刺接种法。

2. 实验内容

(1) 培养基的配制与灭菌、平板的制备、试管培养基的制备。

(2) 菌种的接种与培养。

(3) 结果的观察与分析。

二、实验原理

微生物在生长繁殖过程中,需从外界吸收营养物质。外界环境中的小分子有机物可被微生物直接吸收利用,而对大分子的有机物(淀粉、蛋白质和脂肪),微生物不能直接利用,必须靠分泌的胞外酶将大分子物质分解,才能吸收利用。

胞外酶主要为水解酶,通过加水裂解大的物质为较小的化合物,使其能被运输至细胞内。如淀粉酶水解淀粉为小分子的糊精、双糖和单糖,脂肪酶水解脂肪为甘油和脂肪酸,蛋白酶水解蛋白质为氨基酸等。这些过程均可通过观察细菌菌落周围的物质变化来证实。现分别介绍淀粉水解、油脂水解、明胶液化、石蕊牛奶和尿素水解实验的简单原理。

1. 淀粉水解实验

某些细菌能分泌淀粉酶(胞外酶),将淀粉水解为麦芽糖和葡萄糖。淀粉遇碘会产生蓝色,但细菌水解淀粉的区域,用碘测定不再产生蓝色,表明细菌产生淀粉酶。

2. 油脂水解实验

某些细菌能分泌脂肪酶(胞外酶),将培养基中的油脂水解为甘油和脂肪酸。脂肪酸可改

变培养基的 pH 值,使 pH 值降低。在培养基中预先加入中性红指示剂,中性红在 pH 值 6.8 时呈红色,pH 值 8.0 时呈黄色。当细菌存在着脂肪酶时,会分解脂肪产生脂肪酸,培养基颜色从淡红色变为深红色。

3. 明胶液化实验

微生物除可以利用各种蛋白质和氨基酸作为氮源外,当缺乏糖类物质时,亦可用它们作为碳源和能源。明胶是由胶原蛋白经水解产生的蛋白质,在低于 20 ℃时可维持凝胶状态,以固体形式存在,在 25 ℃以上明胶就会液化。有些微生物可产生一种称为明胶酶的胞外酶,水解这种蛋白质,而使明胶液化,即使在低于 20 ℃,甚至在 4 ℃仍能保持液化状态。

4. 石蕊牛奶实验

牛奶中主要含乳糖和酪蛋白。有些微生物能水解牛奶中的蛋白质酪素,酪素的水解可用石蕊牛奶来检测。石蕊培养基由脱脂牛奶和石蕊组成。石蕊作为酸碱指示剂和氧化还原剂,在中性时呈淡紫色,酸性时呈粉红色,碱性时呈蓝色,还原时则部分或全部褪色变白。

细菌对牛奶的作用有以下几种情况。

(1)产酸:细菌发酵乳糖产酸,使石蕊变红。

(2)产碱:细菌分解酪蛋白成碱性物质氨基酸和肽后,使石蕊变蓝。

(3)胨化:细菌产生蛋白酶,使酪蛋白分解,故牛乳变成清亮透明的液体。

(4)酸凝固:细菌发酵乳糖产酸,使石蕊变红,当酸度很高时,可引起牛奶的固化(凝乳形成)。

(5)凝乳酶凝固:细菌产生凝乳酶,使牛奶中的酪蛋白凝固,此时石蕊呈蓝色或不变色。

(6)还原:细菌生长旺盛时,使培养基氧化还原电位降低,石蕊被还原而褪色(试管底部变为白色)。

5. 尿素水解实验

尿素是由大多数哺乳动物消化蛋白质后分泌在尿中的废物。尿素酶能分解尿素释放出氨。尽管许多微生物都可以产生尿素酶,但它们利用尿素的速度比变形杆菌属(*Proteus*)的细菌要慢,因此尿素水解实验被用来从其他非发酵乳糖的肠道微生物中快速区分这个属的成员。尿素琼脂含有蛋白胨、葡萄糖、尿素和酚红。酚红在 pH 值 6.8 时为黄色,而在培养过程中,产生尿素酶的细菌将分解尿素产生氨,使培养基的 pH 值升高,在 pH 值升至 8.4 时,指示剂就转变为深粉红色。

三、实验器材

1. 菌种及培养基

枯草芽孢杆菌、大肠杆菌(*Escherichia coli*)、金黄色葡萄球菌(*Staphylococcus aureus*)、普通变形杆菌(*Proteus vulgaris*)、油脂培养基、淀粉培养基、明胶培养基、石蕊牛奶培养基、尿素琼脂培养基。

2. 溶液或试剂

革兰氏染色用卢戈氏碘液等。

3. 仪器或其他用具

培养皿、试管、接种环、接种针、试管架、锥形瓶等。

四、实验步骤

1. 淀粉水解实验

将固体淀粉培养基熔化后冷却至 50 ℃左右,无菌操作倒入培养皿中,待凝固后制成平板。注意如下。

(1) 培养基加入量要适宜。过薄,易被划破;过厚,造成浪费。

(2) 翻转平板,用记号笔在平板底部划成四部分,呈"＋"形,分别标记菌种名称。

注意:平板标记时,要在平皿底部标记,不能在皿盖上标记。

(3) 用接种环取少量菌涂在平板上,每个菌种涂布 0.3~0.5 cm 大小的圆(图 3-17-1),其中一种应以枯草芽孢杆菌作为对照菌。

(4) 将接种后的平板倒置在 37 ℃温箱中,培养 24 h。

(5) 观察各种细菌的生长情况时,可打开皿盖,滴入少量碘液于平皿中,轻轻旋转平板,使碘液均匀铺满整个平板。

如菌苔周围出现无色透明圈,说明淀粉已被水解,为阳性(图 3-17-2)。透明圈的大小可初步判断该菌水解淀粉能力的强弱,即产生胞外淀粉酶活力的高低。

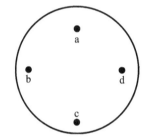

图 3-17-1　淀粉水解实验接种示意图

a.枯草芽孢杆菌;b.实验菌 1;

c.大肠杆菌;d.实验菌 2

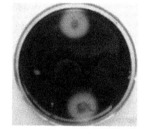

图 3-17-2　淀粉水解圈

2. 油脂水解实验

(1) 将熔化的固体油脂培养基冷却至 50 ℃左右时,充分摇荡,使油脂均匀分布。无菌操作倒入平板,待凝。

注意:油脂培养基冷却后一定要混匀,使油脂均匀分布。

(2) 平皿灭菌后,翻转平板,使皿底向上,用记号笔在平板底部划成四部分,分别标上菌名。

(3) 用接种针取少量菌液,将四种菌分别用无菌操作划"＋"字接种于平板的相对应部分的中心(图 3-17-3),其中一种是以金黄色葡萄球菌作为对照菌。

(4) 将接种完的平板倒置于 37 ℃温箱中,培养 24 h。

(5) 取出平板,注意观察平板上长菌的地方,如出现红色斑点,即说明脂肪已被水解,为阳性反应。

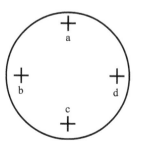

图 3-17-3　油脂水解实验菌种接种示意图

a.金黄色葡萄球菌;b.大肠杆菌;

c.实验菌 1;d.实验菌 2

3. 明胶液化实验

(1) 取三支明胶培养基试管,用记号笔标明各管欲接种的菌名。

注意:试管要标记清楚,接种时要相应接种,以防混乱。

(2) 用接种针分别穿刺接种枯草芽孢杆菌、大肠杆菌、金黄色葡萄球菌于试管中。

注意:明胶实验中,试管应垂直放置、穿刺接种、培养,不要斜置。

(3) 将接种后的试管置 20 ℃恒温箱中,培养 48 h。

(4) 观察明胶液化情况。观察结果时,注意培养基有无液化情况及液化后的形状(图 3-17-4)。

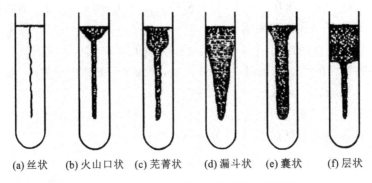

(a) 丝状　(b) 火山口状　(c) 芜菁状　(d) 漏斗状　(e) 囊状　(f) 层状

图 3-17-4　明胶穿刺接种液化后的各种形状

4. 石蕊牛奶实验

(1) 取两支石蕊牛奶培养基试管,用记号笔标明各管欲接种的菌名。

注意:试管要标记清楚,接种时要相应接种,以防混乱。

(2) 分别接种普通变形杆菌、金黄色葡萄球菌于试管中,另保留一支不接种石蕊牛乳的培养基做对照。

(3) 将接种后的试管置 35 ℃中,培养 24~48 h。

注意:石蕊牛奶实验中,培养基为液体,故试管应垂直放置、培养,不要斜置。

(4) 观察培养基的颜色变化。观察结果时,注意牛乳有无产酸、产碱、凝固或胨化等反应。

5. 尿素水解实验

(1) 取两支尿素培养基斜面试管,用记号笔标明各管欲接种的菌名。

(2) 分别在试管中接种普通变形杆菌和金黄色葡萄球菌。

注意:接种时,要与试管编号对应,不能混淆。

(3) 将接种后的试管置 35 ℃培养箱中,培养 24~48 h。

(4) 观察培养基颜色变化。若有尿素酶存在,则培养基应为红色;若无尿素酶存在,则培养基应为黄色。

细菌对大分子物质的分解利用的各项实验总结见表 3-17-1。

表 3-17-1　细菌对大分子物质的分解利用的各项实验

实验名称	培养基名称	接种菌名称	接种方式	每人接种管(平板)数
淀粉水解实验	淀粉培养基	对照菌:枯草芽孢杆菌 实验菌:大肠杆菌或其他菌	平板	1

续表

实验名称	培养基名称	接种菌名称	接种方式	每人接种管（平板）数
油脂水解实验	油脂培养基	对照菌:金黄色葡萄球菌 实验菌:大肠杆菌或其他菌	平板	1
明胶液化实验	明胶液化培养基	实验菌:枯草芽孢杆菌或大肠杆菌或金黄色葡萄球菌	穿刺	1
石蕊牛奶实验	石蕊牛奶培养基	实验菌:普通变形杆菌或金黄色葡萄球菌	液体	1
尿素水解实验	尿素琼脂培养基	实验菌:普通变形杆菌或金黄色葡萄球菌	穿刺	1

五、注意事项

（1）标记菌名时,要在平板底部标记,不能标记在平皿盖上,否则易混淆。

（2）各菌种选取时量要少,否则会影响结果。接种时,要认真检查标记,对号接种,以免接错菌种。

（3）油脂水解实验要采用新鲜花生油或豆油;制备培养基时要充分混匀,使油脂均匀分布。

（4）明胶液化实验中,若细菌在 20 ℃时不能生长,则必须在所需的最适温度下培养,观察结果时,需将试管从温箱中取出后,置于冰浴中,才能观察液化程度。

（5）石蕊牛奶实验中,产酸、产碱、凝固、胨化等现象往往是连续出现的,往往观察某种现象出现时,另一种现象已经消失了,所以观察最好要连续。

六、实验结果分析

（1）填写表 3-17-2,分析细菌水解大分子物质的鉴定原理。

表 3-17-2　细菌对大分子物质的分解利用各项实验的反应原理

实验名称	反应物	细胞分泌的胞外酶	水解产物	检查试剂	阳性反应
淀粉水解实验					
油脂水解实验					
明胶液化实验					
石蕊牛奶实验					
尿素水解实验					

（2）将细菌对生物大分子利用的各项实验结果填入表 3-17-3,"＋"表示阳性,"－"表示阴性。

表 3-17-3　细菌对大分子物质的水解情况

菌　　名	淀粉水解	油脂水解	明胶液化	石蕊牛奶	尿素水解
枯草芽孢杆菌					
大肠杆菌					

续表

菌　　名	淀粉水解	油脂水解	明胶液化	石蕊牛奶	尿素水解
金黄色葡萄球菌					
铜绿假单胞菌					
普通变形杆菌					

七、实验报告

（1）细菌对分子物质水解的鉴定原理。

（2）记录各实验结果。

八、思考与探究

（1）怎样解释淀粉酶是胞外酶而非胞内酶？不利用碘液，怎样证明淀粉水解的存在？

（2）淀粉水解实验与油脂水解实验中，为什么要分别以枯草芽孢杆菌和金黄色葡萄球菌作对照菌？如果将两者的对照交换，如何？

（3）接种后的明胶试管可以在 35 ℃ 的温度下培养，在培养后必须做什么才能证明水解的存在？

（4）在石蕊牛奶实验中，石蕊为什么能起到氧化还原指示剂的作用？

（5）淀粉、油脂、明胶等大分子物质能否不经分解而直接被细菌吸收？为什么？

九、参考文献

[1] 钱柔存，黄仪秀. 微生物学实验教程[M]. 2 版. 北京：北京大学出版社，2008.

[2] 沈萍，陈向东. 微生物学实验[M]. 4 版. 北京：高等教育出版社，2007.

[3] 周德庆. 微生物学实验教程[M]. 2 版. 北京：高等教育出版社，2006.

实验 18　糖发酵实验和 IMViC 实验

一、实验目的与内容

1. 实验目的

（1）学习细菌的分类鉴定中常用的生理生化反应方法。

（2）通过不同细菌对碳源和氮源的利用情况，了解微生物代谢的多样性。

（3）了解 IMViC 与糖发酵的原理及其在肠道菌鉴定中的意义。

2. 实验内容

（1）用大肠杆菌与普通变形杆菌进行糖发酵实验。

（2）用 IMViC 实验鉴定大肠杆菌和产气肠杆菌。

二、实验原理

各种细菌由不同的酶系组成，从而表现出对某些物质（碳化物、氮化物等）的分解利用情况不同，代谢产物也不同，说明细菌具有代谢类型的多样性。因此，在细菌分类鉴定中除了将其形态特征（个体形态和群体形态）作为分类鉴定的依据外，还要进行生理特性和生化反应的测定,将细菌的形态特征和生理生化特征相结合进行分类鉴定。

细菌的生理特性和生化反应包括:营养要求(碳源、氮源、能源和生长因子等)、代谢产物特征(种类、颜色和显色反应等)、酶(产酶种类和反应特性等)、生长的温度、需氧的程度等。

（一）糖发酵实验

糖发酵实验是常用的鉴别微生物的生化反应,在肠道细菌的鉴定上尤为重要。绝大多数细菌都能利用糖类作为碳源,但它们分解糖类的能力有很大差异,有些细菌能分解糖产生有机酸(如乳酸、醋酸和丙酸等)和气体(如氢气、甲烷、二氧化碳等),有些细菌只产酸不产气。例如,大肠杆菌能分解乳糖和葡萄糖产酸并产气;伤寒杆菌分解葡萄糖产酸不产气,不能分解乳糖;普通变形杆菌分解葡萄糖产酸产气,不能分解乳糖。发酵培养基内含有蛋白胨、指示剂(溴甲酚紫)、倒置的德汉氏试管和不同的糖类。当发酵产酸时,溴甲酚紫指示剂可由紫色(pH6.8)转变为黄色(pH5.2)。气体的产生可由倒置的德汉氏试管中有无气泡来证明。

（二）IMViC 实验

IMViC 实验是吲哚试验(indole test)、甲基红试验(methyl red test)、伏-普试验(Voges-Proskauer test，V-P 试验)和柠檬酸盐试验(citrate test)4 个试验的缩写,i 是在英文中为发音方便而加上去的。这 4 个试验主要用来快速鉴别大肠杆菌和产气肠杆菌,多用于水的细菌学检查。大肠杆菌虽非致病菌,但在饮用水中如超过一定数量则表示水质受粪便污染,以此为指标表示受粪便污染情况。产气肠杆菌也广泛存在于自然界,因此检查水时要将两种分开。

（1）吲哚试验　某些细菌(如大肠杆菌)具有色氨酸酶,能分解蛋白胨中的色氨酸产生吲哚和丙酮酸,吲哚与对二甲基氨基苯甲醛结合,形成红色化合物——玫瑰吲哚。因此,吲哚反应呈红色者为阳性,无变化者则为阴性。其反应式如下:

吲哚　　对二甲基氨基苯甲醛　　　　　　　玫瑰吲哚(红色)

（2）甲基红试验　检测由葡萄糖产生的有机酸如甲酸、乙酸和乳酸等,甲基红指示剂由橘黄色(pH 值 6.3)变为红色(pH 值 4.2)。有些细菌(如大肠杆菌等)在培养后期仍能维持酸性,pH 值为 4,加入甲基红指示剂培养基呈现红色;但有些细菌(如产气肠杆菌等)则转化有机酸为非酸性末端产物,如乙醇、丙酮酸等,使 pH 值升至大约 6,此时加入甲基红指示剂培养基呈现黄色。因此,甲基红试验呈红色者为阳性,呈黄色者为阴性。

（3）V-P 试验　测定某些细菌利用葡萄糖产生非酸性或中性末端产物的能力,某些细菌(如产气肠杆菌)分解葡萄糖成丙酮酸,丙酮酸进行缩合、脱羧产生乙酰甲基甲醇,此化合物在碱性条件下能被空气中的氧气氧化成二乙酰。二乙酰与蛋白质中精氨酸的胍基作用,生成红色化合物。因此,V-P 试验呈红色反应者为阳性,无红色反应者为阴性,反应过程如下。

$$HC=O \\ HO-CH \\ HC-OH \\ HO-CH \\ HO-CH \\ H_2COH \quad \longrightarrow \quad \begin{array}{c} CH_3 \\ 2CO \\ COOH \end{array} \quad \xrightarrow{-CO_2} \quad \begin{array}{c} CH_3 \\ CO \\ COHCOOH \\ CH_3 \end{array} \quad \xrightarrow{-CO_2} \quad \begin{array}{c} CH_3 \\ CO \\ CHOH \\ CH_3 \end{array} \quad \nearrow \searrow$$

葡萄糖　　　　　　丙酮酸　　　　　　乙酰乳酸　　　　　乙酰甲基甲醇

$$\xrightarrow{2H} \quad \begin{array}{c} CH_3 \\ CHOH \\ CHOH \\ CH_3 \end{array}$$

2,3-丁二醇

$$\xrightarrow[-2H]{+OH} \begin{array}{c} CH_3 \\ CO \\ CO \\ CH_3 \end{array} + HN=C\begin{array}{c} NH_2 \\ \\ NH_2 \end{array} \longrightarrow HN=C\begin{array}{c} N=CH-CH_3 \\ \\ N=CH-CH_3 \end{array} + 2H_2O$$

二乙酰　　　　　　　胍基　　　　　　　红色化合物

（4）柠檬酸盐试验　检测细菌利用柠檬酸盐的能力。柠檬酸盐培养基不含任何糖类,柠檬酸盐为唯一碳源,磷酸二氢铵为唯一氮源。有的细菌(如大肠杆菌)不利用柠檬酸盐作为碳源,培养基仍为绿色且斜面上没有菌生长;而有些细菌(如产气肠杆菌)能利用柠檬酸盐为唯一碳源,利用铵盐为唯一氮源,并且斜面上有菌生长,细菌在分解柠檬酸盐及其培养基中的磷酸铵后,产生碱性物质使培养基的 pH 值升高,当加入 1‰溴麝香草酚蓝指示剂时,培养基由绿色变为深蓝色。(溴麝香草酚蓝指示剂指示范围为:pH 值小于 6.0 时呈黄色,pH 值在 6.0～7.0 时为绿色,pH 值大于 7.6 时呈蓝色。)因此,柠檬酸盐试验培养基上有细菌生长,并且培养基变为深蓝色为阳性,若无细菌生长,培养基颜色不变仍为绿色者为阴性。

三、实验器材

1. 菌种及培养基

大肠杆菌(*Escherichia coli*)、产气肠杆菌（*Enterobacter aerogenes*）、普通变形杆菌(*Proteus vulgaris*)斜面、蛋白胨水液体培养基(蛋白胨 10 g,NaCl 5 g,蒸馏水 1000 mL,pH 7.6,121 ℃灭菌 20 min)、葡萄糖蛋白胨水液体培养基(蛋白胨 5 g,葡萄糖 5 g,K_2HPO_4 2 g,蒸馏水 1000 mL,将上述各成分溶于 1000 mL 水中,调 pH 值为 7.0～7.2,过滤。分装试管,每管 10 mL,112 ℃灭菌 30 min)、柠檬酸盐斜面培养基($NH_4H_2PO_4$ 1 g,K_2HPO_4 1 g,NaCl 5 g,$MgSO_4$ 0.2 g,柠檬酸钠 2 g,琼脂 15～20 g,蒸馏水 1000 mL,1‰溴麝香草酚蓝乙醇液 10 mL,将上述各成分加热溶解后,调 pH 值为 6.8,然后加入指示剂,摇匀,用脱脂棉过滤。制成后为黄绿色,分装试管。121 ℃灭菌 20 min 后制成斜面。注意配制时控制好 pH 值,不要过碱,以黄绿色为准)。葡萄糖发酵培养基试管和乳糖发酵培养基试管各 3 支(内装有倒置的德汉氏试管)。

2. 溶液与试剂

甲基红指示剂,1%溴麝香草酚蓝指示剂,40% KOH,5%α-萘酚,乙醚,吲哚试剂等。

3. 仪器设备、器皿及其他

电子天平、超净工作台、恒温培养箱、高压灭菌锅、试管架、接种环、试管、移液管、德汉氏试管、酒精灯、牙签、记号笔等。

四、实验步骤

(一)糖发酵实验

糖发酵培养基的配制、分装和灭菌

分别配制含葡萄糖、乳糖的糖发酵液体的培养基,分装于试管中并灭菌。注意培养基分装时将德汉氏试管倒置放入试管中。

试管标记:取分别装有葡萄糖发酵、乳糖发酵培养液的试管各 3 支,用记号笔在各试管外壁上分别标明发酵培养基的名称和所接种的细菌编号。

接种培养:取葡萄糖发酵培养基试管 3 支,分别接入大肠杆菌、普通变形杆菌,第三支不接种,作为对照。另取乳糖发酵培养基 3 支,分别接入大肠杆菌、普通变形杆菌和不接种对照。接种后,轻缓摇动试管,使其均匀,防止气泡进入小套管而出现假阳性。将上述 6 支试管置于 37 ℃中培养 24～48 h,观察各试管颜色变化及小套管中有无气泡。

观察记录:观察结果时,与阴性对照比,若接种培养液中没有细菌生长或有细菌生长但培养液保持原有颜色,反应结果为阴性,记为"－",表明该菌不能利用该种糖生长或虽然可利用该种糖但发酵不产酸;若接种培养液呈黄色,但培养液中德汉氏试管内没有气泡,反应结果为阳性,记为"＋",表明该菌能分解该种糖,只产酸不产气;若接种培养液呈黄色,并且培养液中德汉氏试管有气泡,为阳性反应,记为"＋＋",表明该菌分解该种糖产酸又产气。

(二)IMViC 实验

1. 培养基的配制、分装和灭菌

分别配制蛋白胨水液体培养基、葡萄糖蛋白胨水液体培养基和柠檬酸盐斜面培养基,分装于试管中灭菌。

菌种编号和试管标记:将大肠杆菌和产气肠杆菌设盲管编号为①、②。取分别装有蛋白胨水液体培养基、葡萄糖蛋白胨水液体培养基和柠檬酸盐斜面培养基的试管各 2 支,用记号笔在各试管外壁上分别标明培养基的名称。

2. 接种与培养

用接种环将①号菌、②号菌分别接入 2 支蛋白胨水液体培养基(吲哚试验)、2 支葡萄糖蛋白胨水液体培养基(甲基红试验和 V-P 试验)和 2 支柠檬酸盐斜面培养基(柠檬酸盐试验)中,液体培养基要摇匀,37 ℃培养 48 h。

3. 观察记录

(1)吲哚试验 于培养 48 h 后的蛋白胨水培养基内加入 3～4 滴乙醚,摇动数次,静置 1～3 min 后,待乙醚层上升,沿试管壁缓慢加入 3～4 滴吲哚试剂,注意不要摇动试管,使试剂浮于培养液上层,若有吲哚存在,则在两液面交界处呈玫瑰红色为阳性,记为"＋";若无变化则为阴性,记为"－"。

（2）甲基红试验　培养 48 h 后,沿一支葡萄糖蛋白胨水液体培养基试管的管壁缓慢加入甲基红指示剂 2～3 滴,仔细观察培养液上层,注意不要摇动试管,若培养液上层变为红色为阳性反应,记为"＋";若仍呈黄色则为阴性反应,记为"－"。

（3）V-P 试验　培养 48 h 后,将另一支葡萄糖蛋白胨水液体培养基内加入 5～10 滴 40% KOH 溶液,再加入等量的 5% α-萘酚溶液,用力振荡试管使空气中的氧气溶入,然后放在 37 ℃恒温培养箱中保温 15～30 min,以加快反应速度。若培养液呈红色为阳性反应,记为"＋";若不呈红色则为阴性反应,记为"－"。

（4）柠檬酸盐试验　接种后培养 1～2 天观察结果,若培养基斜面上有细菌生长,并且培养基由绿色变为深蓝色为阳性,记为"＋";若斜面无细菌生长,培养基颜色不变仍保持绿色则为阴性,记为"－"。

五、注意事项

（1）在配制柠檬酸盐培养基时,其 pH 值不要偏高,以淡绿色为宜。吲哚试验中配制蛋白胨水液体培养基,所用的蛋白胨最好用含色氨酸高的,如用胰蛋白胨水解酪素得到的蛋白胨中色氨酸含量较高。

（2）甲基红试验中,应该注意甲基红指示剂不要加得太多,以免出现假阳性。

（3）糖发酵实验中,在接种后,应轻缓摇动试管,使其均匀,防止倒置的小管进入气泡。否则会造成假象,得出错误的结果。

（4）装有小套管的糖发酵培养基在灭菌时要特别注意排尽锅内冷空气,灭菌后要等锅内压力降到"0"再打开排气阀,否则小套管内会留有气泡,影响实验结果的判断。

（5）糖发酵实验是根据糖发酵产酸与否而使培养基 pH 值有无改变来判断结果,故培养基应纯净,使 pH 值应符合要求,方可保证实验结果可靠、准确。

（6）吲哚试验中,如果加入乙醚后玫瑰环不明显,可沿试管壁再缓慢加入 2 滴吲哚试剂。否则难以观察到乙醚层的红色环状物。

六、实验结果分析

糖发酵实验:若接种培养液中没有细菌生长或有细菌生长但培养液保持原有颜色,反应结果为阴性,表明该菌不能利用该种糖生长或虽然可利用该种糖但发酵不产酸,该实验中为普通变形杆菌;若接种培养液呈黄色,但培养液中德汉氏试管内没有气泡,反应结果为阳性,表明该菌能分解该种糖,只产酸不产气;若接种培养液呈黄色,并且培养液中德汉氏试管有气泡,为阳性反应,表明该菌分解该种糖产酸又产气,该实验中为大肠杆菌。

吲哚试验有红色化合物生成为阳性,即判断该菌为大肠杆菌;无变化者则为阴性,即该菌为产气肠杆菌。

甲基红试验中试剂由橘黄色变为红色为阳性,即判断该菌为大肠杆菌;阴性反应为产气肠杆菌。

V-P 试验能够生成红色化合物为阳性,即判断该菌为产气肠杆菌;阴性反应为大肠杆菌。

柠檬酸盐试验若培养基斜面上有细菌生长,并且培养基变为深蓝色为阳性,即该菌为产气肠杆菌;若无细菌生长,培养基颜色不变仍保持绿色则为阴性,则该菌为大肠杆菌。

七、实验报告

（1）将大肠杆菌、普通变形杆菌的糖发酵实验结果填入表 3-18-1。"＋"表示产酸或产气,"－"表示不产酸不产气。

表 3-18-1　糖发酵实验结果

糖类发酵	大肠杆菌	普通变形杆菌	空白对照
葡萄糖发酵			
乳糖发酵			

（2）将实验结果填入表 3-18-2。"＋"表阳性反应，"－"表阴性反应。

表 3-18-2　IMViC 实验结果

菌名	吲哚试验	甲基红试验	V-P 试验	柠檬酸盐试验
①号菌				
②号菌				
结论	①号菌：	②号菌：		

八、思考与探究

（1）讨论 IMViC 实验在医学检验上的意义。

（2）为什么大肠杆菌是甲基红试验反应阳性，而产气肠杆菌为阴性？

（3）假如某些微生物可以有氧代谢葡萄糖，糖发酵实验会出现什么结果？

（4）甲基红试验和 V-P 试验最初作用物及终产物有何异同？终产物为何不同？

（5）细菌的生理生化反应实验中为什么要设阴性对照？

九、参考文献

［1］黄秀梨，辛明秀. 微生物学实验指导［M］. 2 版. 北京：高等教育出版社，2008.

［2］沈萍，陈向东. 微生物学实验［M］. 4 版. 北京：高等教育出版社，2007.

［3］陈金春，陈国强. 微生物学实验指导［M］. 北京：清华大学出版社，2005.

［4］蔡信之，黄君红. 微生物学实验［M］. 北京：科学出版社，2010.

［5］袁丽红. 微生物学实验［M］. 北京：化学工业出版社，2010.

实验 19　微生物菌种保藏技术

一、实验目的与内容

1. 实验目的

（1）了解微生物菌种保藏的重要意义。

（2）掌握斜面菌种保藏法、半固体穿刺菌种保藏法、甘油保藏法、液体石蜡菌种保藏法等几种简易的微生物菌种保藏方法的原理、适用范围和操作技术。

（3）掌握沙土保藏法的原理与方法，了解其适用对象。

（4）了解液氮超低温菌种保藏法的原理和方法。

2. 实验内容

（1）用斜面菌种保藏法、半固体穿刺菌种保藏法、液体石蜡菌种保藏法、甘油保藏法保藏菌种。

（2）用沙土保藏法保藏菌种。

（3）学习液氮超低温菌种保藏法。

二、实验原理

菌种保藏（culture preservation）是指将微生物菌种用各种适宜的方法妥善保藏，避免死亡、污染，保持菌种原有性状基本稳定。选用的方法应保证菌种保藏的安全性，且不能对周围环境造成污染和危害。在科学研究和生产实践中所获得的微生物菌种资源，为了防止菌种的死亡和种性衰退，就必须采用合适的保藏方法。

常用的菌种保藏方法有：斜面菌种保藏法、液体石蜡菌种保藏法、甘油保藏法、沙土保藏法、冷冻干燥保藏法和液氮超低温菌种保藏法等。无论选用哪种菌种保藏方法，都必须确保待保存的菌种是纯培养物，生理状态良好，保藏过程中要进行日常管理和定期检查，发现问题及时处理。根据实验室条件，结合待保藏菌种的特性，可选做如下实验之一。

（一）简易菌种保藏法

斜面菌种保藏法、半固体穿刺菌种保藏法、液体石蜡菌种保藏法、甘油保藏法等方法是不需要特殊的技术和设备就能进行微生物菌种的保藏，这些方法统称为简易菌种保藏法。但间隔一段时间就需移植一次，所以又称传代培养保藏法或定期移植保藏法。被一般实验室和相关企业广为采用。这类方法是将菌种接种于适宜的固体或半固体培养基中，在最适条件下培养，待生长充分后，于低温条件下保存并间隔一段时间进行移植培养。在低温条件下，微生物代谢活动减缓，繁殖速度受抑制，菌种保藏时间延长。液体石蜡菌种保藏法是将无菌液体石蜡加至斜面培养或半固体穿刺培养的菌种上，使其覆盖整个斜面，再直立放置于 4～6 ℃保存。该法可以隔绝空气、减少氧气供应，并减少培养基内的水分蒸发，降低微生物的代谢活动，从而延长保存期。甘油保藏法是将菌悬液与无菌甘油混合，保存于 −20 ℃或 −70 ℃的冰箱中。微生物在低温条件下能显著降低生命活动，温度越低，菌种保持的活性时间越长。但是，菌种在冷冻和冻融操作中，细胞由于脱水及胞内形成冰晶引发对细胞的损伤，严重时造成细胞死亡。加入甘油作为保护剂，甘油分子可少量渗入细胞，大大减少在冻融过程中对细胞原生质及细胞膜的伤害。此法具有操作简便、保藏期长的优点，在基因工程研究中常用于菌株保藏。

上述方法适用于大多数细菌和真菌的菌种保藏。但液体石蜡菌种保藏法只适用于不能分解液体石蜡的微生物，如酵母菌、某些丝状真菌（如青霉属、曲霉属等）、某些细菌（如芽孢杆菌属、醋酸杆菌属等）。定期移植的间隔时间因微生物种类不同而有差异，斜面菌种保藏法、半固体穿刺菌种保藏法，对不产芽孢的细菌间隔时间较短，一个月左右移植一次；放线菌、酵母菌和丝状真菌 4～6 个月移植一次。液体石蜡菌种保藏法的间隔时间较长，可一年至数年移植一次。甘油法保藏法保藏的细菌菌株可长达 3～5 年。

（二）沙土保藏法

微生物的生长、分裂和繁殖是需要营养物质和水分的。将微生物细胞或孢子吸附在沙土、明胶、硅胶、滤纸、麸皮等不同的载体上，进行干燥后保藏称为菌种干燥保藏法。该法能将微生物赖以生存的水分蒸发，使细胞处于休眠或代谢处于停滞状态，达到延长保藏菌种的目的。在低温条件下，菌种保藏期可达数年至十多年之久。沙土保藏法是干燥保藏法之一，是一种常用的菌种保藏法。

（三）液氮超低温菌种保藏法

液氮储存罐中气相温度较高，液相温度较低，液氮储存罐温度为 −196～−150 ℃，微生物在该温度下的生理代谢活动完全停滞。保藏于液氮中的菌种,能稳定保持菌种原有特性,不易发生菌种变异,保藏时间可长达数十年。对于用其他干燥保藏法有困难的微生物,如支原体、衣原体及难以形成孢子的霉菌、小型藻类或原生动物等都可用本法长期保藏,因此,液氮超低温菌种保藏法已成为当前一种公认的保藏菌种最理想的方法。但缺点是需要不断补充液氮,致使保藏费用高。

为了减少超低温冷冻菌种时所造成的损伤,必须将菌液悬浮于低温保护剂中,然后分装至安瓿管内进行冷冻。冷冻方法有慢速冷冻和快速冷冻两种。慢速冷冻是指在冷冻机控制下,以每分钟下降 1~5 ℃的速度使样品由室温下降到－40 ℃,立即将样品放入液氮储存器中作超低温冷冻保藏。快速冷冻是指装有菌液的安瓿管直接放入液氮储存器作超低温冷冻保藏。由于细胞类型不同,其渗透性也有差异,要使细胞冷冻至－196～－150 ℃,每种生物所能适应的冷却速度也不同,因此必须根据具体的菌种,通过实验来决定冷却的速度。

三、实验器材

1. 菌种及培养基

待保藏的细菌、酵母菌、放线菌和霉菌、牛肉膏蛋白胨斜面和半固体直立柱(培养细菌)、麦芽汁琼脂斜面和半固体直立柱(培养酵母菌)、高氏 1 号琼脂斜面(培养放线菌)、马铃薯葡萄糖琼脂(PDA)斜面培养基(培养丝状真菌)。

2. 试剂

优质液体石蜡(0.8～0.9 g/cm³)、固体石蜡、甘油、无菌生理盐水、10％盐酸、五氧化二磷、20％甘油、10％二甲基亚砜(DMSO)。

3. 器皿与设备

三角烧瓶、试管(10 mm×100 mm)、培养皿、烧杯、移液管、pH 计、琼脂、棉塞、牛皮纸、灭菌锅、接种针(接种环)、培养箱、冰箱(冷藏箱)、1.5 mL Eppendorf 管、干燥器、无菌培养皿(内放圆形滤纸片)、60 目筛子、磁铁、液氮储存罐、安瓿管、控速冷冻机等。

四、实验步骤

1. 斜面菌种保藏法

(1)贴标签　将注有菌株名称和接种日期的标签贴于试管斜面的正上方。

(2)接种　根据微生物种类选用合适的斜面接种方法。

① 点接:用接种针挑取少许菌种点接在斜面中部偏下方处。适用于扩散型生长及绒毛状气生菌丝类霉菌(如毛霉、根霉等)。

② 中央划线:用接种环取少许菌种从斜面中部自下而上划一直线。适用于细菌和酵母菌等。

③ 稀波状蜿蜒划线法:用接种环取少许菌种从斜面底部自下而上划稀"Z"字形线。适用于易扩散的细菌,也适用于部分真菌。

④ 密波状蜿蜒划线法:用接种环取少许菌种从斜面底部自下而上划密"Z"字形线。能充分利用斜面获得大量菌体细胞,适用于细菌和酵母菌等,该法最常用。

⑤ 挖块接种法:挖取菌丝体,连同少量琼脂培养基,转接到新鲜斜面上。适用于灵芝等担子菌类真菌。

(3)培养　细菌置 37 ℃恒温箱中培养 18～24 h,酵母菌置 28 ℃恒温箱中培养 36～60 h,

放线菌和丝状真菌置 28 ℃培养 4～7 天得到对数生长后期的细胞或成熟孢子作为保藏菌种。

（4）保藏　试管用棉塞加塞后，必须用锡箔纸或牛皮纸包扎，以防止棉塞受潮。试管用橡胶塞时，可用熔化的固体石蜡密封管口后再置 4～6 ℃保藏。保藏场所的湿度要求在 50%～70%，可用干湿球湿度计或毛发湿度计进行测量。

2. 半固体穿刺菌种保藏法

（1）贴标签　将注有菌株名称和接种日期的标签贴于半固体直立柱试管上。

（2）接种　用接种针从原菌种斜面上挑取少量菌苔，从柱状培养基中心自上而下刺入，直到接近管底（勿穿到管底），然后沿原穿刺途径慢慢抽出接种针。适用于细菌和酵母菌等的保藏。

（3）培养　细菌置 37 ℃恒温箱中培养 18～24 h，酵母菌置于 28 ℃恒温箱中培养 36～60 h。

（4）保藏　试管用无菌软木塞或橡胶塞塞紧，再用熔化的固体石蜡熔封管口后再置 4～6 ℃保存。

3. 液体石蜡菌种保藏法

（1）液体石蜡灭菌　将无色、中性优质液体石蜡分装入三角烧瓶，装量约为三角烧瓶体积的 1/3，加棉塞外包牛皮纸防潮，121 ℃灭菌 30 min，连续灭菌两次。置 60 ℃烘箱中烘 4 h 或 110 ℃烘箱烘 2 h，以除去其中的水分，经无菌检查后备用。

（2）接种培养　斜面接种和培养或穿刺接种和培养分别见 1.（2）、1.（3）和 2.（2）、2.（3）。

（3）灌注液体石蜡　无菌条件下用无菌吸管吸取已灭菌的液体石蜡注入刚培养好的斜面培养物上，液面高出斜面顶部 1 cm 左右，使菌体与空气隔绝。

（4）收藏　棉塞外包牛皮纸，把试管直立放置于 4 ℃冰箱保存。

（5）恢复培养　恢复培养时，用接种环从石蜡油下挑取少量菌体，并在试管壁上轻触几下，尽量使石蜡油滴净，再转接在适宜的新鲜培养基上。生长繁殖后，再重新转接一次才能得到生长良好的菌种。

4. 甘油保藏法

（1）制备无菌甘油　将 80%甘油装入三角烧瓶中，塞上棉塞，外加牛皮纸包扎。121 ℃灭菌 20 min，冷却备用。将 1.5 mL Eppendorf 管装入三角烧瓶，加塞。

（2）菌液制备　将需要保藏的菌种培养成新鲜斜面或用液体培养基振荡培养成菌悬液。往培养斜面上注入 2～3 mL 无菌生理盐水，用接种环刮下培养物，振荡形成均匀的菌悬液。若是液体培养的菌悬液，则将菌液在 4000 r/min 下离心 10 min 收集菌体，用相应的新鲜培养液悬浮。细胞浓度均为 10^{-10}～10^{-8} 个/mL。

（3）甘油菌悬液管的制备　无菌甘油分装至无菌 Eppendorf 管中，每管 0.5 mL。用无菌移液管吸取 0.5 mL 菌悬液至装有甘油的无菌 Eppendorf 管，塞紧管盖，振荡 Eppendorf 管，使甘油和菌液充分混匀。用记号笔做好标记，装入塑料自封袋。

（4）保藏　上述甘油菌悬液管直接放置于 -20 ℃保藏，也可置于 -70 ℃超低温保藏，但保藏期间忌反复冻融。

5. 沙土保藏法

（1）处理沙土　取河沙经 60 目筛子过筛，细沙用 10%盐酸淹没浸泡 24 h 或煮沸 30 min，倒去盐酸后，用流水冲洗至中性，烘干或晒干。取菜园深层非耕土，风干、粉碎、过 60 目筛子。用磁铁吸去沙和土中的磁性物质后备用。

（2）沙土管准备和无菌检测　将处理好的沙和土按重量比为 2∶1～4∶1 的比例混合均匀，分装入试管（10 mm×100 mm）中，试管直立时装量高约 1 cm。加塞后高压蒸汽灭菌（121 ℃，30 min）。灭菌后的沙土需进行无菌检测，确证无菌方可使用，否则再次灭菌。取少许沙土加入牛肉膏蛋白胨或麦芽汁培养液中，在合适温度下（前者置 37 ℃，后者置 28 ℃）培养48～72 h，无菌生长即可。

（3）制备菌悬液　把待保藏的菌种接种于适宜的斜面培养基上，经过培养得到健壮的菌体细胞或孢子。吸取 3～5 mL 无菌蒸馏水至斜面培养管内，用接种环轻轻刮下细胞或孢子，制成菌悬液。

（4）制备含菌沙土　吸取菌悬液 0.5 mL 后加入沙土管中，加入菌悬液的量以能湿润沙土的 2/3 高度为宜，用接种针将沙土和菌悬液搅拌均匀。也可用接种环挑取数环孢子拌入沙土管中。

（5）干燥　将含菌的沙土管放入干燥器中，干燥器内用培养皿盛放五氧化二磷作为干燥剂以吸收水分。或真空泵抽气 3～4 h，加速样品干燥。轻轻拍打沙土管，使结块的沙土分散。

（6）保藏　可选择如下方法之一进行保藏。无菌橡胶塞塞住管口，蜡封后保存于干燥器中；将沙土管取出，管口用酒精喷灯火焰熔封后保藏于阴暗、干燥处，也可置于 4 ℃ 冰箱中保藏。用此方法保藏时间为 2～10 年不等。

（7）恢复培养　需要移植或再培养时，在无菌条件下打开沙土管，挑取少量含菌沙土接种于适宜的斜面培养基上，待长出细胞或孢子后需转接一次。原沙土管仍可按原法继续保藏。

6. 液氮超低温菌种保藏法

（1）准备安瓿管　选用能耐受 121 ℃高温和 −196 ℃低温冻结的硬质玻璃或聚丙烯塑料材质的安瓿管，带螺旋帽和垫圈，容量为 2 mL。安瓿管先用自来水洗净，再用蒸馏水洗两遍，烘干。盖上管盖勿旋紧，包扎后加压蒸汽（121 ℃）灭菌 30 min，做好编号标记后备用。

（2）制备冷冻保护剂　配制体积分数为 20% 的甘油，加压蒸汽（121 ℃）灭菌 30 min。或体积分数为 10% 的 DMSO，过滤除菌。冷冻保护剂需随机抽样进行无菌试验，确保无菌后方可使用。

（3）制备菌悬液或带菌琼脂块　待保藏菌种接种到合适培养基上，在合适条件下培养到细胞生长的稳定期，对产孢子的微生物应培养到形成成熟孢子的时期。加 2～3 mL 无菌生理盐水于培养斜面上，用接种环轻轻刮下菌苔，振荡，制成均匀的菌悬液或孢子液。对不产孢子的丝状真菌，或保藏的是霉菌、放线菌的菌丝体，可做平板培养，待菌长好后，用直径 5～10 mm 的无菌打孔器在平板上打下若干个圆形琼脂带菌块。

（4）添加保护剂、分装菌液　吸取菌悬液 2 mL 于无菌试管中，再加 2 mL 20% 灭菌甘油或 10% 无菌 DMSO（保护剂的终体积分数为 10% 或 5%），振荡、充分混匀。将含有保护剂的菌液用无菌移液管分装到安瓿管中，每管装 0.5 mL。如果是琼脂块，则用无菌镊子挑 2～3 块放到含有 1 mL 10% 无菌甘油或 5% 无菌 DMSO 的安瓿管中，旋紧螺旋帽。并通过将安瓿管浸入次甲基蓝溶液，4～8 ℃下静置 30 min 来检查是否密封。如有溶液进入管内，就是不合格安瓿管，不能冻存。

（5）慢速冷冻预处理　适于慢速冷冻的菌种，将封口的安瓿管置于金属容器内，再放于控速冷冻机的冷冻室中，以每分钟下降 1～2 ℃ 的速度冻结至 −40 ℃。如果实验室没有控速冷冻机，可在低温冰箱中进行冷冻预处理，即将安瓿管放入 −45～−70 ℃ 低温冰箱中预冻 1 h。

（6）液氮保藏　经过慢速冷冻预处理的封口安瓿管，或不经冷冻预处理但适于快速冻结的菌种,可直接将安瓿管迅速放入液氮储存罐中进行超低温保藏。安瓿管可以放在液氮储存罐内液面上方的气相(-150 ℃)中,也可放入液氮储存罐的液氮(-196 ℃)里,前者称为气相保藏,后者称为液相保藏。

(7) 恢复培养 将安瓿管从液氮储存罐中取出,立即投入 38 ℃水浴中解冻,并轻轻摇动,使管中结冰快速解冻。无菌操作打开安瓿管,取保藏的菌种接种在无菌培养基上,在合适温度条件下培养。

五、注意事项

(1) 用于保藏的菌种应选用健壮的细胞或成熟的孢子。因此,掌握培养时间(菌龄)很重要,不宜用幼嫩或衰老的细胞作为保藏菌种。

(2) 大量菌种同时移植保藏时,各菌株的菌号、所用培养基要逐一核对,避免发生错误。

(3) 保藏期间应定期检查存放场所的温度、湿度、各试管的棉塞有无长霉现象,发现问题立即处理。

(4) 从甘油保藏管、液体石蜡保藏管中挑菌后,接种环上带有油和菌。接种完毕后先将接种环在火焰边烤干再在火焰上灼烧灭菌,可防止菌液飞溅引起的污染。

(5) 应选用优质化学纯液体石蜡来保藏菌种,若液体石蜡中杂质多,易引起菌种变异或死亡。液体石蜡易燃,操作时注意防止火灾发生。液体石蜡应没过培养基,并没过 1 cm 左右,防止培养基露出液面而失水。液体石蜡保藏法的保藏场所要求干燥。

(6) 甘油保藏法的甘油浓度以 30%～40% 为宜,甘油与菌体应充分混匀。保藏过程中忌反复冻融,否则菌种易死亡。恢复培养需转接两次或两次以上。

(7) 河沙要以盐酸处理去除有机质,土壤选取非耕作层不含有机质的贫瘠土,过筛去除大颗粒,并用磁铁除去磁性物质。

(8) 处理过的沙土要进行无菌检测,确保无菌方可使用。

(9) 沙土保藏法适用于保藏产生芽孢的细菌(如梭状芽孢杆菌)及形成孢子的霉菌(如曲霉属、青霉属)和放线菌。不适于保藏营养细胞,如以菌丝发育为主的半知菌类真菌。

(10) 安瓿管管口务必封严,可防止后续解冻过程的杂菌污染。特别是液相保藏,若管口有漏缝,保藏期间液氮会渗入安瓿管,当从液氮中取出安瓿管时,管中液氮因外界温度较高而急剧汽化、膨胀,致使安瓿管爆炸。

(11) 安瓿管放入、取出液氮储存罐时都必须戴手套,戴防护罩,以防冻伤和不测。

(12) 保藏过程中应定期向液氮储存罐中补充液氮。

(13) 注意严格无菌操作。

六、实验结果分析

对用液体石蜡菌种保藏法和甘油保藏法保藏的菌种,第一次恢复培养时细胞生长缓慢,再次转接后细胞生长速度恢复正常,请分析原因。

菌种经本法保藏一段时间后,经恢复培养长出的新鲜培养物,其菌落形态、菌体细胞形态、生长状况与保藏前的原菌种一致。如有明显差异,例如保藏的菌种是细菌,恢复培养得到的是霉菌,或保藏了真菌菌种,恢复培养得到了细菌,则是操作过程中的杂菌污染。如果菌落形态无差异,仅在显微镜下观察到菌体细胞有细微差别,则可能是菌种发生变异。需要对恢复培养的菌种进行提纯复壮,必要时需重新鉴定。

七、实验报告

（1）将斜面菌种保藏法、液体石蜡菌种保藏法、甘油保藏法的实验结果记录于表 3-19-1。

表 3-19-1　简易菌种保藏法实验结果记录表

菌　种　名　称		接种日期	保藏方法	保藏温度/℃	保藏时间/天	恢复培养菌落形态观察	恢复培养细胞形态观察
中文名	学名						

（2）叙述斜面菌种保藏法、液体石蜡菌种保藏法、半固体穿刺菌种保藏法、甘油保藏法的实验操作流程。

（3）简述简易菌种保藏法的原理，说明几种常用方法所适用的微生物。

（4）简述沙土保藏法的原理，说明该法适于哪些微生物的保藏。

（5）叙述沙土保藏法的实验流程。

（6）将沙土保藏法实验结果记录于表 3-19-2。

表 3-19-2　沙土保藏法实验结果记录表

接　种　日　期	菌　种　名　称		保藏温度/℃	保藏时间/天	恢复培养菌落形态观察	恢复培养细胞形态观察
	中文名	学　名				

（7）将菌种保藏结果记录于表 3-19-3 中。

表 3-19-3　液氮超低温保藏法实验结果记录表

接　种　日　期	菌　种　名　称		保藏温度/℃	保藏时间/天	恢复培养菌落形态观察	恢复培养细胞形态观察
	中文名	学　名				

八、思考与探究

（1）应采取什么措施来防止菌种不被杂菌污染？

（2）斜面菌种保藏法有什么优缺点？

（3）为了防止水分进入石蜡油，能否用干热灭菌法代替加压灭菌法？为什么？

（4）甘油保藏法在操作过程中应注意什么？

（5）河沙是用沙土保藏法的载体，为什么要用盐酸处理河沙？为什么要选用贫瘠非耕作层土壤？

（6）根据沙土保藏法的原理，请设计一种简易的菌种干燥保藏法。

（7）液氮超低温菌种保藏法的原理是什么？

（8）在液氮液相中保藏菌种要注意什么问题？请列举5种常用的冷冻保护剂。

（9）用什么办法可以减少冷冻对微生物细胞的损伤？

（10）如何防止菌种管棉塞受潮和杂菌污染？

（11）冷冻干燥装置包括哪几个部件？各个部件起什么作用？

（12）现有一个纤维素酶的高产霉菌菌株，选用什么方法保存？试设计一个实验方案。

九、参考文献

[1]［日］微生物研究法讨论会. 微生物学实验法[M]. 程光胜，译. 北京：科学出版社，1981.

[2]蔡信之，黄君红. 微生物学实验[M]. 3版. 北京：科学出版社，2011.

[3]陈敏. 微生物学实验[M]. 杭州：浙江大学出版社，2011.

[4]程丽娟，薛泉宏. 微生物学实验技术[M]. 2版. 北京：科学出版社，2012.

[5]杜连祥，路福平. 微生物学实验技术[M]. 北京：中国轻工业出版社，2005.

[6]刘国生. 微生物学实验技术[M]. 北京：科学出版社，2007.

[7]宋渊. 微生物学实验教程[M]. 北京：中国农业大学出版社，2012.

[8]徐威. 微生物学实验[M]. 北京：中国医药科技出版社，2004.

[9]杨革. 微生物学实验教程[M]. 北京：科学出版社，2004.

[10]杨民和. 微生物学实验[M]. 北京：科学出版社，2012.

[11]袁丽红. 微生物学实验[M]. 北京：化学工业出版社，2010.

[12]赵斌，何绍江. 微生物学实验[M]. 北京：科学出版社，2002.

[13]周德庆. 微生物学实验教程[M]. 2版. 北京：高等教育出版社，2006.

[14]朱旭芬. 现代微生物学实验技术[M]. 杭州：浙江大学出版社，2011.

实验 20　细菌质粒的提取与鉴定

一、实验目的与内容

1. 实验目的

（1）掌握碱裂解法小量提取质粒 DNA 的原理和方法。

（2）掌握琼脂糖凝胶电泳检测质粒 DNA 的方法。

（3）熟悉质粒 DNA 提取与真核细胞核 DNA 提取的异同点。

2. 实验内容

（1）提取质粒 DNA。

（2）琼脂糖凝胶电泳检测质粒 DNA。

二、实验原理

碱裂解法是基于 DNA 的变性与复性差异而达到分离目的的。碱性使质粒 DNA 变性，再将 pH 值调至中性使其复性,复性的为质粒 DNA,而染色体 DNA 不会复性,缠结成网状物质,通过离心除去。

细菌质粒是一类双链、闭环的 DNA,1~200 kb。各种质粒都存在于细胞质中、独立于细胞染色体之外的自主复制的遗传成分,通常情况下可持续稳定地处于染色体外的游离状态,但在一定条件下也会可逆地整合到寄主染色体上,随着染色体的复制而复制,并通过细胞分裂传递到后代。

质粒已成为目前最常用的基因克隆的载体分子,重要的条件是可获得大量纯化的质粒 DNA 分子。目前已有许多方法可用于质粒 DNA 的提取,本实验采用碱裂解法提取质粒 DNA。碱裂解法是一种应用最为广泛的制备质粒 DNA 的方法,碱变性抽提质粒 DNA 是基于染色体 DNA 与质粒 DNA 的变性与复性的差异而达到分离目的。在 pH 值高达 12.6 的碱性条件下,染色体 DNA 的氢键断裂,双螺旋结构解开而变性。质粒 DNA 的大部分氢键也断裂,但超螺旋共价闭合环状的两条互补链不会完全分离,当以 pH 值 4.8 的 NaAc/KAc 高盐缓冲液去调节其 pH 值至中性时,变性的质粒 DNA 又恢复成原来的构型,保存在溶液中,而染色体 DNA 不能复性而形成缠连的网状结构,通过离心,染色体 DNA 与不稳定的大分子 RNA、SDS-蛋白质复合物等一起沉淀下来而被除去。

三、实验器材

1. 实验菌种

含质粒的大肠杆菌(Escherichia coli)。

2. 试剂配制

(1) LB 液体培养基　称取蛋白胨(Tryptone)10 g,酵母提取物(Yeast extract)5 g,NaCl 10 g,溶于 800 mL 去离子水中,用 NaOH 调 pH 值至 7.5,加去离子水至总体积 1 L,高压下蒸气灭菌 20 min。

(2) 氨苄青霉素(Ampicillin,Amp)母液　配成 100 mg/mL 水溶液,−20 ℃保存备用。

(3) 溶液 I　50 mmol/L 葡萄糖,25 mmol/L Tris-HCl(pH 8.0),10 mmol/L EDTA(pH 8.0)。

1 mol/L Tris-HCl(pH 8.0)12.5 mL,0.5 mol/L EDTA(pH 8.0)10 mL,葡萄糖 4.730 g,加 ddH$_2$O 至 500 mL。在 121 ℃高压灭菌 15 min,于 4 ℃储存。

(4) 溶液 II　0.2 mol/L NaOH,1% SDS。

2 mol/L NaOH 1 mL,10% SDS 1 mL,加 ddH$_2$O 至 10 mL。使用前临时配制。

(5) 溶液 III　醋酸钾盐(KAc)缓冲液,pH 值 4.8。

5 mol/L KAc 300 mL,冰醋酸 57.5 mL,加 ddH$_2$O 至 500 mL。4 ℃保存备用。

(6) TE　10 mmol/L Tris-HCl(pH 8.0),1 mmol/L EDTA(pH 8.0)。

1 mol/L Tris-HCl(pH 8.0)1 mL,0.5 mol/L EDTA(pH 8.0)0.2 mL,加 ddH$_2$O 至 100 mL。121 ℃高压湿热灭菌 20 min,4 ℃保存备用。

1 mol/L Tris-HCl(Tris(三羟甲基)氨基甲烷):800 mL 蒸馏水中溶解 121 g Tris,用浓盐酸调 pH 值,混匀后加蒸馏水到 1 L。

0.5 mol/L EDTA(乙二胺四乙酸):700 mL 蒸馏水中溶解 186.1 g Na$_2$EDTA · 2H$_2$O,用 10 mol/L NaOH 调 pH 值为 8.0(需约 50 mL),补蒸馏水到 1 L。

(7) 苯酚/氯仿/异戊醇(25∶24∶1)　氯仿可使蛋白变性并有助于液相与有机相的分开,

异戊醇则可消除抽提过程中出现的泡沫。苯酚和氯仿均有很强的腐蚀性,操作时应戴手套。

（8）无水乙醇。

（9）70％乙醇。

（10）RNase A 母液　将 RNase A 溶于 10 mmol/L Tris-HCl(pH 7.5),15 mmol/L NaCl 中,配成 10 mg/mL 的溶液,于 100 ℃加热 15 min,使混有的 DNA 酶失活。冷却后用1.5 mL Eppendorf 管分装成小份于－20 ℃保存。

（11）灭菌 ddH$_2$O。

（12）TAE 缓冲液　50×TAE 电泳缓冲液,称取 242 g Tris,加入 57.1 mL 冰醋酸, 100 mL 0.5 mol/L EDTA,调节 pH 值至 8.0,加蒸馏水至 1000 mL。用时稀释 50 倍,成为 1×TAE 电泳缓冲液。

6×上样缓冲液:30％甘油,0.25％溴酚蓝(bromophenol blue,BPB),0.25％二甲苯氰FF。

3. 仪器和器具

1.5 mL 塑料离心管、离心管架、枪头及盒、卫生纸、微量移液器(20 μL、200 μL、1000 μL)、台式高速离心机、恒温振荡摇床、高压蒸汽消毒器(灭菌锅)、涡旋振荡器、恒温水浴锅、双蒸水器、冰箱、电泳仪、电泳槽、样品槽模板(梳子)、锥形瓶(100 mL 或 50 mL)、紫外灯、一次性塑料手套、凝胶成像系统等。

四、实验步骤

1. 质粒的提取

（1）挑取 LB 固体培养基上生长的单菌落,接种于 20 mL LB(含 Amp100 μg/mL)液体培养基中,37 ℃、250 r/min 振荡培养过夜(12～14 h),A_{600}值为 0.6～0.8。

（2）取 1.5 mL 培养液倒入 1.5 mL Eppendorf 管中,12000 r/min 离心 1～2 min。弃上清液,将离心管倒置于卫生纸上几分钟,使液体尽可能流尽。

（3）菌体沉淀重悬浮于 100 μL 溶液Ⅰ中(需剧烈振荡,使菌体分散混匀),室温下放置5～10 min。

（4）加入新配制的溶液Ⅱ200 μL,盖紧管口,快速温和颠倒 Eppendorf 管数次,以混匀内容物(千万不要振荡),冰浴 5 min,使细胞膜裂解(溶液Ⅱ为裂解液,故离心管中菌液逐渐变清)。

（5）加入 150 μL 预冷的溶液Ⅲ,盖紧管口,将管温和颠倒数次混匀,见白色絮状沉淀,可在冰上放置 5 min。12000 r/min 离心 10 min。溶液Ⅲ为中和溶液,此时质粒 DNA 复性,染色体和蛋白质不可逆变性,形成不可溶复合物,同时 K$^+$使 SDS-蛋白复合物沉淀。

（6）上清液移入干净 Eppendorf 管中,加入等体积的苯酚/氯仿/异戊醇,振荡混匀,12000 r/min离心 10 min。(450 μL 的苯酚/氯仿/异戊醇)

（7）小心移出上清液于一新微量离心管中,加入 2 倍体积预冷的无水乙醇,混匀,室温放置2～5 min,12000 r/min 离心 10 min。

（8）弃上清液,将管口敞开倒置于卫生纸上使所有液体流出,加入 1 mL 70％乙醇沉淀一次,12000 r/min 离心 5 min。

（9）吸除上清液,将管倒置于卫生纸上使液体流尽,于室温干燥。

（10）将沉淀溶于 20 μL TE 缓冲液(pH 值 8.0,含 20 μg /mL RNase A,约 4 μL)中,37 ℃水浴 30 min 以降解 RNA 分子,储存于－20 ℃冰箱中。

2. 质粒 DNA 的琼脂糖凝胶电泳

（1）琼脂糖凝胶的制备　称取 0.6 g 琼脂糖,置于三角烧瓶中,加入 50 mL 1×TAE 缓冲液,经沸水浴加热全部熔化后,取出摇匀,此为 1.2% 的琼脂糖凝胶。待其冷却至 65 ℃ 左右,加入 0.5 μg/mL 溴化乙啶,充分混匀。小心地将其倒在已插上梳子的电泳内槽上。室温下静置 30～60 min,待凝固完全后,轻轻拔出样品梳,在胶板上即形成相互隔开的样品槽。将凝胶放入电泳槽内,加入电泳缓冲液,使电泳缓冲液液面刚高出琼脂糖凝胶面。

（2）加样　样品与上样缓冲液充分混合,用微量移液器将上述混合液分别加入胶板的样品槽内。

（3）电泳　加完样品后的凝胶立即通电,进行电泳。样品进胶前,应使电流控制在 10 mA,样品进胶后电流为 20 mA 左右。当溴酚蓝染料移动到距离板下沿约 2 cm 处停止电泳。

（4）观察和拍照　在波长为 245 nm 的紫外光下,观察染色后的凝胶。DNA 存在处应显示出清晰的橙红色荧光条带,用凝胶成像系统摄下。

五、注意事项

（1）提取过程应尽量保持低温。

（2）所用器具必须严格清洗,最后要用 ddH₂O 冲洗 3 次,凡可以进行灭菌的试剂与器具都要经过高压蒸汽灭菌,防止外源性核酸酶对 DNA 的降解以及其他杂质的污染。

（3）细菌培养容器最好用三角烧瓶,其容量至少应为培养液体积的四倍,从而保证氧气的供应。细菌培养不要超过 16 h,否则细菌会崩解,引起细菌大量死亡,导致质粒丢失。

（4）沉淀 DNA 通常使用冰乙醇,在低温条件下放置时间稍长可使 DNA 沉淀完全。沉淀 DNA 也可用异丙醇（一般使用等体积）,且沉淀完全,速度快,但常把盐沉淀下来,所以多数还是用乙醇。

（5）溶液Ⅰ在用前加入 RNase A,并置于 4 ℃ 保存。

（6）在碱裂解提取质粒的方法中,加入溶液Ⅰ时,可剧烈振荡,使菌体沉淀转变成均匀的菌悬液,此时细胞尚未破裂,染色体不会断裂;加入溶液Ⅱ时,菌液变黏稠、透明,无菌块残留;加入溶液Ⅱ切忌剧烈振荡,时间不应超过 5 min。应缓慢上下颠倒离心管数次,切忌在涡旋振荡器上剧烈振荡,否则染色体 DNA 会断裂成小片段,不形成沉淀,而溶解在溶液中,与质粒 DNA 混合在一起,不利于质粒 DNA 提纯。因此,操作时一定要缓慢柔和,既要使试剂与染色体 DNA 充分作用,又不破坏染色体的结构。加入溶液Ⅲ时,会立即出现白色沉淀。

（7）苯酚具有腐蚀性,能损伤皮肤和衣物,使用时应小心。皮肤如不小心沾到苯酚,应立即用碱性溶液、肥皂或大量清水冲洗。

（8）EB 染料的全名是 3,8-二氨基-5-乙基-6-苯基菲啶溴盐。EB 能插入 DNA 分子中碱基对之间,导致 EB 与 DNA 结合,DNA 所吸收的 260 nm 的紫外光传递给 EB,或者结合的 EB 本身在 300 nm 和 360 nm 吸收的射线均在可见光谱的红橙区,以 560 nm 波长发射出来。EB 染料有许多优点,如染色操作简便、快速,室温下染色 15～20 min,不会使核酸断裂,灵敏度高,10 ng 或更少的 DNA 即可检出。但应特别注意的是,EB 是诱变剂,配制和使用 EB 染色液时,应戴乳胶手套或一次性手套,并且不要将该染色液洒在桌面或地面上,凡是沾污 EB 的器皿或物品,必须经专门处理后,才能进行清洗或弃去。EB 现在渐被 GoldView 代替。GoldView(GV)其灵敏度与 EB 相当,且未发现 GoldView 有致癌作用,灵敏度与 EB 相当,使用方法与之完全相同,在 100 mL 琼脂糖胶溶液中加入 5 μL GoldView 即可。在紫外透射光下双链 DNA 呈现绿色荧光,也可用于 RNA 检测。

六、实验结果分析

(1) 从电泳加样孔起,您可能会依次看到微量的基因组 DNA,开环环状质粒(open circular plasmid)、超螺旋质粒(super coiled)、变性的超螺旋质粒(denatured super coiled plasmid)、细菌 RNA。判定质粒制备质量高低的标准是观察超螺旋质粒在整个抽提 DNA 中的百分比。质量高的主要部分为超螺旋质粒,没有变性超螺旋质粒和基因组,没有 RNA 污染。如图 3-20-1 所示,电泳后经 EB 染色后在紫外光下可以看到三条质粒带型,根据电泳的快慢由(一)到(+)分别为开环(OC),线状(L)和超螺旋(SC)三种形式。根据其中线状条带的位置可以估算质粒的分子质量。

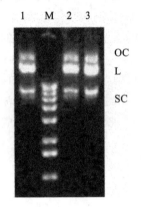

图 3-20-1 质粒 DNA 琼脂糖凝胶电泳图谱

(2) 如何判定 DNA 的纯度和浓度?

对于采用试剂盒抽提的 DNA,测定 A_{260} 和 A_{280},A_{260}/A_{280} 一般在 1.7~1.8 之间。1 A_{260} 相当于 50 $\mu g/mL$。需要注意的是,用简单手工抽提的 DNA,A_{260}/A_{280} 没有多大意义,由于含有水解的核酸小片段,该比值偏高。需要通过琼脂糖凝胶电泳来估计浓度。

七、实验报告

(1) 碱裂解法提取质粒 DNA 的原理是什么?
(2) 凝胶成像系统拍照质粒 DNA 电泳图,并分析电泳所得条带。

八、思考与探究

为了得到高纯度的质粒,如何去除杂蛋白和基因组 DNA、RNA?

附注:

GoldView 介绍

GoldView 是一种可代替溴化乙啶(EB)的新型核酸染料,采用琼脂糖电泳检测 DNA 时,GoldView 与核酸结合后能产生很强的荧光信号,其灵敏度与 EB 相当,使用方法与之完全相同。在紫外透射光下双链 DNA 呈现绿色荧光,而且也可用于染 RNA。

通过 Ames 试验、小鼠骨髓嗜多染红细胞微核试验、小鼠睾丸精母细胞染色体畸变试验,致突变性结果均为阴性;而 EB 是一种强致癌剂。因此用 Goldview 代替 EB 不失为一种明智的选择。

使用方法如下。

(1) 将 100 mL 琼脂糖凝胶(浓度一般为 0.8%~2%)在微波炉中熔化。

(2) 加入 5 μL GoldView,轻轻摇匀,避免产生气泡。

(3) 冷却至不烫手时倒胶,待琼脂糖凝胶完全凝固后上样电泳。

(4) 电泳完毕后在紫外灯下观察。若使用数码相机照相记录,则关闭相机的闪光灯,放在自动挡即可;若使用凝胶成像系统照相,通过调节光圈、曝光时间,选择合适的滤光片,可得到成像清晰、背景较低的照片。

注意事项如下。

（1）胶厚度不宜超过 0.5 cm，胶太厚会影响检测的灵敏度。

（2）加入 GoldView 的琼脂糖凝胶反复熔化可能会对核酸检测的灵敏度产生一定影响，但不明显。

（3）通过凝胶电泳回收 DNA 片段时，建议使用 GoldView 染色，在自然光下切割 DNA 条带，避免紫外线与 EB 对目的 DNA 产生的损伤，可明显提高克隆、转化、转录等分子生物学下游操作的效率。

（4）虽然未发现 GoldView 有致癌作用，但对皮肤、眼睛会有一定的刺激，操作时应戴上手套和防护眼罩。

九、参考文献

［1］黄秀梨，辛明秀. 微生物学实验指导［M］. 2 版. 北京：高等教育出版社，2008.
［2］沈萍，陈向东. 微生物学实验［M］. 4 版. 北京：高等教育出版社，2007.

实验 21　微生物的诱变育种

一、实验目的与内容

1. 实验目的
以紫外线诱变获得用于酱油生产的高产蛋白酶菌株为例，学习微生物诱变育种的基本操作方法。

2. 实验内容
（1）对米曲霉出发菌株进行处理，制备孢子悬液。

（2）用紫外线进行诱变处理。

（3）用平板透明圈法进行两次初筛。

（4）用摇瓶法进行复筛及酶活性检测。

二、实验原理

紫外线是一种常用且有效的物理诱变因素，其作用主要是可引起 DNA 结构的改变形成突变型，主要引起 DNA 相邻嘧啶间形成共价结合的胸腺嘧啶二聚体。一般应用紫外灯照射呈悬浮状态分散的单细胞，紫外灯多采用 15 W 和 30 W，照射距离为 30 cm 左右，照射时间以菌种而异，一般为 1～3 min，死亡率控制在 50%～80% 为宜。多采用对数生长期的细胞进行诱变。

三、实验器材

1. 菌种及培养基
米曲霉斜面菌种；豆饼斜面培养基、酪素培养基。

2. 实验试剂
蒸馏水、0.5% 酪蛋白。

3. 仪器及其他

三角烧瓶(300 mL、500 mL)、试管、培养皿(9 cm)、恒温摇床、恒温培养箱、紫外照射箱、磁力搅拌器、脱脂棉、无菌漏斗、玻璃珠、移液管、涂布器、酒精灯等。

四、实验步骤

1. 出发菌株的选择

可直接选用生产酱油的米曲霉菌株,或选用高产蛋白酶的米曲霉菌株。

(1)菌悬液制备　取出发菌株转接至豆饼斜面培养基中,30 ℃培养 3～5 天活化。然后孢子洗至装有 1 mL 0.1 mol/L pH 值 6.0 的无菌磷酸盐缓冲液的三角烧瓶中(内装玻璃珠,装量以大致铺满瓶底为宜),30 ℃振荡 30 min,用垫有脱脂棉的灭菌漏斗过滤,制成孢子悬液,调其浓度为 106～108(个)/mL,冷冻保藏备用。

(2)诱变处理　用物理方法或化学方法,所用诱变剂种类及剂量的选择可视具体情况决定,有时还可采用复合处理,可获得更好的结果。本实验用紫外线照射的诱变方法。

(3)紫外线处理　打开紫外灯(30 W)预热 20 min。取 5 mL 菌悬液放在无菌的培养皿(9 cm)中,同时制作 5 份。逐一操作,将培养皿平放在离紫外灯 30 cm(垂直距离)处的磁力搅拌器上,照射 1 min 后打开培养皿盖,开始照射,照射处理开始的同时打开磁力搅拌器进行搅拌,计算时间,照射时间分别为 15 s、30 s、1 min、2 min、5 min。照射后,诱变菌液在黑暗冷冻中保存 1～2 h,然后在红灯下稀释涂菌进行初筛。

(4)稀释菌悬液　按 10 倍稀释至 10^{-6},从 10^{-5} 和 10^{-6} 中各取出 0.1 mL 加入到酪素培养基平板中(每个稀释度均做 3 个重复),然后涂菌并静置,待菌悬液渗入培养基后倒置,于 30 ℃恒温培养 2～3 天。

2. 优良菌株的筛选

(1)初筛　首先观察在菌落周围出现的透明圈大小,并测量其菌落直径与透明圈直径之比,选择其比值大且菌落直径也大的菌落 40～50 个作为复筛菌株。

(2)平板复筛　分别倒酪素培养基平板,在每个平皿的背面用红笔划线分区,从圆心划线至周边分成 8 等份,1～7 份中点种初筛菌株,第 8 份点种原始菌株,作为对照。培养 48 h 后即可见生长,若出现明显的透明圈,即可按初筛方法检测,获得数株二次优良菌株,进入大摇瓶复筛阶段。

(3)摇瓶复筛　将初筛出的菌株,接入米曲霉复筛培养基中进行培养,其方法是:称取麦麸 85 g,豆饼粉(或面粉)15 g,加水 95～110 mL(称为润水),水含量以手捏后指缝有水而不下滴为宜,于 500 mL 三角烧瓶中装入 15～20 g(料厚为 1～1.5 cm),121 ℃湿热灭菌 30 min,然后分别接入以上初筛获得的优良菌株,30 ℃培养,24 h 后摇瓶一次并均匀铺开,再培养 24～48 h,共培养 3～5 天后检测蛋白酶活性。

3. 蛋白酶的测定方法

(1)取样　培养后随机称取以上摇瓶培养物 1 g,加蒸馏水 100 mL(或 200 mL),40 ℃水浴,浸酶 1 h,取上清浸液测定酶活性。另取 1 g 培养物于 105 ℃烘干测定含水量。

(2)酶活性测定　30 ℃ pH 值 7.5 条件下水解酪蛋白(底物为 0.5%酪蛋白),每分钟产酪氨酸 1 μg 为一个酶活力单位。计算公式为

$$(A_{样品} - A_{对照})KV/tN$$

式中:K——标准曲线中光吸收为"1"时的酪氨酸质量(μg);

V——酶促反应的总体积；

t——酶促反应时间(min)；

N——酶的稀释倍数。

4. 谷氨酸的检测

此项检测也是筛选酱油优良菌株的重要指标之一。检测培养基:豆饼粉与麸夫的配比为 6∶4,润水 75%,121 ℃湿热灭菌 30 min。

谷氨酸测定:于以上培养基中加入 7% 盐水,40~45 ℃水浴,水解 9 天后过滤,以滤液检测谷氨酸含量(测压法)。

五、注意事项

(1) 紫外线照射时注意保护眼睛和皮肤。

(2) 诱变过程及诱变后的稀释操作均在红灯下进行,并在黑暗中培养。

六、实验结果分析

(1) 筛选菌株数的计算,若按突变率为 1% 计算,则一次筛选可取 250~300 个菌落,第一次筛选后可多选几株高产株,而二级筛选为重点阶段,其最适量可参考以下计算方法:如初筛菌株数为 200 株,二次筛选欲选株数为 2 株,则二级应选(200×2)1/2,为 20 株,这样的数量选择,便有可能从较少的数量中获得相对较多的优良菌株。

(2) 菌悬液浓度应控制适当,浓度过高时,涂布平板后菌株生长密集不利于优势菌株的筛选,浓度过低时,菌株筛选数量太少,可能错过发生突变的菌株,菌悬液浓度过高、过低都不利于诱变结果,所以在制备菌悬液或进行梯度稀释时一定要控制好其浓度。

七、实验报告

简述紫外诱变全过程,记录好检测数据。

八、思考与探究

(1) 利用紫外线进行诱变的过程中要注意哪些因素?

(2) 为什么要在黑暗条件下培养诱变后的菌株?

九、参考文献

[1] 解生权,苏利. 多脂鳞伞紫外线诱变育种[J].中国酿造,2012,3(31):66-68.

[2] 李瑾,黄运红. 抗生素高产炭样小单孢菌的热诱变育种[J].生物技术通报,2013,4:147-151.

[3] 王推君,陈力力.微生物物理诱变育种方法的研究进展[J].农产品加工学刊,2013,2:26-31.

[4] 周光明,王光.紫外诱变育种在瘤胃厌氧真菌中的应用效果研究[J].中国草食动物科学,2013,4(33):33-35.

[5] 钱存柔,黄仪秀.微生物学实验教程[M].北京:北京大学出版社,2005.

[6] 沈萍,陈向东. 微生物学实验[M].4 版.北京:高等教育出版社,2007.

[7] 许光辉,郑洪元.土壤微生物分析方法手册[M].北京:中国农业出版社,1986.

[8] 杨和民.微生物学实验[M].北京:科学出版社,2012.

[9] 杨汝德.现代工业微生物学实验技术[M].北京:科学出版社,2008.

[10] 支明玉,田晖.实用微生物技术[M].北京:中国农业大学出版社,2012.

[11] 周德庆.微生物学教程[M].2版.北京:高等教育出版社,2002.

[12] 沈萍,范秀容,李广武.微生物学实验[M].3版.北京:高等教育出版社,1999.

[13] 黄秀梨.微生物学实验指导[M].北京:高等教育出版社,1999.

[14] Michael T. Madigan,John M. Martinko. Brock Biology of Microorganisms[M]. 11th. New Jersey:Pearson Prentice Hall,2006.

[15] Lansing M. Prescott, John P Harley, Donald A Klein. Microbiology[M]. 6th. New York:McGraw-Hill Higher Education,2005.

[16] 贾士儒.生物工程专业实验[M].北京:中国轻工业出版社,2004.

[17] 诸葛健,王正祥.工业微生物实验技术手册[M].北京:中国轻工业出版社,1994.

实验 22 氨基酸营养缺陷型突变株的筛选实验

一、实验目的与内容

了解营养缺陷型突变株选育的原理,学习并掌握细菌氨基酸营养缺陷型的诱变、筛选与鉴定方法。

二、实验原理

营养缺陷型菌株是指野生型菌株由于经某些物理因素或化学因素处理,其编码合成代谢途径中某些酶的基因发生突变的一类突变株。它丧失了合成某些代谢产物(如氨基酸、维生素)的能力,因而必须在基本培养基中补充该种营养成分,才能使其正常生长。这类菌株可以通过降低或消除末端产物浓度,在代谢控制中解除反馈抑制或阻遏,而使代谢途径中间产物或分支合成途径中末端产物积累。在氨基酸、核苷酸生产中已广泛使用营养缺陷型菌株。营养缺陷型菌株也可用于遗传学分析和微生物代谢途径的研究,还可在细胞和分子水平基因重组研究中作为供体和受体细胞的遗传标记。

营养缺陷型菌株的筛选一般分为四个环节,即诱变处理、营养缺陷型浓缩、检出和鉴定。诱变处理突变频率较低,只有通过淘汰野生型,才能浓缩营养缺陷型而选出少数突变株。浓缩营养缺陷型有青霉素法、菌丝过滤法、差别杀菌法和饥饿法四种。检出营养缺陷型有逐个测定法、影印培养法、夹层培养法和限量补给法四种。鉴定营养缺陷型一般采用生长谱法。

本实验选用紫外线为诱变剂,以大肠杆菌为实验材料来诱发突变,并用青霉素法淘汰野生型,逐个测定法检出营养缺陷型,最后经生长谱法鉴定细菌的营养缺陷型。通过此实验掌握氨基酸营养缺陷型的筛选方法和鉴别过程。

三、实验器材

1. 菌种及培养基

菌种选用大肠杆菌(*E. coli*)。

(1) LB 液体培养基 酵母膏 0.5 g,蛋白胨 1 g,NaCl 1 g,水 100 mL,pH 7.2,121 ℃灭菌 20 min。配其固体培养基时需加 2%的琼脂。

（2）2×LB 培养液　其他不变，水 50 mL。

（3）基本培养基　葡萄糖 0.5 g,(NH₄)₂SO₄ 0.1 g,柠檬酸钠0.1 g,MgSO₄·7H₂O 0.02 g,K₂HPO₄ 0.4 g,KH₂PO₄ 0.6 g,重蒸水 100 mL,pH 7.2,110 ℃灭菌 20 min。配制固体培养基时需加洗涤处理过的 2%琼脂。全部药品需用分析纯,使用的器皿需用蒸馏水或重蒸水冲洗 2~3 次。

（4）无氮基本液体培养基　K₂HPO₄ 0.7 g,KH₂PO₄ 0.3 g,MgSO₄·7H₂O 0.01 g,三水柠檬酸钠 0.5 g,葡萄糖 2 g,水 100 mL,pH 7.0,110 ℃灭菌 20 min。

（5）2 倍氮基本培养基　K₂HPO₄ 0.7 g,KH₂PO₄ 0.3 g,三水柠檬酸钠 0.5 g,MgSO₄·7H₂O 0.01 g,(NH₄)₂SO₄ 0.2 g,葡萄糖 2 g,水 100 mL,pH 7.0,110 ℃灭菌 20 min。

（6）酪素水解液　1 g 酪蛋白溶于碱性缓冲液中,加入 1%的枯草芽孢杆菌蛋白酶 25 mL,加水至 100 mL,30 ℃水解 1 h,或直接购买商品化酶水解酪素配制。

（7）单氨基酸标准溶液　胱氨酸 2 mg/mL,苏氨酸 1 mg/mL,另外 18 种氨基酸按 0.5 mg/mL 浓度配制成每种氨基酸的标准溶液,供营养缺陷型标记确认用。

2. 主要仪器设备

超净工作台、离心机、恒温培养箱、灭菌锅、烘箱、显微镜、摇床、电子天平、三角烧瓶、试管、培养皿、接种环等。

四、实验步骤

1. 诱变处理

（1）接种　取一环 E.coli 置于含 5 mL LB 液体培养基的三角烧瓶中,37 ℃培养过夜。

（2）诱变　培养液添加 5 mL LB 培养液,继续培养 3~5 h,取出后,于离心管中 3500 r/min 离心 10 min,弃去上清液,加生理盐水 5 mL,混匀制成菌悬液,吸菌悬液 5 mL 于 90 mm 培养皿内,将培养皿置于 15 W 紫外灯下 30 cm 处（处理前用紫外灯预热 10 min）,打开皿盖照射 90 s（照射后先盖上皿盖再关灯）。吸 5 mL 2×LB 培养液加入处理过的菌悬液平皿内,混匀,用黑布（纸）包好,置于 37 ℃避光培养 12 h 以上。

2. 营养缺陷型浓缩（淘汰野生型）

（1）吸菌液 5 mL 于离心管中,3500 r/min 离心 10 min,弃上清液,加生理盐水至原体积,混匀沉淀,再离心,共两次,制成 5 mL 菌悬液。取 0.1 mL 菌液于 5 mL 无氮基本液体培养基中,37 ℃培养 12 h（消耗菌体内的氮素,使停止生长,避免营养缺陷型被以后加入的青霉素杀死）。取出后可于 4 ℃短暂保存。

（2）按 1:1 比例加入 2 倍氮基本培养基 5 mL,加 50000 U/mL 青霉素钠盐溶液100 μL,使青霉素在溶液中的最终浓度约为 500 U/mL,再放入 37 ℃培养（野生型利用氮大量生长,细胞壁不能完整合成而死亡,营养缺陷型因不长避免被杀死）。从培养 16 h、24 h 的菌液中分别取0.1 mL 菌液到两个培养皿中,分别倒入经熔化并冷却到 45~50 ℃的基本及完全培养基,混匀,平放,凝固后于 37 ℃培养。

3. 检出营养缺陷型

（1）上述平板培养 36~48 h 后,进行菌落计数。选取完全培养基上生长的菌落数超过基本培养基的那一组,用灭菌牙签挑取完全培养基上长出的菌落 200 个分别点种于基本培养基和完全培养基上（制备完全培养基平板和基本培养基平板,在平板底面可贴上一张划有 36 个方格的硬纸片以便识别,点样按先基本、后完全的顺序）,37 ℃培养 24 h。

(2) 选在基本培养基上不长,完全培养基上生长的菌落在基本培养基上划线,37 ℃培养 24 h,仍不长的是营养缺陷型。

4. 氨基酸营养缺陷型鉴定(生长谱的测定)

(1) 将检出的营养缺陷型菌落接种于含 5 mL LB 液体培养基的试管中,37 ℃培养 14~16 h,3500 r/min离心 10 min,弃上清液,加生理盐水,混匀沉淀,再次离心。沉淀加 5 mL 生理盐水制成菌悬液。

(2) 取菌悬液 1 mL 于培养皿中,加入熔化后冷却到 45~50 ℃的基本培养基,混匀,平放,每株两皿。在培养基表面分别放上蘸有无维生素的酪素水解液的滤纸片,37 ℃培养 24 h。

(3) 经培养后滤纸片周围有生长圈,即表明为氨基酸营养缺陷型菌株。同样制平皿,将皿底分成多格,依次放入蘸有单氨基酸标准液的滤纸片,37 ℃培养 24 h,观察生长情况,确定是哪种氨基酸营养缺陷型。

五、注意事项

(1) 确定氨基酸营养缺陷型需用无维生素的酪素水解液或直接配制混合氨基酸溶液。
(2) 琼脂应进行处理以彻底去除氮源。
(3) 单氨基酸标准液和酪素水解液必须过滤除菌。

六、实验结果分析

(1) 筛选营养缺陷型菌株时,应注意先点接种基本培养基平板,后点接种完全培养基平板,接种量应少些。
(2) 双氨基酸营养缺陷型菌株不能用此方法鉴定出。

七、实验报告

记录实验过程并报告你所筛选到的营养缺陷型细菌的数量及类型。

八、思考与探究

(1) 为什么在确定氨基酸营养缺陷型时必须用无维生素的酪素水解液或直接配制混合氨基酸溶液?
(2) 如果要筛选维生素营养缺陷型菌株,应如何设计实验?

九、参考文献

[1] 沈萍,陈向东. 微生物学实验[M]. 4 版.北京:高等教育出版社,2007.
[2] 黄秀梨. 微生物学实验指导[M]. 北京:高等教育出版社,1999.
[3] 诸葛健,王正祥. 工业微生物实验技术手册[M]. 北京:中国轻工业出版社,1994.
[4] 刘国生. 微生物学实验技术[M]. 北京:科学出版社,2007.

实验 23 酵母菌单倍体原生质体融合

一、实验目的与内容

(1) 了解原生质体融合技术的基本原理及操作方法。

（2）学习并掌握以酵母菌为材料的原生质体制备和融合的操作方法。

二、实验原理

原生质体融合（protoplast fusion）：通过人为的方法，使遗传性状不同的两个细胞的原生质体进行融合，借以获得兼有双亲遗传性状的稳定重组子的过程。进行微生物原生质体融合时，首先必须消除细胞壁。在酵母属进行细胞融合时，通常采用蜗牛酶除去细胞壁，采用聚乙二醇促使细胞膜融合。细胞膜融合之后还必须经过细胞质融合、细胞核重组、细胞壁再生等一系列过程，才能形成具有生活能力的新菌株。融合后的细胞有两种可能：一种是形成异核体，即染色体 DNA 不发生重组，两种细胞的染色体共存于一个细胞内，形成异核体，这是不稳定的融合。另一种是形成重组融合子，通过连续传代、分离和纯化，可以区别这两类融合。应该指出，即使真正的重组融合子，在传代中也有可能发生分离，产生回复突变或新的遗传重组体。因此，必须经过多次分离和纯化才能够获得稳定的融合子。

聚乙二醇（PEG）法是细胞融合常用的方法，PEG 有不同聚合度产物，其相对分子质量分别为 1000、2000、4000、6000、12000、20000 等，相对分子质量为 1000～6000 的 PEG 均可用作促融剂。PEG 可以使原生质体的膜电位降低，然后，原生质体通过钙离子交联促进凝聚。另外，由于 PEG 的脱水作用扰乱了分散在原生质体的膜表面的蛋白质和脂质的排列，提高了脂质颗粒的流动性，从而促进原生质体融合。PEG 还可能导致细胞脱水凝聚，使邻近细胞大面积紧密接触，使该部分的膜间蛋白颗粒发生转移和凝聚，使接触的小区域发生融合，形成小的细胞质桥，并不断扩大而导致两个细胞融合。

原生质体融合还可以通过电融合技术实现，其原理是：在短时间、强电场（高压脉冲电场场强为 kV/cm 量级，脉冲宽度为 μs 量级）的作用下，细胞膜发生可逆性电击穿，瞬间失去其高电阻和低通透特性，然后在数分钟内恢复原状，当可逆性电击穿发生在两相邻细胞的接触区时，即可诱导它们的膜相互融合，从而导致细胞融合。此法直观、定向、高效，主要用于替代难以进行化学物质诱导融合的情况。

本实验将首先制备两株具有不同遗传性状的酵母菌的原生质体，再通过 PEG 进行融合，筛选发生遗传重组的融合子。

三、实验器材

1. 实验材料

酿酒酵母（*Saccharomyces cerevisiae*）的两种营养缺陷型菌株，如 Met^-，Trp^-，Lys^- 等。

2. 实验试剂

（1）试剂

① 0.1 mol/L pH 值 6.0 磷酸盐缓冲液。

② 高渗缓冲液：于上述磷酸盐缓冲液中加入 0.8 mol/L 甘露醇。

③ 原生质体稳定液（SMM）：0.5 mol/L 蔗糖、0.02 mol/L $MgCl_2$、0.02 mol/L 顺丁烯二酸，调 pH 值为 6.5。

④ 促融剂：含 40% PEG 的 SMM。

（2）培养基

① 完全培养基（YPAD）：2%葡萄糖、1%酵母膏、0.04%盐酸腺嘌呤、2%蛋白胨，pH 值为 5.5。

② 基本培养基：2%葡萄糖、0.67%无氨基酵母氮源（YNB）、2%琼脂（处理琼脂），pH 值

为 5.5。

③ 再生完全培养基:每 100 mL 完全培养基中加入 18.2 g 山梨醇。固体再加入 2% 处理琼脂。

④ 再生完全培养基软琼脂:组分同再生完全培养基,加入 0.8%～1% 处理琼脂。

⑤ 再生基本培养基:每 100 mL 基本培养基中加入 18.2 g 山梨醇,再加入 2% 处理琼脂。

⑥ 再生基本培养基软琼脂:组分同再生基本培养基,加入 0.8%～1% 处理琼脂。

3. 主要仪器设备

超净工作台、离心机、恒温培养箱、灭菌锅、烘箱、显微镜、摇床、电子天平、三角瓶、试管、培养皿、接种环等。

四、实验步骤

1. 原生质体制备

(1) 菌体活化 将单倍体酿酒酵母菌 Y-1 和 Y-4 活化,分别转接到新鲜斜面上。自新鲜斜面分别挑取一环接入装有 25 mL 完全培养基的锥形瓶中,30 ℃培养 16 h 至对数期。

(2) 离心、洗涤,收集菌体 分别取 5 mL 上述培养至对数期的酵母菌培养液,3000 r/min 离心 10 min;弃上清液,向沉淀的菌体中加入 5 mL 磷酸盐缓冲液,用无菌接种环,搅拌菌体,振荡均匀后离心洗涤一次,再用 5 mL 高渗缓冲液离心洗涤一次。将两株菌体分别悬浮于 5 mL 高渗缓冲液中,振荡均匀,分别取样 0.5 mL,用生理盐水稀释至稀释度为 10^{-6};分别各取 0.1 mL 稀释度为 10^{-4}、10^{-5}、10^{-6} 的稀释液于相应编号的完全培养基平板上(每个稀释度做两个平板),用涂布棒涂布,30 ℃培养 48 h 后进行两亲株的总菌数测定。

(3) 酶解去壁 各取 3 mL 菌液于无菌小试管中,3000 r/min 离心 10 min;弃上清液,加入 3 mL 含 2.0 mg 蜗牛酶的高渗缓冲液(此高渗缓冲液含有 0.1% EDTA 和 0.3% 巯基乙醇)于 30 ℃振荡保温,定时取样镜检,观察至 80% 左右细胞变成球状原生质体为止,此时完成原生质体制备。

2. 原生质体再生及剩余菌数测定

(1) 再生 分别吸取 0.5 mL 原生质体(经酶处理),加入装有 4.5 mL 高渗缓冲液中。经高渗缓冲液稀释至稀释度为 10^{-5};分别吸取 0.1 mL 稀释度为 10^{-3}、10^{-4}、10^{-5} 的稀释液涂布于相应编号的双层再生完全培养基平板上,30 ℃培养 48 h 后,进行再生菌数测定。

(2) 未去壁酵母菌数测定 分别取 0.5 mL 原生质体至装有 4.5 mL 无菌水试管中,稀释到稀释度为 10^{-4};各取 0.1 mL 稀释度为 10^{-2}、10^{-3}、10^{-4} 的稀释液涂布于相应编号的完全培养基平板上,30 ℃培养 48 h 后,进行未去壁菌数测定。

3. 原生质体融合

(1) 除酶 取两亲本原生质体各 1 mL,混合于灭菌小试管中,2500 r/min 离心 10 min;弃去上清液,用高渗缓冲液离心洗涤两次,除酶。

(2) 促融 向上述沉淀菌体中加入 0.2 mL SMM,混合后再加入 1.8 mL 40% PEG,轻轻摇匀;32 ℃水浴保温 2 min,立即用 SMM 适当稀释(稀释度为 10^0、10^{-1}、10^{-2})。

(3) 再生 取融合后的稀释液各 0.1 mL,放于冷却至 45 ℃左右的 6 mL 固体再生基本培养基试管中,迅速混匀,倒入带有底层再生培养基的平板上。每个稀释度做两次重复,30 ℃培养 96 h,检出融合子。以固体再生完全培养基为对照,其余操作过程相同,求得融合率。

4. 融合子的检验

用灭菌牙签挑取经原生质体融合后在再生基本培养基长出的大菌落,点种在基本培养基平板上,生长者为重组子。传代稳定后转接于固体完全培养基斜面上,而亲本类型在基本培养基上是不生长的。

5. 数据处理

$$原生质体形成率 = \frac{A-C}{C} \times 100\%$$

$$原生质体再生率 = \frac{B-C}{A-C} \times 100\%$$

$$融合率 = \frac{D}{E} \times 100\%$$

式中:A——酶解前经完全培养基平板培养,得到 1 mL 菌液中菌落形成单位数;

B——酶解后经高渗缓冲液稀释,再生完全培养基平板培养,得到 1 mL 菌液中菌落形成单位数;

C——酶解后经无菌水稀释,再生完全培养基平板培养,得到 1 mL 菌液中菌落形成单位数;

D——融合后经固体再生基本培养基平板培养,得到 1 mL 菌液中菌落形成单位数;

E——融合后经固体再生完全培养基平板培养,得到 1 mL 菌液中菌落形成单位数。

五、注意事项

(1) 整个分离制备和再生过程在无菌条件下操作。

(2) 融合试验中两亲本原生质体的量要基本一致。

(3) 稀释时,每个稀释度要更换 1 支试管,并且混合均匀。

(4) 酶液配制后需过滤除菌。

六、实验结果分析

将实验结果依次记录于表 3-23-1 至表 3-23-3 中。

表 3-23-1 酶解前菌落计数结果

A	稀释度	10^{-4}			10^{-5}			10^{-6}		
Y-1	平板编号	1	2	平均	1	2	平均	1	2	平均
	菌落数									
	CFU/mL									
Y-4	平板编号	1	2	平均	1	2	平均	1	2	平均
	菌落数									
	CFU/mL									

表 3-23-2 酶解后菌落计数结果

B	酶解后经高渗缓冲液稀释									
	稀释度	10^{-3}			10^{-4}			10^{-5}		
Y-1	平板编号	1	2	平均	1	2	平均	1	2	平均
	菌落数									
	CFU/mL									

续表

B	酶解后经高渗缓冲液稀释									
	稀释度	10^{-3}			10^{-4}			10^{-5}		
Y-4	平板编号	1	2	平均	1	2	平均	1	2	平均
	菌落数									
	CFU/mL									
C	酶解后经无菌水稀释									
	稀释度	10^{-2}			10^{-3}			10^{-4}		
Y-1	平板编号	1	2	平均	1	2	平均	1	2	平均
	菌落数									
	CFU/mL									
Y-4	平板编号	1	2	平均	1	2	平均	1	2	平均
	菌落数									
	CFU/mL									

表 3-23-3　原生质体融合后菌落计数结果

	经固体再生基本培养基培养									
	稀释度	10^{0}			10^{-1}			10^{-2}		
	平板编号	1	2	平均	1	2	平均	1	2	平均
	菌落数									
	CFU/mL									
Y混合	经固体再生完全培养基培养									
	稀释度	10^{-3}			10^{-4}			10^{-5}		
	平板编号	1	2	平均	1	2	平均	1	2	平均
	菌落数									
	CFU/mL									

七、实验报告

(1) 记录原生质体的制备和融合过程,观察比较两亲本株和融合子的细胞形态。

(2) 计算两亲本原生质体的形成率和再生率。

(3) 计算融合率。

八、思考与探究

(1) 哪些因素影响原生质体再生? 如何提高再生率?

(2) 如何才能提高原生质体的制备率?

(3) 酵母菌去壁时为何不加青霉素,而用蜗牛酶?

(4) 在原生质体的操作过程中,高渗液和无菌水各起什么作用?

(5) 在融合子筛选中如何区分是形成异核体还是形成重组子?

九、参考文献

[1] 沈萍,范秀容,李广武. 微生物学实验[M]. 3 版. 北京:高等教育出版社,1999.

［2］黄秀梨. 微生物学实验指导［M］. 北京：高等教育出版社,1999.

［3］沈萍,陈向东. 微生物学实验［M］. 4 版. 北京：高等教育出版社,2007.

［4］Michael T Madigan, John M Martinko. Brock Biology of Microorganisms［M］. 11th. New Jersey：Pearson Prentice Hall,2006.

［5］Lansing M Prescott, John P Harley, Donald A Klein. Microbiology［M］. 6th. New York：McGraw-Hill Higher Education,2005.

［6］贾士儒. 生物工程专业实验［M］. 北京：中国轻工业出版社,2004.

［7］诸葛健,王正祥. 工业微生物实验技术手册［M］. 北京：中国轻工业出版社,1994.

实验 24　紫外线对枯草芽孢杆菌产淀粉酶的诱变效应

一、实验目的与内容

（1）学习并掌握物理诱变育种的方法。

（2）观察紫外线对枯草芽孢杆菌产生淀粉酶的诱变效应。

（3）学习并掌握诱变后存活率及致死率的计算。

（4）学习透明圈和菌落直径大小及 HC 比值计算。

二、实验原理

一般用于诱变育种的物理因子有紫外线、^{60}Co、γ 射线和高能电子流 β 射线等。物理诱变因子中以紫外线辐射的使用最为普通,其他物理诱变因子则受设备条件的限制,难以普及。紫外线作为物理诱变因子用于工业微生物菌种的诱变处理具有悠久的历史,尽管几十年来各种新的诱变剂不断出现和被应用于诱变育种,但到目前为止,对于经诱变处理后得到的高单位抗生素产生的菌种中,有 80％左右是通过紫外线诱变后筛选而获得的。因此,对于微生物菌种选育工作者来说,还是应该首先考虑紫外线作为诱变因子。

紫外线的波长在 200～380 nm 之间,但对诱变最有效的波长仅仅是在 253～265 nm,一般紫外线杀菌灯所发射的紫外线波长大约有 80％是 254 nm。紫外线诱变的主要生物学效应是由于 DNA 变化而造成的,DNA 对紫外线有强烈的吸收作用,尤其是碱基中的嘧啶,它比嘌呤更为敏感。紫外线引起 DNA 结构变化的形式很多,如 DNA 链的断裂、碱基破坏。但其最主要的作用是使同链 DNA 的相邻胸腺嘧啶间形成胸腺嘧啶二聚体,阻碍碱基间的正常配对,从而引起微生物突变或死亡。经紫外线损伤的 DNA,能被可见光复活,因此,经诱变处理后的微生物菌种要避免长波紫外线和可见光的照射,故经紫外线照射后样品需用黑纸或黑布包裹。另外,照射处理后的细胞悬液不要贮放太久,以免突变被修复。

三、实验器材

1. 菌种及培养基

枯草芽孢杆菌（*Bacillus subtilis*）、牛肉膏蛋白胨固体培养基、淀粉培养基。

2. 主要药品

可溶性淀粉、碘液。

3. 主要器皿

培养皿、试管、涂布棒、移液管、锥形瓶、量筒、烧杯、20 W 紫外灯、磁力搅拌器、离心机和卡尺等。

四、实验步骤

1. 诱变

（1）菌悬液的制备　取于 37 ℃培养 24 h 的枯草芽孢杆菌斜面 3～5 支，用 10 mL 生理盐水将菌苔洗下，并倒入灭菌的盛有玻璃珠的锥形瓶中，强烈振荡 10 min，以分散菌体细胞，离心（3000 r/min）15 min，弃上清液，将菌体用无菌生理盐水洗涤 2 次，制成菌悬液。用血球计数板在显微镜下直接计数，调整细胞浓度为 10^8 CFU/mL。

（2）平板制作　将淀粉琼脂培养基熔化后，冷却至 45 ℃左右倒入平板，凝固后待用。

（3）诱变处理　①预热：正式照射前开启紫外灯预热 10 min，使紫外线强度稳定。②搅拌与照射：取制备好的菌悬液 3 mL，移入放有磁力搅拌棒的 6 cm 无菌平皿中，置于磁力搅拌器上，放置 20 W 紫外灯下 30 cm 处，打开磁力搅拌器开关使菌液旋转，然后打开平皿盖，边搅拌边照射，分别照射 1 min、2 min 和 3 min，可以累积照射，也可分别照射不同时间。

2. 稀释涂平板

在红灯下分别取未照射的菌悬液（作为对照）和不同照射时间的菌悬液各 0.5 mL 稀释成稀释度为 10^{-1}～10^{-6}，选取稀释度为 10^{-4}、10^{-5} 和 10^{-6} 稀释液各 0.1 mL，涂于淀粉培养基平板上，每个稀释度涂 3 个平板，用无菌涂布棒涂匀，倒置用黑布包好的平板上，于 37 ℃培养 48 h。注意在每个平板背面要标明处理时间、稀释度、组别和座位号。

3. 菌落计数和 HC 值测定

将培养 48 h 后的平板取出，进行细菌菌落计数。根据平板上菌落数分别计算出对照组和样品 1 mL 菌液中的活菌数。在平板菌落计数后，分别向菌落数在 5 个左右的平板内加碘液数滴，在菌落周围将出现透明圈。分别测量透明圈与菌落直径并计算比值（HC 值），与对照组平板菌落进行比较，观察紫外线对枯草芽孢杆菌产淀粉酶诱变的效应。

五、注意事项

（1）被紫外线损伤的微生物 DNA 在可见光的作用下可被光解酶修复，因此，采用紫外线诱变处理及后续操作需在暗室的红灯下进行，以避免长波紫外线和可见光的照射，并将涂布菌液的平皿用黑纸或黑布包裹后培养。

（2）淀粉培养基在配制时，应先把淀粉用少量蒸馏水调成糊状，再加入到熔化好的培养基中。

（3）紫外线诱变一般采用 15 W 或 30 W 的紫外灯，照射距离为 20～30 cm，照射时间因菌种而异，一般为 1～3 min，死亡率控制在 50%～80% 为宜。

（4）被照射处理的细胞必须是均匀分散的单细胞悬浮液状态，以利于均匀接触诱变剂，并可减少不纯种的出现。同时，对于细菌细胞的生理状态则要求培养至对数期为最好。

六、实验结果分析

$$存活率 = \frac{处理后\ 1\ mL\ 菌液活菌数}{对照组\ 1\ mL\ 菌液活菌数} \times 100\%$$

$$致死率 = \frac{对照组\ 1\ mL\ 菌液中活菌数 - 处理后\ 1\ mL\ 菌液中活菌数}{对照组\ 1\ mL\ 菌液中活菌数} \times 100\%$$

存活率和致死率的计算选用平板菌落计数在 30～300 之间的稀释度。

七、实验报告

（1）记录实验过程并将上述实验结果分别填入表 3-24-1 和表 3-24-2 中。

表 3-24-1　紫外线处理后枯草芽孢杆菌的存活率和致死率

照射时间/min	10^{-4}（平均值）	10^{-5}（平均值）	10^{-6}（平均值）	存活率/(%)	致死率/(%)
1					
2					
3					
对照组					

表 3-24-2　透明圈和菌落直径及 HC 比值

照射时间/min	1			2			3			4			5		
	透明圈	菌落直径	HC比值	透明圈	菌落直径	HC比值	透明圈	菌落直径	HC比值	透明圈	菌落直径	HC比值	透明圈	菌落直径	HC比值
1															
2															
3															
对照组															

（2）结合本实验观察紫外线对枯草芽孢杆菌产淀粉酶的诱变效应并进行结果分析。

八、思考与探究

（1）紫外线诱变的机制是什么？
（2）为保证诱变效果，在照射中和照射后的操作应注意哪些问题？
（3）如果使用原生质体法进行紫外诱变，应该如何设计实验？

九、参考文献

［1］周德庆. 微生物学实验教程［M］. 2 版. 北京：高等教育出版社，2006.
［2］沈萍，陈向东. 微生物学实验［M］. 4 版. 北京：高等教育出版社，2007.
［3］孙爱杰，孙本风，赵纯洁. 紫外线对枯草芽孢杆菌的诱变效应研究［J］. 中国乳品工业，2011，39(7)：12-14.

第4部分 微生物学应用技术实验

实验 25 Ames 试验检测化学物质的致突变作用

一、实验目的与内容

1. 实验目的

学习 Ames 试验检测化学物质的致突变作用的原理和方法。

2. 实验内容

(1) 实验准备与试验菌株生物性状的检验。

(2) 点试法测定致突变物。

(3) 平板渗入法测定致突变频率。

二、实验原理

许多污染物对人体有潜在的致突变和致癌危害,引起人们的普遍关注。B. N. Ames 等经十余年努力,于 1975 年建立并不断完善了沙门氏菌回复突变试验(亦称 Ames 试验),用于化学物质的"致畸形、致突变、致癌"性质检测。该法具有快速、简便、敏感和经济的特点,且适用于测试混合物,可反映多种污染物的综合效应,目前已被世界各国广为采用。有的用 Ames 试验检测食品添加剂、化妆品等的致突变性,由此推测其致癌性;有的用 Ames 试验检测水源水和饮用水的致突变性,探索较现行方法更加卫生安全的消毒措施;或检测城市污水和工业废水的致突变性,结合化学分析,追踪污染源,为研究防治对策提供依据;有的检测土壤、污泥、工业废渣堆肥、废物灰烬的致突变性,以防止土壤受致突变物污染;Ames 试验还可检测气态污染物的致突变性,防止污染物经呼吸对人体发生潜在危害;用 Ames 试验研究化合物结构与致变性的关系,可为合成对环境无潜在危害的新化合物提供理论依据;还有用 Ames 试验筛选抗突变物,研究开发新的抗癌药等。

Ames 试验检测化学物质的致突变作用的原理是鼠伤寒沙门氏组氨酸营养缺陷型菌株不能合成组氨酸,故在缺乏组氨酸的培养基上,仅有少数自发回复突变的细菌生长成肉眼可见的菌落。假如有致突变物存在,则营养缺陷型的细菌回复突变的频率大大提高,在基本培养基上的菌落数明显增加,可据此判断受试物是否为致突变物。

有些致突变物需经哺乳动物细胞代谢活化后,才能体现其致突变作用,Ames 等研究并提出了鼠伤寒沙门氏菌-哺乳动物肝微粒体试验法,它是在动物体外将待测物质经肝微粒体酶系活化后,检查其所诱发的沙门氏菌回复突变菌落数,以判断受试物是否为致突变物。常用的方法有斑点试验和平板掺入试验。

斑点试验只局限于能在琼脂上扩散的化学物质,大多数多环芳烃和难溶于水的化学物质均不适宜用此法。此法敏感性较差,主要是一种定性试验,适用于快速筛选大量受试化合物。

平板掺入试验可定量测试样品致突变性的强弱。此法较斑点试验敏感,获得阳性结果所需的剂量相对较低。斑点试验获阳性结果的浓度用于平板掺入试验(每皿 0.1 mL),往往出现抑(杀)菌作用。

三、实验材料

1. 仪器和设备

培养箱、恒温水浴、振荡水浴摇床、高压蒸汽灭菌锅、干热烤箱、低温冰箱(−80 ℃)或液氮生物容器、普通冰箱、天平(精密度 0.1 g 和 0.0001 g)、混匀振荡器、匀浆器、菌落计数器、低温高速离心机、玻璃器皿等。

2. 培养基和试剂

(1) 0.5 mmol/L 组氨酸-0.5 mmol/L 生物素溶液

成分:L-组氨酸(MW　155)	78 mg
D-生物素(MW　244)	122 mg
加蒸馏水至	1000 mL

配制:将上述成分加热,以溶解 D-生物素,然后在 0.068 MPa 下高压灭菌 20 min,储存于 4 ℃冰箱。

(2) 顶层琼脂培养基

成分:琼脂粉	1.2 g
氯化钠	1.0 g
加蒸馏水至	200 mL

配制:上述成分混合后,于 0.103 MPa 下高压灭菌 30 min。实验时,加入 0.5 mmol/L 组氨酸-0.5 mmol/L 生物素溶液 20 mL。

(3) Vogel-Bonner (V-B) 培养基 E

成分:柠檬酸($C_6H_8O_7 \cdot H_2O$)	100 g
磷酸氢二钾(K_2HPO_4)	500 g
磷酸氢铵钠($NaNH_4HPO_4 \cdot 4H_2O$)	175 g
硫酸镁($MgSO_4 \cdot 7H_2O$)	10 g
加蒸馏水至	1000 mL

配制:先将前三种成分加热溶解后,再将溶解的硫酸镁缓缓倒入容量瓶中,加蒸馏水至 1000 mL,于 0.103 MPa 下高压灭菌 30 min,储存于 4 ℃冰箱中。

(4) 20%葡萄糖溶液

| 成分:葡萄糖 | 200 g |
| 加蒸馏水至 | 1000 mL |

配制:加少量蒸馏水加温溶解葡萄糖,再加蒸馏水至 1000 mL,于 0.068 MPa 下高压灭菌 20 min,储存于 4 ℃冰箱中。

(5) 底层琼脂培养基

| 成分:琼脂粉 | 7.5 g |

蒸馏水	480 mL
V-B 培养基 E	10 mL
20% 葡萄糖溶液	10 mL

配制：首先将前两种成分于 0.103 MPa 下高压灭菌 30 min 后，再加入后两种成分，充分混匀后倒入底层平板中。按每皿 25 mL 制备平板，冷凝固化后倒置于 37 ℃ 培养箱中培养 24 h，备用。

（6）营养肉汤培养基

成分：牛肉膏	2.5 g
胰胨	5.0 g
磷酸氢二钾（K_2HPO_4）	1.0 g
加蒸馏水至	500 mL

配制：将上述成分混合后，于 0.103 MPa 下高压灭菌 30 min，储存于 4 ℃ 冰箱中。

（7）盐溶液（1.65 mol/L KCl＋0.4 mol/L $MgCl_2$）

成分：氯化钾（KCl）	61.5 g
氯化镁（$MgCl_2 \cdot 6H_2O$）	40.7 g
加蒸馏水至	500 mL

配制：在水中溶解上述成分后，于 0.103 MPa 下高压灭菌 30 min，储存于 4 ℃ 冰箱中。

（8）0.2 mol/L 磷酸盐缓冲液（pH 7.4）

成分：磷酸二氢钠（$NaH_2PO_4 \cdot 2H_2O$）	2.965 g
磷酸氢二钠（$Na_2HPO_4 \cdot 12H_2O$）	29.015 g
加蒸馏水至	500 mL

配制：溶解上述成分后，于 0.103 MPa 下高压灭菌 30 min，储存于 4 ℃ 冰箱中。

（9）S_9 混合液

成分	每毫升 S_9 混合液
肝 S_9	100 μL
盐溶液	20 μL
灭菌蒸馏水	380 μL
0.2 mol/L 磷酸盐缓冲液	500 μL
辅酶 II（NADP）	4 μmol
6-磷酸葡萄糖（G-6-P）	5 μmol

配制：将辅酶 II 和 6-磷酸葡萄糖置于灭菌三角瓶内称重，然后按上述相反的次序加入各种成分，使肝 S_9 加到已有缓冲液的溶液中。该混合液必须现用现配，并保存于冰水浴中。实验结束，剩余 S_9 混合液应该丢弃。

（10）菌株鉴定使用和特殊用途试剂

① 组氨酸-生物素平板

成分：琼脂粉	15 g
蒸馏水	944 mL
V-B 培养基 E	20 mL
20% 葡萄糖溶液	20 mL
灭菌盐酸组氨酸水溶液（0.5 g/100 mL）	10 mL

灭菌 0.5 mmol/L 生物素溶液	6 mL

配制:高压灭菌琼脂粉和蒸馏水后,将灭菌后的 20％葡萄糖溶液、V-B 培养基 E 和盐酸组氨酸水溶液加进热的琼脂溶液中。待溶液稍微冷却后,加入灭菌生物素溶液,混匀,浇制成平板。

② 氨苄青霉素平板和氨苄青霉素-四环素平板

成分:琼脂粉	15 g
蒸馏水	940 mL
V-B 盐溶液	20 mL
20％葡萄糖溶液	20 mL
灭菌盐酸组氨酸溶液(0.5 g/100 mL)	10 mL
灭菌 0.5 mmol/L 生物素溶液	6 mL
氨苄青霉素溶液(8 mg/mL 于 0.02 mol/L NaOH 中)	3.15 mL
四环素溶液(8 mg/mL 于 0.02 mol/L HCl 中)	0.25 mL

配制:琼脂粉和蒸馏水高压灭菌 20 min,将无菌的葡萄糖溶液、V-B 盐溶液和组氨酸-生物素溶液加进热的溶液中去,混匀。冷却至大约 50 ℃,无菌条件下加入四环素溶液和(或)氨苄青霉素溶液。应该在倾注琼脂平板后几天内,制备主平板。

③ 营养琼脂平板

成分:琼脂粉	7.5 g
营养肉汤培养基	500 mL

配制:于 0.103 MPa 下高压灭菌 30 min 后倾注平板。

四、实验步骤

(一)实验前期准备

1. 试验菌株及其生物学特性鉴定

(1)试验菌株　采用鼠伤寒沙门氏菌(*Salmonella typhimurium*)TA97、TA98、TA100 和 TA102 标准测试菌株。

(2)生物学特性鉴定　新获得的或长期保存的菌种,在试验前必须进行菌株的生物特性鉴定。菌株鉴定的判断标准如表 4-25-1 所示。

表 4-25-1　菌株鉴定的判断标准

菌株	组氨酸缺陷	脂多糖屏障缺损	氨苄青霉素抗性	切除修复缺损	四环素抗性	自发回变菌落数*
TA97	+	+	+	+	−	90～180
TA98	+	+	+	+	−	30～50
TA100	+	+	+	+	−	100～200
TA102	+	+	+	−	+	240～320
注	"+"表示需要组氨酸	"+"表示具有 rfa 突变	"+"表示具有 R 因子	"+"表示具有 ΔuvrB 突变	"+"表示具有 pAQI 质粒	* 在体外代谢活化条件下自发回变菌落数略增

① 组氨酸缺陷

原理:组氨酸缺陷型试验菌株本身不能合成组氨酸,只能在补充组氨酸的培养基上生长,而在缺乏组氨酸的培养基上,则不能生长。

鉴定方法:将测试菌株增菌液分别于含组氨酸培养基平板和无组氨酸平板上划线,于37 ℃下培养24 h后观察结果。

结果判断:组氨酸缺陷型菌株在含组氨酸平板上生长,而在无组氨酸平板上则不能生长。

② 脂多糖屏障缺损

原理:具有深粗糙型(rfa)的菌株,由于其表面一层脂多糖屏障缺损,因此一些大分子物质如结晶紫能穿透菌膜进入菌体,从而抑制其生长,而野生型菌株则不受其影响。

鉴定方法:吸取待测菌株增菌液0.1 mL于营养琼脂平板上划线,然后将浸湿的0.1%结晶紫溶液滤纸条与划线处交叉放置,37 ℃下培养24 h后观察结果。

结果判断:假若待测菌在滤纸条与划线交叉处出现一透明菌带,说明该待测菌株具有rfa突变。

③ 氨苄青霉素抗性

原理:含R因子的试验菌株对氨苄青霉素有抗性。因为R因子不太稳定,容易丢失,故用氨苄青霉素确定该质粒存在与否。

鉴定方法:吸取待测菌株增菌液0.1 mL,在氨苄青霉素平板上划线,37 ℃下培养24 h后观察结果。

结果判断:假若测试菌在氨苄青霉素平板上生长,说明该测试菌具有抗氨苄青霉素作用,表示含R因子,否则,表示测试菌不含R因子或R因子丢失。

④ 紫外线敏感性

原理:具有 ΔuvrB 突变的菌株对紫外线敏感,当受到紫外线照射后,不能生长,而具有野生型切除修复酶的菌株,则能照常生长。

鉴定方法:吸取待测菌株增菌液0.1 mL于营养琼脂平板上划线,用黑纸盖住平板的一半,置紫外灯下照射(15 W,距离33 cm)8 s。置37 ℃下培养24 h后观察结果。

结果判断:具有 ΔuvrB 突变的菌株对紫外线敏感,经辐射后细菌不生长,而具有完整的切除修复系统的菌株,则照常生长。

⑤ 四环素抗性

原理:具有pAQI质粒的菌株对四环素有抗性。

鉴定方法:吸取待测菌株增菌液0.1 mL于氨苄青霉素-四环素平板上划线,置37 ℃下培养24 h后观察结果。

结果判断:假若测试菌照常在氨苄青霉素-四环素平板上生长,表明该测试菌株对氨苄青霉素和四环素两者均有抗性,具有pAQI质粒,否则,说明测试菌株不含pAQI质粒。

⑥ 自发回变

原理:每种试验菌株都以一定的频率自发地产生回变,称为自发回变。这种自发回变是每种试验菌株的一项特性。

鉴定方法:将待测菌株增菌液0.1 mL加到2 mL含组氨酸-生物素的顶层琼脂培养基的试管内,混匀后铺到底层琼脂平板上,待琼脂固化后,置37 ℃培养箱中培养48 h后计数每皿回变菌落数。

结果判断:每种标准测试菌株的自发回变菌落数应符合表4-25-1要求。经体外代谢活化后的自发回变菌落数,要比直接作用下的略高。

　　⑦ 回变特性-诊断性试验

　　原理:每种试验菌株对诊断性诱变剂回变作用的性质以及 S_9 混合液的效应不一。

　　鉴定方法:按照平板掺入试验的操作步骤进行,将受试物换成诊断性诱变剂。

　　结果判断:标准菌株对某些诊断性诱变剂特有的回变结果参见表 4-25-2。

表 4-25-2　测试菌株的回变性

诱　变　剂	剂量/μg	S_9	TA97	TA98	TA100	TA102
柔毛霉素	6.0	—	124	3123	47	592
叠氮化钠	1.5	—	76	3	3000	188
ICR-191	1.0	—	1640	63	185	0
链霉黑素	0.25	—	inh	inh	inh	2230
丝裂霉素 C	0.5	—	inh	inh	inh	2772
2,4,7-三硝基-9-芴酮	0.20	—	8377	8244	400	16
4-硝基-O-次苯二胺	20	—	2160	1599	798	0
4-硝基喹啉-N-氧化物	0.5	—	528	292	4220	287
甲基磺酸甲酯	1.0	—	174	23	2730	6586
2-氨基芴	10	+	1742	6194	3026	261
苯并(a)芘	1.0	+	337	143	937	255

　　注:inh 表示抑菌。表中数值均已扣除溶剂对照回变菌落数。

2. 大鼠肝微粒体酶的诱导和 S_9 的制备

　　(1) 诱导　最广泛应用的大鼠肝微粒体酶的诱导剂是多氯联苯(PCB 混合物),选择健康雄性大鼠,体重 200 g 左右,一次腹腔注射诱导剂,剂量为 500 mg/kg(体重)。诱导剂溶于玉米油中,浓度为 200 mg/mL。苯巴比妥钠和 β-萘黄酮结合也可作为诱导剂。

　　(2) S_9 制备　动物诱导后第五日断头处死。处死前 12 h 停止饮食,但可自由饮水。首先,用 75％乙醇消毒动物皮毛,剖开腹部。在无菌条件下,取出肝脏,去除肝脏的结缔组织,用冰浴的 0.15 mol/L 氯化钾溶液淋洗肝脏,放入盛有 0.15 mol/L 氯化钾溶液的烧杯里。按每克肝脏加入 0.15 mol/L 氯化钾溶液 3 mL。用电动匀浆器制成肝匀浆,再在低温高速离心机上,在 4 ℃条件下,以 9000g 离心 10 min,取其上清液(S_9)分装于塑料管中。每管装 2～3 mL。储存于液氮生物容器中或 −80 ℃冰箱中备用。

　　上述全部操作均在冰水浴中和无菌条件下进行。制备肝 S_9 所用一切手术器械、器皿等,均经灭菌消毒。S_9 制备后,其活力需经诊断性诱变剂进行鉴定。

　　(二)实验操作步骤

1. 诱变作用的初检(斑点试验)

　　(1) 亚硝基胍(NTG)的诱变作用　倒好底层培养基平板 32 皿。熔化上层培养基 32 支,放入 48 ℃水浴中保温。将在 37 ℃培养约 17 h 的四个菌株的菌液稀释 20 倍后,各吸 0.2 mL 菌液入上层培养基试管,摇匀后迅速倾入底层平板上,每个菌株 8 皿。待凝固后,于皿中心放入厚的圆滤纸片,分别加 50 μg/mL、250 μg/mL、500 μg/mL 的 NTG 各 0.02 mL 到滤纸片上,即每皿分别是 1 μg、5 μg 和 10 μg,每个浓度 2 皿,另 2 皿用作对照,37 ℃培养两天后观察结果。

(2) 黄曲霉毒素 B1 的诱变作用　有些诱变剂和致癌剂要经肝匀浆酶系统活化后才能被测出,黄曲霉毒素 B1 就是这类物质之一。在测试的前一周,事先制备好肝匀浆 S_9 和含有 G-6-P 与 NADP 的溶液,分别低温保存,实验前将这两部分解冻后按所需量混合制成 S_9 混合液,置冰浴中备用。

倒好底层培养基平板 32 皿,熔化上层培养基 32 支,放入 48 ℃ 水浴中保温。将在 37 ℃ 培养约 17 h 的四个菌株的菌液稀释 20 倍后,各吸 0.2 mL 菌液入上层培养基试管,每个菌株 8 支,其中 4 株加 S_9 混合液各 0.2 mL,另 4 株不加,摇匀后迅速倾入底层平皿(S_9 混合液加入后要立即倾入平皿,以免酶在 48 ℃ 中失活)。待凝固后在皿中心放一厚的圆滤纸片,取 2 皿已加 S_9 混合液和 2 皿不加者分别加 0.02 mL 的 50 μg/mL 黄曲霉毒素 B1,剩下的用作对照,37 ℃ 培养两天后观察结果。

2. 平板渗入法测定突变频率

点试法简便,但仅能作为初步的定性测定,只有严格地测定了诱发回复突变频率后才能得到阳性或阴性的肯定结论。

(1) NTG 诱发回复突变的频率　倒好底层培养基平板 16 皿,熔化上层培养基 16 支,48 ℃ 水浴保温。分别吸取稀释 20 倍的菌液各 0.2 mL 和 50 μg/mL NTG 0.1 mL,放入上层试管中,混匀后立即倾注到底层平板上,每个菌株 2 皿,每皿含 NTG 5 μg。另外分别吸取 0.2 mL 菌液注入上层试管中,混匀后立即倾注到底层平板上作对照,每个菌株 2 皿,37 ℃ 培养 48 h 后计数。为了计算突变频率,必须同时测定各菌液的活菌数目。为此需将上述四个菌株的 20 倍稀释液再稀释至 10^{-5}、10^{-6} 后,各取 0.1 mL,与肉汤培养基混合倒入平皿,各菌株 4 皿,37 ℃ 培养 48 h 后计数。计算自发回复突变率和诱发回复突变率。

(2) 黄曲霉毒素 B1 诱发回复突变的频率　倒好底层培养基平板 32 皿,熔化上层培养基 32 支,48 ℃ 水浴保温。分别吸取稀释 20 倍的菌液各 0.2 mL 到上层培养基试管,每个菌株 8 支,其中 4 株加 S_9 混合液各 0.2 mL,另 4 株不加。分别取 2 支加 S_9 混合液和 2 支不加者,再加入 5 μg/mL 的黄曲霉毒素 B1 各 0.2 mL(1 μg),混匀后立即倾入底层平板上。其余 4 支不加黄曲霉毒素 B1 者,也混匀后倾入底层平板上。待凝固后置 37 ℃ 培养 48 h 后计数,计算自发回复突变率和诱发回复突变率。

五、注意事项

(1) 鼠伤寒沙门氏菌是条件致病菌,所以用过的器皿应放入石炭酸中或进行煮沸灭菌,培养基也应经煮沸后倒弃。

(2) 肝匀浆的提取应重视无菌操作,并应做无菌测定,如无低温条件时,提取过程尽可能用冰浴保持低温。S_9 混合液要在使用时随时配制。

(3) 倒底层培养基时,待熔化好的培养基冷却到 45～50 ℃ 时再倒入皿中,尽可能减少平板表面水膜的形成,防止上层"滑坡",能预先在 37 ℃ 过夜则更好。

(4) NTG 和黄曲霉毒素都是强烈致癌物,操作时要谨慎小心,切勿用嘴吸取,用过的器皿要用水大量冲洗或放入 0.5 mol/L 硫代硫酸钠中解毒后方可清洗。

六、实验结果分析

(1) 斑点试验法若在纸片外围长出密集菌落圈,为阳性;若菌落散布,密度与自发回复突变相似,为阴性。

（2）同一剂量各皿回复突变菌落均数与各阴性对照皿自发回复突变菌落均数之比,为致变比(MR)。MR≥2,且有剂量-反应关系,背景正常,则判为致突变阳性。

（3）自发回复突变率＝自发回复突变菌数/出发菌数×100％;诱发回复突变率＝(诱发回复突变菌数－自发回复突变菌数)/出发菌数×100％。

七、实验报告

（1）把 NTG 和黄曲霉毒素 B1 诱变作用的初检结果记录下来。

（2）把 NTG 和黄曲霉毒素 B1 诱发回复突变频率的测定结果记录下来。

八、思考与探究

（1）为什么可以用细菌检测致癌物质?

（2）对致癌物质检测为什么选用回复突变基因做标记?

九、参考文献

［1］唐焕文,靳曙光. 毒理学基础实验指导[M]. 北京:科学出版社,2010.

［2］赵丹,陈秀云,卜仕金. 紫锥菊提取物的 Ames 试验[J]. 中国兽药杂志,2010,44(3):28-30.

实验 26　水中细菌总数及大肠菌群的检测

一、实验目的与内容

1. 实验目的

（1）了解和学习水中细菌总数和大肠菌群的测定原理和测定意义。

（2）学习和掌握用稀释平板计数法测定水中细菌总数的方法。

（3）学习和掌握水中大肠菌群的检测方法。

2. 实验内容

（1）测定水中细菌总数。

（2）检测水中大肠菌群数。

二、实验原理

　　水是微生物广泛分布的天然环境。各种天然水中常含有一定数量的微生物。水中微生物的主要来源有水中的水生微生物(如光合藻类)、土壤径流、降雨的外来菌群、下水道的污染物和人畜的排泄物等。在正常情况下,肠道中主要有大肠菌群、粪链球菌和厌氧芽孢杆菌等多种细菌。这些细菌都可随人畜排泄物进入水源,由于大肠菌群在肠道内数量最多,所以,水源中大肠菌群的数量是直接反映水源被人畜排泄物污染的一项重要指标。目前,国际上已公认大肠菌群的存在是粪便污染的指标。因而对饮用水必须进行大肠菌群的检查。最新国标《GB 5749—2006 生活饮用水卫生标准》规定饮用水每 1 mL 细菌菌落总数不得超过 100 个,大肠菌群每 100 mL 不得检出。

　　所谓大肠菌群,是指在 37 ℃下 24 h 内能发酵乳糖产酸、产气的需氧兼性厌氧的革兰氏阴性无芽孢杆菌的总称,主要由肠杆菌科中四个属的细菌组成,即埃希氏杆菌属、柠檬酸杆菌属、克雷伯氏菌属和肠杆菌属。水的大肠菌群数是指 100 mL 水检样内含有的大肠菌群实际数值,以大肠菌群最近似数(MPN)表示。

水中大肠菌群的检验方法,常用多管发酵法和滤膜法。多管发酵法可运用于各种水样的检验,但操作烦琐,需要时间长。滤膜法仅适用于自来水和深井水,操作简单、快速,但不适用于杂质较多、易于阻塞滤孔的水样。

本实验应用平板菌落计数技术测定水中细菌总数。由于水中细菌种类繁多,它们对营养和其他生长条件的要求差别很大,不可能找到一种培养基在一种条件下,使水中所有的细菌均能生长繁殖,因此,以一定的培养基平板上生长出来的菌落计算出来的水中细菌总数,仅是一种近似值。目前一般是采用普通牛肉膏蛋白胨琼脂培养基。

三、实验器材

1. 培养基

(1)牛肉膏蛋白胨琼脂培养基。

(2)乳糖胆盐蛋白胨培养基。

蛋白胨 20 g,猪胆盐(或牛、羊胆盐)5 g,乳糖 10 g,0.04%溴甲酚紫水溶液 25 mL,水 1000 mL,pH 7.4。

制法:将蛋白胨、胆盐和乳糖溶于水中,校正 pH 值,加入指示剂,分装,每瓶 50 mL 或每管 5 mL,并倒置放入一支杜氏小管中,115 ℃灭菌 15 min。

双倍或三倍乳糖胆盐蛋白胨培养基:除水以外,其余成分加倍或取三倍用量。

(3)伊红美蓝琼脂培养基。

蛋白胨 10 g,乳糖 10 g,K_2HPO_4 2 g,2%伊红水溶液 20 mL,0.65%美蓝水溶液 10 mL,琼脂 17 g,水 1000 mL,pH7.1。

制法:将蛋白胨、磷酸盐和琼脂溶于水中,校正 pH 值后分装,121 ℃灭菌 15 min 备用。临用时加入乳糖并熔化琼脂,冷却至 50~55 ℃,加入伊红和美蓝溶液,摇匀,倾注平板。

(4)乳糖发酵管:除不加胆盐外,其余成分同乳糖胆盐蛋白胨培养基。

2. 仪器或其他用具

灭菌三角烧瓶、灭菌具塞玻璃瓶、灭菌培养皿、灭菌吸管、灭菌试管、凡士林、无菌水、载玻片、凹玻片、盖玻片、接种环等。

四、操作步骤

(一)水中细菌总数检测

1. 水样的采取

(1)自来水　先将水龙头用火焰灼烧 3 min 灭菌,再开放水龙头使水流 5 min 后,以灭菌三角烧瓶接取水样,以待分析。

(2)池水、河水或湖水　应取距水面 10~15 cm 的深层水样,先将灭菌具塞玻璃瓶的瓶口向下浸入水中,然后翻转过来,除去玻璃塞,水即流入瓶中,盛满后,将瓶塞盖好,再从水中取出,最好立即检查,否则需放入冰箱中保存。

2. 细菌总数测定

(1)自来水细菌总数检测

①用灭菌吸管吸取 1 mL 水样,按无菌操作法,将水样按 10 倍系列稀释,选择 2~3 个适

宜稀释度。取 3 个灭菌试管,分别加入 9 mL 灭菌水,取 1 mL 水样注入第 1 个试管内、摇匀,再自第 1 个试管取 1 mL 至下 1 个试管内,如此稀释到第 3 个试管,稀释度分别为 10^{-1}、10^{-2} 和 10^{-3};分别吸取 1 mL 稀释液于灭菌平皿内,取 1 mL 灭菌水作对照,每个浓度稀释度做 3 个重复。

②将熔化后保温 46 ℃的牛肉膏蛋白胨琼脂培养基倒平皿,每皿约 15 mL,并趁热转动平皿混合均匀。

③待琼脂凝固后,将平皿倒置于 37 ℃培养箱内培养 24 h 后取出,计算平皿内菌落数目,乘以稀释倍数,即得 1 mL 水样中所含的细菌菌落总数。

(2)池水、河水或湖水细菌数检测　如果水源较清洁(如水源水、深井水等),可选择 10^{-1}、10^{-2}、10^{-3} 三种稀释度;污染水一般选择 10^{-2}、10^{-3}、10^{-4} 三种稀释度。其他与自来水检测步骤一样。其稀释倍数看水样污浊程度而定,以培养后平板的菌落数在 30～300 个之间的稀释度最为合适,若三个稀释度的菌均多到无法计数或少到无法计数,则需继续稀释或减小稀释倍数。

3. 菌落计数方法

(1)平板菌落数的选择　做平板计数时,可用肉眼观察,必要时用放大镜检查,以防遗漏。选取菌落数在 30～300 之间的平板作为菌落总数测定标准。当一个稀释度使用多个重复时,应选取多个同一稀释平板的平均数。若其中一个平板有较大片状菌苔生长时,则不应采用,而应以无片状菌苔生长的平板作为该稀释度的平均菌落数。若片状菌苔的大小不到平板的一半,而其余的一半菌落分布又很均匀时,则可将此一半的菌落数乘 2 以代表全平板的菌落数,然后再计算该稀释度的平均菌落数。

(2)稀释度的选择

① 应选择平均菌落数在 30～300 之间的稀释度,乘以该稀释倍数报告之(表 4-26-1 例 1)。

② 若有两个稀释度的菌落数均在 30～300 之间,则由两者之比来决定。若其比值小于 2,应报告其平均数;若比值大于 2,则报告其中较小的数字(表 4-26-1 例 2、例 3)。

③ 若所有稀释度的平均菌落均大于 300,则应按稀释倍数最低的平均菌落数乘以稀释倍数报告之(表 4-26-1 例 4)。

④ 若所有稀释度的平均菌落数均小于 30,则应按稀释倍数最低的平均菌落数乘以稀释倍数报告之(表 4-26-1 例 5)。

⑤ 若所有稀释度均无菌落生长,则以小于 1 乘以最低稀释倍数报告之(表 4-26-1 例 6)。

⑥ 若所有稀释度的平均菌落数均不在 30～300 之间,则以最接近 30 或 300 的平均菌落数乘以该稀释倍数报告之(表 4-26-1 例 7)。

(3)细菌总数的报告　细菌的菌落数在 100 以内时,按其实际数报告;大于 100 时,用两位有效数字,在两位有效数字后面的数字,以四舍五入方法修约。为了缩短数字后面的 0 的个数,可用 10 的指数来表示,如表 4-26-1 "报告方式"一栏所示。

表 4-26-1　稀释度的选择及细菌数报告方式

例	稀释度及菌落数			两稀释度之比	菌落总数/(CFU/g 或 CFU/mL)	报告方式(菌落总数)/(CFU/mL 或 CFU/g)
	10^{-1}	10^{-2}	10^{-3}			
1	多不可计	164	20	—	16400	16000 或 1.6×10^4
2	多不可计	295	46	1.6	37750	38000 或 3.8×10^4
3	多不可计	271	60	2.2	27100	27000 或 2.7×10^4

续表

例	稀释度及菌落数			两稀释度之比	菌落总数/(CFU/g 或 CFU/mL)	报告方式(菌落总数)/(CFU/mL 或 CFU/g)
	10^{-1}	10^{-2}	10^{-3}			
4	多不可计	多不可计	313	—	313000	310000 或 3.1×10^5
5	27	11	5	—	270	270
6	0	0	0	—	<10	<10
7	多不可计	305	12	—	30500	30000 或 3×10^4

(二) 大肠菌群的测定(多管发酵法)

1. 水样选取

同水中细菌总数检测。

2. 初步发酵试验

(1) 检测饮用水或食品生产用水　在2个各装有50 mL的3倍浓缩乳糖胆盐蛋白胨培养液(可称为3倍乳糖胆盐)的三角瓶中(内有倒置杜氏小管),以无菌操作各加入水样100 mL。在10支装有5 mL的3倍乳糖胆盐的发酵试管中(内有倒置小管),以无菌操作各加入水样10 mL。摇匀后,37 ℃培养24 h。

(2) 大肠菌群数变异不大的饮用水　也可以只接种3份100 mL水样于3个各装有50 mL的3倍乳糖胆盐的三角瓶中(内有倒置杜氏小管),摇匀后,37 ℃培养24 h。

(3) 大肠菌群变异不大的水源水　在10支装有5 mL的3倍乳糖胆盐的发酵试管中(内有倒置小管),以无菌操作各加入水样10 mL。摇匀后,37 ℃培养24 h。

(4) 污染水样的检验　需根据水的污染情况决定取样量,取100 mL和10 mL的水样接种于1/2体积的3倍乳糖胆盐中,取1 mL和稀释后的水样直接接种于乳糖胆盐蛋白胨培养液中。摇匀后,37 ℃培养24 h。

取样如下。

① 严重污染水:1、0.1、0.01、0.001 mL水样各1份。

② 中度污染水:10、1、0.1、0.01 mL水样各1份。

③ 轻度污染水:100、10、1、0.1 mL水样各1份。

3. 平板分离

经24 h培养后,将产酸产气及只产酸的发酵管(瓶),分别划线接种于伊红美蓝琼脂平板(EMB培养基)上,37 ℃培养18~24 h。大肠菌群在EMB培养基上,菌落呈紫黑色,具有、略带有、不带有金属光泽,又可能呈淡紫红色,仅中心颜色较深。挑取符合上述特征的菌落进行涂片,革兰氏染色,镜检。

4. 复发酵试验

将革兰氏阴性无芽孢杆菌的菌落的剩余部分接于单倍乳糖发酵管中,为防止遗漏,每管可接种来自同一初发酵管的平板上同类型菌落1~3个,37 ℃培养24 h,如果产酸又产气者,即证实有大肠菌群存在(图4-26-1)。

5. 报告

根据证实有大肠菌群存在的初发酵管的阳性管(瓶)数,查表4-26-2至表4-26-7,报告每升水样中的大肠菌群的MPN。

水样

初发酵：3倍乳糖发酵液 { (1) 50 mL/瓶＋100 mL水样2瓶
(2) 5 mL/管＋10 mL水样10支试管

37 ℃ 24 h

从"⊕"及"＋"发酵管中取样
在EMB培养基上划线分离

37 ℃ 18~24 h

选择三种菌落做涂片，革兰氏染色，镜检 { 1. 深紫黑色，具有金属光泽
2. 紫黑色，略带或无金属光泽
3. 淡紫红色，中心较深

复发酵：选一部分革兰氏阴性无芽孢杆菌的菌落接种于普通乳糖发酵管

37 ℃ 24 h

若结果为"⊕"，查表计数

图 4-26-1　水中大肠杆菌检测操作示意图

表 4-26-2　大肠菌群检索表（饮用水）

阳性瓶数 / 阳性管数	0	1	2	备 注
	每升水样中大肠菌群数			
0	＜3	4	11	
1	3	8	18	
2	7	13	27	
3	11	18	38	
4	14	24	52	
5	18	30	70	接种水样总量
6	22	36	92	300 mL（100 mL 2
7	27	43	120	份，10 mL 10 份）
8	31	51	161	
9	36	60	230	
10	40	69	＞230	

表 4-26-3　大肠菌群数变异不大的饮用水

阳 性 瓶 数	0	1	2	3	接种水样总量 300 mL（3
每升水样中大肠菌群数	＜3	4	11	＞18	份 100 mL）

表 4-26-4　大肠菌群变异不大的水源水

阳性管数	0	1	2	3	4	5	6	7	8	9	10
每升水样中大肠菌群数	＜10	11	22	36	51	69	92	120	160	230	＞230
备注	接种水样总量 100 mL（10 mL 10 份）										

表 4-26-5　大肠菌群检索表（严重污染水）

接种水样量/mL				每升水样中大肠菌群数	备注
1	0.1	0.01	0.001		
－	－	－	－	<900	
－	－	－	＋	900	
－	－	＋	－	900	
－	＋	－	－	950	
－	－	＋	＋	1800	
－	＋	－	＋	1900	
－	＋	＋	－	2200	接种水样总量为 1.111 mL（1、0.1、0.01、0.001 mL 各一份）
＋	－	－	－	2300	
－	＋	＋	＋	2800	
＋	－	－	＋	9200	
＋	－	＋	－	9400	
＋	－	＋	＋	18000	
＋	＋	－	－	23000	
＋	＋	－	＋	96000	
＋	＋	＋	－	238000	
＋	＋	＋	＋	>238000	

表 4-26-6　大肠菌群检索表（中度污染水）

接种水样量/mL				每升水样中大肠菌群数	备注
10	1	0.1	0.01		
－	－	－	－	<90	
－	－	－	＋	90	
－	－	＋	－	90	
－	＋	－	－	95	
－	－	＋	＋	180	
－	＋	－	＋	190	
－	＋	＋	－	220	
＋	－	－	－	230	接种水样总量为 11.11 mL（10、1、0.1、0.01 mL 各一份）
－	＋	＋	＋	280	
＋	－	－	＋	920	
＋	－	＋	－	940	
＋	－	＋	＋	1800	
＋	＋	－	－	2300	
＋	＋	－	＋	9600	
＋	＋	＋	－	23800	
＋	＋	＋	＋	>23800	

表 4-26-7　大肠菌群检索表(轻度污染水)

接种水样量/mL				每升水样中 大肠菌群数	备注
100	10	1	0.1		
−	−	−	−	<9	
−	−	−	+	9	
−	−	+	−	9	
−	+	−	−	9.5	
−	−	+	+	18	
−	+	−	+	19	
−	+	+	−	22	
+	−	−	−	23	接种水样总量为
−	+	+	+	28	111.1 mL(100、10、1、
+	−	−	+	92	0.1 mL各一份)
+	−	+	−	94	
+	−	+	+	180	
+	+	−	−	230	
+	+	−	+	960	
+	+	+	−	2380	
+	+	+	+	>2380	

(三) 大肠菌群的测定(滤膜法)

滤膜法所使用的滤膜是一种微孔滤膜。将水样注入已灭菌的放有滤膜的滤器中,经过抽滤,细菌即被均匀地截留在滤膜上,然后将滤膜贴于大肠菌群选择性培养基上进行培养。再鉴定滤膜上生长的大肠菌群的菌落,计算出每升水样中含有的大肠菌群的 MPN。

1. 准备工作

(1) 滤膜灭菌　将 3 号滤膜放入烧杯中,加入蒸馏水,置于沸水浴中蒸煮灭菌 3 次,每次 15 min。前两次煮沸后需换无菌水洗涤 2～3 次,以除去残留溶剂。

(2) 滤器灭菌　准备容量为 500 mL 的滤器,用点燃的酒精棉球火焰灭菌,也可用 121 ℃ 高压灭菌 20 min。

(3) 培养　将品红亚硫酸钠培养基放入 37 ℃ 培养箱内预温 30～60 min。

2. 过滤水样

(1) 用无菌镊子夹取灭菌滤膜边缘部分,将粗糙面向上贴放于已灭菌的滤床上,轻轻地固定好滤器漏斗。水样摇匀后,取 333 mL 注入滤器中,加盖,打开滤器阀门,在 −50 kPa 压力下进行抽滤。

(2) 水样滤完后再抽气约 5 s,关上滤器阀门,取下滤器,用无菌镊子夹取滤膜边缘部分,移放在品红亚硫酸钠培养基上,滤膜截留细菌面向上与培养基完全紧贴,两者间不得留有间隙或气泡。若有气泡需用镊子轻轻压实,倒放在 37 ℃ 培养箱内培养 16～18 h。

3. 判定结果

(1) 挑选符合下列特征的菌落进行革兰氏染色,镜检。

① 紫红色,具有金属光泽的菌落。

② 深红色,不带或略带金属光泽的菌落。

③ 淡红色,中心颜色较深的菌落。

(2) 凡是革兰氏阴性无芽孢杆菌,需再接种于乳糖蛋白胨半固体培养基,37 ℃培养6~8 h,产气者,则判定为大肠菌群阳性。

(3) 1 L 水样中大肠菌群数等于滤膜法生长的大肠菌群菌落数乘以3。

五、注意事项

(1) 注意无菌操作。

(2) 梯度稀释时注意一定要混匀。

(3) 乳糖蛋白胨半固体培养基产气实验应及时观察,时间过长气泡会消失。

六、实验结果分析

若同一稀释浓度的平板其菌落数相差过大,可能是因未充分混匀导致。

七、实验报告

记录水样中细菌总数及大肠菌群数的测定过程并报告所测出的实际数据。

八、思考与探究

(1) 大肠菌群的定义是什么? 为什么要选择大肠菌群作为水源被肠道病原菌污染的指示菌?

(2) 从自来水的细菌总数结果来看,是否合乎饮用水的标准?

(3) 国家对自来水的细菌总数有一定标准,那么各地能否自行设计其测定条件(诸如培养温度、培养时间等)来测定水样总数呢? 为什么?

九、参考文献

[1] 黄秀梨,辛明秀. 微生物学实验指导[M]. 2版.北京:高等教育出版社,2008.

[2] 沈萍,陈向东. 微生物学实验[M]. 4版.北京:高等教育出版社,2007.

[3] 钱存柔,黄仪秀. 微生物学实验教程[M].2版.北京:北京大学出版社,2008.

实验 27　食品中细菌总数及大肠菌群的检测

一、实验目的与内容

1. 实验目的

(1) 通过实验学习并掌握细菌活菌计数法和大肠菌群的检验法,了解国家规定的食品质量与细菌菌落总数和大肠菌群数量的关系;

(2) 掌握国家规定的食品及饮料等样品中微生物学检测的原理、方法和意义。

2. 实验内容

(1) 测定面包、酱油等食品中的细菌总数;

(2) 测定面包、酱油等食品中的大肠菌群数。

二、实验原理

食品是人类赖以生存的必要条件。但在生产、加工、储存和销售的过程中,食品可能被微生物和化学物质污染,食品的微生物污染情况是食品卫生质量的重要指标之一。通过微生物检验,可以判断食品的卫生质量及是否可以食用,防止人类因食物而发生微生物性中毒或感染,保障人类健康。

各类食品出厂前必须经过微生物检测,主要指标包括细菌总数(平板菌落数)、大肠菌群数和致病菌数三项,其中前两项尤为重要。各类食品卫生国家标准不一,国标《GB 2717—2003 酱油卫生标准》规定酱油每 1 mL 细菌菌落总数不得超过 30000 个,大肠菌群每 100 mL 不得超过 30 个;最新国标《GB 5749—2006 生活饮用水卫生标准》规定饮用水每 1 mL 细菌菌落总数不得超过 100 个,大肠菌群每 100 mL 不得检出。

菌落总数是指食品样品经过处理,在一定条件下培养后,所得 1 g 或 1 mL 或 1 cm^2 表面积的检样中所含细菌菌落的总数。菌落总数主要作为判定食品被污染程度的标志,也可以应用这一方法观察细菌在食品中繁殖的动态,以便对被检样品进行卫生学评价时提供依据。

大肠菌群是指一群在 37 ℃培养 24 h 能发酵乳糖、产酸、产气的需氧和兼性厌氧的革兰氏阴性无芽孢杆菌。该菌群主要源于人畜粪便,故以此作为粪便污染指标来评价食品的卫生质量,具有广泛的卫生学意义。食品中大肠菌群数是以每 100 mL(g)检样内大肠菌群最近似数(MPN)表示。本实验介绍有关食品中细菌菌落总数和大肠菌群数检测的常用方法。

三、实验器材

1. 实验样品

面包、酱油、汽水或瓶装水。

2. 培养基

牛肉膏蛋白胨培养基、乳糖胆盐发酵培养基(每管加 6 mL 培养基,并加倒置杜氏小管)、双倍乳糖胆盐发酵培养基(每管加 6 mL 培养基,并加倒置杜氏小管)、伊红美蓝培养基(EMB) 100 mL(装三角瓶中)、营养琼脂培养基 100 mL(装三角瓶中,细菌菌落总数计数用)。

3. 试剂

革兰氏染色液、2%伊红液、0.5%美蓝液、1.6%溴甲酚紫乙醇液以及配制培养基所需药品。每组 100 mL 无菌生理盐水一瓶(内装玻璃珠若干),9 mL 无菌生理盐水试管 4～5 支。

4. 器材

显微镜、高压灭菌锅、保温箱、酒精灯、消毒棉、无菌小广口瓶、玻璃铅笔、火柴、镊子、无菌报纸、无菌培养皿(16～18 套)、无菌吸管(10 mL、1 mL)、牛角匙等。

四、实验步骤

(一)细菌菌落总数的测定

1. 检样稀释及培养

(1) 以无菌操作将检样 25 g(或 25 mL)剪碎置于含 225 mL 无菌生理盐水的灭菌三角瓶内(瓶内放置适量的玻璃珠)或灭菌乳钵内,经充分振摇或研磨做成 1∶10 的均匀稀释液,酱油等液体检样可酌情稀释。

(2) 用 1 mL 无菌吸管,吸取 1∶10 稀释液 1 mL,注入含有 9 mL 无菌生理盐水的试管内,振摇试管混合均匀,做成 1∶100 稀释液。

(3) 另取 1 mL 无菌吸管,接上项操作顺序做 10 倍递增稀释,如此每递增稀释一次,立即换用一支 1 mL 无菌吸管。

(4) 根据对标本污染情况的估计,选择 2～3 个适宜稀释度,分别在做 10 倍递增稀释的同时,即用吸取该稀释度的吸管移 1 mL 稀释液于灭菌平皿内,每个稀释度做 2 个平皿。

(5) 稀释液移入平皿后,应即时将凉至 46 ℃的营养琼脂培养基(可放置于 46 ℃水浴保温)约 15 mL 注入平皿,并转动平皿,混合均匀。

(6) 待琼脂凝固后,翻转平皿,置 37 ℃保温箱内培养 24 h 后取出。

2. 菌落计数

做平皿菌落计数时,可用肉眼观察,必要时用放大镜检查,以防遗漏,在记下各皿的菌落数后,求出同稀释度的各平皿平均菌落数,乘以稀释倍数,即得每克(或每毫升)样品所含菌落总数。选取菌落数在 30～300 之间的平皿作为菌落总数测定标准,一个稀释度使用两个平皿应采用两平均数,若其中一个平皿有较大片状菌落生长时,则不宜采用,而应以无片状菌落生长的平皿作为该稀释度的菌落数;若片状菌落不到平皿的一半,而其余一半中菌落分布又很均匀,则可计算半个平皿后乘 2 以代表全皿菌落数。菌落数在 100 以内时,按其实际数报告;大于 100 时,采用两位有效数字,在两位有效数字后面的数值,以四舍五入方法计算,为了缩短数字后面的零数,也可用 10 的指数来表示。

(1) 应选择平均菌落数在 30～300 之间的稀释度,乘以稀释倍数报告之。

(2) 若有两个稀释度,其生长之菌落数均在 30～300 之间,则应视两者之比来决定。若其比值小于 2,应报告其平均数,若大于 2 则报告其中较小的数字。

(3) 若所有稀释度的平均菌落数均大于 300,则应按稀释度最高的平均菌落数乘以稀释倍数报告之。

(4) 若所有稀释度的平均菌落数均小于 30,则应按稀释倍数最低的平均菌落数乘以稀释倍数报告之。

(5) 若所有稀释度的平均菌落数均不在 30～300 之间,其中一部分大于 300 或小于 30 时,则以最接近 30 或 300 的平均菌落数乘以稀释倍数报告之。

(6) 若所有稀释度均无菌落生长,则以小于 1 乘以最低稀释倍数报告之。

(二) 大肠菌群检验

食品中大肠菌群数是以每 100 mL (g)检样内大肠菌群最近似数(the most probable number,MPH)表示,即食品卫生标准中所规定的大肠菌群数均应为 100 mL (g)食品内允许含有大量菌群数的实际数值为报告标准。

(1) 乳糖发酵试验　检验时根据食品卫生标准的要求对检样污染情况进行估计,选择三个稀释液将待检样品接种于乳糖胆盐发酵管内,接种量在 1 mL 以上者,可用双倍乳糖胆盐发酵管,1 mL 及 1 mL 以下者,用单倍乳糖胆盐发酵管,每一稀释度接种 3 管,置 37 ℃保温箱内,培养 24 h,如所有乳糖胆盐发酵管都不产气,则可报告为大肠菌群阴性,如有产气者,则按下列程序进行。

(2) 分离培养　将产气的发酵管分别接种于伊红美蓝琼脂平板上,置 37 ℃温箱内,培养 18～24 h,然后取出观察菌落形态,并作革兰氏染色和证实试验。

(3) 证实试验　挑取在此平板上生长的紫红色菌落,对带有金属光泽的大肠菌群进行革兰氏染色,若为革兰氏染色阴性的无芽孢杆菌,则接种于乳糖发酵管内,置37 ℃保温箱内培养 24 h,观察产气情况,凡乳糖发酵管产气,革兰氏染色为阴性的无芽孢杆菌,即可报告为大肠菌群阳性。如乳糖发酵管不产气或革兰氏染色呈阳性,则报告为大肠菌群阴性。

(4) 根据证实为大肠菌群阳性的管数,查表 4-27-1 报告每 100 mL(g)大肠菌群的最近似数(MPN)。

表 4-27-1　大肠菌群最近似数(MPN)检索表

| 检　样　量 | | | MPN | 95%可信限 | |
1 mL(g)×3	0.1 mg(g)×3	0.01 mL(g)×3	100 mL(g)	上　限	下　限
0	0	0	<30		
0	0	1	30	<5	90
0	0	2	60		
0	0	3	90		
0	1	0	30		
0	1	1	60	<5	130
0	1	2	90		
0	1	3	120		
0	2	0	60		
0	2	1	90		
0	2	2	120		
0	2	3	160		
0	3	0	90		
0	3	1	130		
0	3	2	160		
0	3	3	190		
1	0	0	40		
1	0	1	70	<5	200
1	0	2	110	10	210
1	0	3	150		
1	1	0	70		
1	1	1	110	10	230
1	1	2	150	30	360
1	1	3	190		
1	2	0	110		
1	2	1	150		
1	2	2	200	30	360
1	2	3	240		
1	3	0	160		
1	3	1	200		
1	3	2	240		
1	3	3	290		

检 样 量			MPN 100 mL(g)	95%可信限	
1 mL(g)×3	0.1 mg(g)×3	0.01 mL(g)×3		上　限	下　限
2	0	0	90		
2	0	1	140	10	360
2	0	2	200	30	370
2	0	3	260		
2	1	0	150		
2	1	1	200	30	440
2	1	2	270	70	890
2	1	3	340		
2	2	0	210		
2	2	1	280	40	470
2	2	2	350	100	1500
2	2	3	420		
2	3	0	90		
2	3	1	130		
2	3	2	160		
2	3	3	190		
3	0	0	230	40	1200
3	0	1	390	70	1300
3	0	2	640	150	3800
3	0	3	950		
3	1	0	430		
3	1	1	750		
3	1	2	1200		
3	1	3	1600		
3	2	0	930	150	3800
3	2	1	1500	300	4400
3	2	2	2100	350	4700
3	2	3	2900		
3	3	0	2400	360	13000
3	3	1	4600	710	24000
3	3	2	11000	1500	48000
3	3	3	＞24000		

注：①本表采用 3 个稀释度 1 mL (g)、0.1 mL (g)和 0.01 mL (g)，每稀释度取 3 管。②表内所列检样量如改用 10 mL(g)、1 mL (g)和 0.1 mL (g)时，相应数据为表内数字的 1/10；如改用 0.1 mL (g)、0.01 mL (g)和 0.001 mL (g)时，则相应数据为表内数字的 10 倍，其余可类推。

五、注意事项

（1）食品试样采集，特别是稀释后，应尽快测定，如不能及时测定，应放于 4 ℃冰箱内保藏。

（2）选择平均菌落数在 30～300 的平板计数，注意稀释倍数的折合计算。

（3）注意取样和稀释时应无菌操作，稀释时要用生理盐水（内加玻璃珠）充分混合均匀。

六、实验结果分析

（1）固体食品试样在样品悬液制作时要注意均匀，否则影响实验结果。

（2）汽水，应将瓶内的 CO_2 完全逸出后再进行稀释，如是果汁等酸性食品，应用灭菌的 $20\%～30\%$ 的 Na_2CO_3 中和后进行实验，否则会影响实验结果的准确性。

（3）查表计算结果时注意试样的稀释倍数。

七、实验报告

（1）报告样品中菌落总数。

（2）根据证实为大肠杆菌阳性的试管数，查 MPN 检索表。报告每 100 mL（或每 100 g）食品中大肠菌群的 MPN。

（3）查相应的国家食品卫生标准，对所检测的样品进行评价。

八、思考与探究

（1）有没有可能所检测食品中的菌落总数为零？为什么？

（2）有没有可能所检测食品中的大肠杆菌总数为零？为什么？

（3）你所检测的酱油等食品样品中的大肠菌群数和菌落总数是否符合国际标准？

九、参考文献

［1］程丽娟，薛泉宏，韦革宏，等. 微生物学实验技术［M］. 2 版. 北京：科学出版社，2012.

［2］杜连祥，路福平. 微生物学实验技术［M］. 北京：中国轻工业出版社，2005.

［3］黄秀梨. 微生物学实验指导［M］. 北京：高等教育出版社，1999.

［4］刘国生. 微生物学实验技术［M］. 北京：科学出版社，2007.

［5］全桂静，雷晓燕，李辉. 微生物学实验指导［M］. 北京：化学工业出版社，2010.

［6］沈萍，陈向东. 微生物学实验［M］. 4 版. 北京：高等教育出版社，2007.

［7］赵斌，何绍江. 微生物学实验［M］. 北京：科学出版社，2002.

［8］周德庆，徐德强. 微生物学实验教程［M］. 3 版. 北京：高等教育出版社，2013.

实验 28　抗生素的生物效价测定

一、实验目的与内容

1. 实验目的

了解和掌握管碟法测定抗生素生物效价的原理和方法。

2. 实验内容

用管碟法测定抗生素的生物效价。

二、实验原理

抗生素的剂量常用重量和效价来表示。化学合成和半合成的抗菌药物都以重量表示,生物合成的抗生素以效价表示,并同时注明与效价相对应的重量。效价是以抗菌效能(活性部分)作为衡量标准的,因此,效价的高低是衡量抗生素质量的相对标准。效价以"单位"(U)来表示。抗生素效价的生物测定是以抗生素对微生物的抗菌效力作为衡量标准,该方法具有与应用原理相一致、用量少和灵敏度高等优点。效价的生物测定法有液体稀释法、比浊法和扩散法等。管碟法是琼脂扩散法中的一种,作为法定的抗生素生物测定方法,已被各国药典广泛采用。

管碟法的原理:当抗生素在含高度敏感性试验菌的琼脂平板培养基中扩散渗透时,会形成抗生素浓度由高到低的自然梯度,即扩散中心浓度高而边缘浓度低。因此,当抗生素浓度达到或高于最低抑制浓度(MIC)时,高度敏感性试验菌就被抑制而不能繁殖,从而呈现透明的抑菌圈。根据扩散定律的推导,抗生素总量的对数值与抑菌圈直径的平方成线性关系,比较抗生素标准品与检品的抑菌圈大小,可以计算出抗生素的效价。

三、实验器材

1. 菌种及培养基

金黄色葡萄球菌、产黄青霉菌、250 mL 三角瓶分装 150 mL LB 琼脂、150 mL 三角瓶分装 50 mL LB 琼脂、50 mL 三角瓶分装 20 mL 金黄色葡萄球菌悬液用作培养液。

2. 试验试剂

青霉素 1000 U/mg。

3. 试验仪器及其他

培养皿(直径 90 mm,深 20 mm)、牛津杯(内径:(6.0±0.1) mm,外径:(7.8±0.1) mm,高度:(10.0±0.1) mm)、滴管、1 mL 吸管、0.2 mol/L 的磷酸盐缓冲液(pH 6.0)、弯头镊子、15 mm×150 mm 试管、分析天平、容量瓶、玻璃板、水平仪、游标卡尺。

四、实验步骤

1. 青霉素标准品溶液的配制

准确称取纯青霉素 0.06 g,溶解在 100 mL 的 0.2 mol/L 磷酸盐缓冲液(pH6.0)中,配成 1000 U/mL 的青霉素母液,冷藏存放;使用时以标准母液配成 100 U/mL 青霉素标准液,按表 4-28-1 加入,即配成不同浓度的青霉素标准测定液。

表 4-28-1　不同浓度青霉素标准品溶液的配制

试管号	青霉素含量 /(U/mL)	100 U/mL 青霉素溶液/mL	pH 6.0 磷酸盐 缓冲液/mL
1	4	0.4	9.6
2	6	0.6	9.4
3	8	0.8	9.2
4	10	1	9
5	12	1.2	8.8
6	14	1.4	8.6

2. 菌悬液的制备

将 37 ℃培养 16～18 h 的金黄色葡萄球菌斜面菌种,用 0.85％的生理盐水洗涤,离心沉淀 (3000 r/min 离心 5 min),弃去上清液,沉淀菌体再用生理盐水洗涤离心 1～2 次,再将其稀释至一定浓度(约 10^9 个/mL,或用分光光度计在波长 650 nm 测透光率为 20％左右即可)。

3. 平板的制备

配制 LB 培养基 500 mL,灭菌后冷却至 50 ℃,每 10 mL 加入适当稀释的金黄色葡萄球菌悬液 0.3 mL,充分混匀,在超净台中倒平板。

(注意:实验中加菌体的量要控制在使 10 U/mL 青霉素溶液的抑菌圈直径在 20～24 mm 之间。)

4. 青霉素溶液标准曲线的绘制

待含有指示菌平板完全凝固后,用弯头镊子在每个琼脂平板上轻轻放置牛津杯 4 个,小杯之间的距离要均匀。用移液枪加入各浓度的青霉素标准溶液和 10 U/mL 青霉素溶液各两杯,200 μL/杯,每个浓度做 3 个平行。

加入标准青霉素溶液后,将平皿移至 37 ℃培养箱中培养 18～24 h,取出后用游标卡尺精确测量抑菌圈的直径并记录于表 4-28-2 中。

表 4-28-2　各浓度青霉素溶液抑菌圈测定值、平均值和校正值

平皿序号	青霉素效价/(U/mL)	抑菌圈直径/mm	平均值/mm	校正值/mm	10 U/mL 青霉素抑菌圈直径/mm	平均值/mm	校正值/mm
1							
2	4						
3							
4							
5	6						
6							
7							
8	8						
9							
10							
11	12						
12							
13							
14	14						
15							

10 U/mL 青霉素抑菌圈直径总平均值＝　　　(mm)

计算步骤如下所示。

(1) 算出各组(即各剂量)青霉素溶液抑制圈的平均直径。

(2) 算出各组 10 U/mL 青霉素溶液的抑制圈平均直径。

(3) 统计 15 套培养皿中 10 U/mL 青霉素溶液的抑制圈平均值。

（4）以 10 U/mL 青霉素溶液抑制圈的总平均值来校正各组的 10 U/mL 青霉素溶液抑制圈的平均值,即求得各组的校正值。

（5）以各组 10 U/mL 青霉素溶液的抑制圈的校正值,校正各剂量单位浓度的抑制圈直径,即获得各组青霉素溶液抑制圈的校正值。

举例:若 30 个 10 U/mL 青霉素溶液的抑制圈直径的平均值为 22.6 mm,而第一组内 6 个 10 U/mL 青霉素溶液的抑制圈直径的平均值为 22.4 mm,则:

第一组的校正值＝22.6－22.4＝0.20(mm)。若第一组平皿内 4 U/mL 青霉素溶液的抑制圈平均值为 18.6 mm,那么第一组 4 U/mL 青霉素溶液的抑制圈校正值＝18.6＋0.2＝18.8(mm)。

其他各组依此类推,获得各自的校正值。

5. 青霉素发酵液效价的测定

用摇瓶或台式发酵罐法接种和培养产黄青霉菌;根据发酵时间用 1% pH 6.0 的磷酸盐缓冲液将发酵液适当稀释(10~1000 倍),每个被测样品用 3 套平皿进行测定;青霉素标准液(10 U/mL)与待测样品的稀释液间隔地加入牛津杯内,37 ℃培养 18~24 h 后,量取抑菌圈直径的大小。

6. 青霉素效价的计算

（1）将青霉素标准液(10 U /mL)的抑菌圈直径进行校正,取得校正值。

（2）用此校正值校正待测样品的抑菌圈直径。

（3）在标准曲线上根据校正后的抑菌圈直径查得待测稀释液的青霉素效价。

（4）根据稀释倍数得到发酵液的青霉素效价。

五、注意事项

（1）抗生素效价测定实验中,玻璃器皿、牛津杯往往会连续使用。由于清洗方面的原因,容易残留上次试验中的抗生素(庆大霉素、争光霉素、链霉素等)或者被清洗用的杀菌剂(如新洁尔灭、洗洁精、去污粉等)污染,以致在下次试验中造成抑菌圈不正常的现象。因此,在清洗时要尤为注意,多用流水冲洗。160 ℃干热灭菌 2 h 或者 121 ℃蒸气灭菌 30 min 备用。

（2）牛津杯应该选择同一批精细加工的产品,保证管壁厚薄与重量均匀一致,使得小钢管在培养基中下陷相同的深度,抗生素溶液扩散均匀有可比性。如果小钢管两端不够平,就应予以剔除,否则会使抗生素溶液漏出,破坏均匀扩散,造成实验误差。

（3）放置牛津杯时,注意杯与杯间不能太靠近,否则会引起相邻的两个抑菌圈之间的抗生素扩散区中的浓度增大,相互影响形成卵圆形或椭圆形抑菌圈。杯同样也不能与平皿边太靠近,因为液面浸润作用,边缘的琼脂培养基菌层为非平面,会影响抑菌圈的形状。

（4）在滴加抗生素到牛津杯时,要避免气泡形成,一旦出现气泡,需重新吸取抗生素溶液进行滴加,滴加的时候离牛津杯口距离不要太远。

（5）培养基菌层厚度的均匀性会给实验造成很大的误差,要保证平皿放置区域的平整。

六、实验结果分析

（1）滴加了抗生素溶液后的平板忌震动,要轻拿轻放。培养 16~18 h,时间太短会造成抑菌圈模糊,太长则会使菌株对抗生素的敏感性下降,使得抑菌圈边缘的敏感菌继续生长,造成抑菌圈变小。在培养过程中,保持温度均匀,把平板放入培养箱时,要与箱壁保持一定的距离,叠放也不能超过 3 个。培养中,箱门不得随意开启,以免影响温度。

（2）实验结果中抑菌圈直径不应该过大或者过小，选择抑菌圈直径在 18～22 mm 的菌液浓度为实验用浓度（菌液浓度约为 10^6 个/mL）。批量实验中后期，菌液保存的时间过久，菌株就会逐渐衰亡，生长周期不一致，影响其对抗生素的敏感度，导致抑菌圈变大、模糊，或者出现双圈。如若菌株不纯，也会造成这样的结果。菌液在使用一段时间后，可以重新配制、纯化，或者减小原来菌液在使用中的稀释倍数。

（3）用游标卡尺测量抑菌圈直径，可以在双碟底部垫一张黑纸，在灯光下测量。不宜取去牛津杯再测量，因为牛津杯中残余的抗生素溶液会流出扩散，使抑菌圈变得模糊。不能把双碟翻转过来测量抑菌圈直径，因为底面玻璃折射会影响抑菌圈测量的准确度。

七、实验报告

（1）记录效价测定的实验过程。

（2）在坐标纸上，以青霉素浓度为纵坐标，以抑菌圈直径的校正值为横坐标，绘制标准曲线。

（3）发酵液效价测量数据填入表 4-28-3 中，根据标准曲线得出各样品的效价。

表 4-28-3　发酵液效价测量数据表

样品	平皿序号	抑菌圈直径/mm	平均值/mm	校正值/mm	10 U/mL 抑菌圈直径/mm	平均值/mm	校正值/mm	效价/(U/mL)
1	1							
	2							
	3							
2	4							
	5							
	6							
3	7							
	8							
	9							
4	10							
	11							
	12							
5	13							
	14							
	15							
6	16							
	17							
	18							

八、思考与探究

（1）管碟法测定抗生素生物效价有什么优缺点？

（2）本实验中哪些操作容易引起误差，如何避免？

九、参考文献

［1］周德庆，徐德强. 微生物学实验教程［M］. 3 版. 北京：高等教育出版社，2013.
［2］沈萍，陈向东. 微生物学实验［M］. 4 版. 北京：高等教育出版社，2007.

实验 29 抗生素抗菌谱的测定及药敏试验

一、实验目的与内容

1. 实验目的
（1）学习抗生素抗菌谱的测定方法，了解常见抗生素的抗菌谱。
（2）学习微生物药敏试验的测定方法，了解微生物对抗生素耐药性产生的原因及对策。

2. 实验内容
（1）抗生素抗菌谱的测定。
（2）细菌的药敏试验。

二、实验原理

抗生素是一类由微生物或其他生物生命活动中合成的次级代谢产物或其人工衍生物，在低浓度时就能抑制或干扰其他生物（包括病原菌、病毒、癌细胞等）的生命活动，可作为优良的化学治疗剂。抗菌谱泛指一种或一类抗生素（或抗菌药物）所能抑制（或杀灭）微生物的类、属、种范围。各种抗生素有其不同的抗菌谱，如青霉素的抗菌谱主要包括革兰氏阳性菌和某些革兰氏阴性球菌，链霉素的抗菌谱主要是部分革兰氏阴性杆菌，两者抗菌谱的覆盖面都较窄，因此属于窄谱抗生素；四环素类的抗菌谱覆盖面广，包括一些革兰氏阳性菌和革兰氏阴性菌，以及立克次体、支原体、衣原体等，因此为广谱抗生素。

随着新型致病菌的不断出现，抗生素的防治效果越来越差。并且各种致病菌对不同的抗生素的敏感性不同，同一细菌的不同菌株对不同抗生素的敏感性也有差异。所以一个正确的药敏试验结果，可为临床医师选用抗生素提供参考，并提高疗效。体外抗菌药物敏感性试验简称药敏试验，是指在体外测定药物抑菌或杀菌能力的试验。纸片扩散法是将含有定量抗菌药物的滤纸片贴在已接种了测试菌的琼脂表面上，纸片中的药物在琼脂中扩散，随着扩散距离的增加，抗菌药物的浓度呈对数减少，从而在纸片的周围形成浓度梯度。同时，纸片周围抑菌浓度范围内的菌株不能生长，而抑菌范围外的菌株则可以生长，从而在纸片的周围形成透明的抑菌圈，抑菌圈的大小可以反映测试菌对药物的敏感程度。

三、实验器材

1. 菌种及培养基
金黄色葡萄球菌、大肠杆菌、绿脓杆菌、沙门氏菌、枯草芽孢杆菌和普通变形菌 6 种，牛肉膏蛋白胨培养基。

2. 实验试剂
左氧氟沙星和氨苄青霉素各配制成 3000 $\mu g/mL$ 的母液，氨苄青霉素、卡那霉素、左氧氟沙星、氯霉素、壮观霉素和链霉素各配制成 50 μg/mL 的工作液,过滤除菌。

3. 设备与用具

恒温培养箱、接种环、培养皿、镊子、灭菌圆滤纸片、培养箱等。

四、操作步骤

1. 抗生素抗菌谱的测定

(1)浇注平板　在无菌操作台内将培养基加热熔化,加入左氧氟沙星和氨苄青霉素母液,使终浓度为 30 μg/mL,冷却至 46 ℃,然后浇注平板,冷凝。

(2)标记　将每个平板大致划分为 6 等份,每一等份分别用记号笔标明相应的细菌名称。

(3)平板接种　用接种环分别在相应区域接种 6 种不同的细菌。

(4)恒温培养　将划好线的细菌平板,置 37 ℃ 倒置培养 24～48 h。

(5)记录观察　记录细菌的生长情况,根据其生长情况可以初步确定相应抗生素的抗菌谱。

2. 微生物的药敏试验

(1)倒牛肉膏蛋白胨平板。

(2)制备菌悬液　将 37 ℃ 培养 16～18 h 的大肠杆菌和金黄色葡萄球菌斜面菌种,用 0.85% 的生理盐水洗涤,离心沉淀(3000 r/min 离心 5 min),倾去上清液,沉淀菌体再用生理盐水洗涤离心 1～2 次,再将其稀释至一定浓度(约 10^9 个/mL,或用分光光度计在波长 650 nm 测透光率为 20% 左右即可)。

(3)取 0.1 mL 大肠杆菌菌液和 0.1 mL 金黄色葡萄球菌菌液分别加入平板中,涂布均匀。

(4)将平板(皿底)划分为 6 等份,每一等份内标明一种抗生素的名称,分别将浸有各种抗生素的小圆滤纸片贴在平板的每一等份中(图 4-29-1)。

(5)将贴好滤纸片的含菌平板,置 37 ℃ 倒置培养 48 h。

(6)测量并记录抑菌圈的直径,抑(杀)菌圈的大小,能够反映抗生素抑(杀)菌能力的大小。根据其直径的大小,可初步确定大肠杆菌和金黄色葡萄球菌对各种抗生素的耐药性情况(或敏感性情况)。

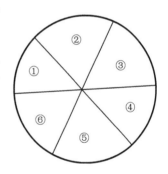

图 4-29-1　药敏试验示意图

五、注意事项

(1)在加热溶解培养基时,温度不宜过高,且在溶解过程中操作者切勿擅自离开,以防培养基烧糊。

(2)在制备药物平板时,应将药物与培养基充分混匀。

(3)抗菌谱测定试验所标记的菌种名称区域应与所接菌种相对应,否则实验结果无意义。

(4)做药敏试验时,需等涂布的菌液稍干后再贴药敏滤纸,并防止气泡产生。

六、实验结果分析

加入左氧氟沙星的平板上都没有长菌。由于左氧氟沙星是广谱类抗生素,抗菌作用强,对多数肠杆菌科细菌均有抗菌作用,尤其对需氧革兰氏阴性杆菌的抗菌活性高,因此在含有左氧氟沙星的平板上生长的细菌少。

氨苄青霉素是窄谱半合成青霉素,抗菌作用和青霉素相似,主要抑制革兰氏阳性菌和肠球菌等,因此在加入氨苄青霉素的平板中有绿脓杆菌和沙门氏菌生长,而大肠杆菌和金黄色葡萄球菌没有生长。

在药敏试验中,同一浓度的某种抗生素对不同微生物的抑菌圈的大小,反映了该种抗生素对不同微生物抑制作用的强弱,但不同抗生素对同一种微生物抑菌圈的大小却往往没有直接的可比性。

七、实验报告

将实验结果依次填入表 4-29-1 至表 4-29-3 中。

表 4-29-1　抗生素抗菌谱结果

抗菌谱	抗生素	
	左氧氟沙星	氨苄青霉素
大肠杆菌		
金黄色葡萄球菌		
绿脓杆菌		
沙门氏菌		
枯草芽孢杆菌		
普通变形菌		

表 4-29-2　大肠杆菌药敏试验结果

抗生素	抑(杀)菌圈直径/mm	抗生素	抑(杀)菌圈直径/mm
氨苄青霉素		氯霉素	
卡那霉素		链霉素	
四环素		壮观霉素	

表 4-29-3　金黄色葡萄球菌药敏试验结果

抗生素	抑(杀)菌圈直径/mm	抗生素	抑(杀)菌圈直径/mm
氨苄青霉素		氯霉素	
卡那霉素		链霉素	
四环素		壮观霉素	

八、思考与探究

(1) 什么是抗生素,什么是抗菌谱?
(2) 抗生素对微生物的作用机制是什么,有哪几种?举例说明。
(3) 为避免微生物产生抗性,使用抗生素时应注意哪些问题?

九、参考文献

[1] 周德庆. 微生物学实验教程[M]. 2 版. 北京:高等教育出版社,2006.
[2] 沈萍,范秀容,李广武. 微生物学实验[M]. 3 版. 北京:高等教育出版社,1999.
[3] 黄秀梨,辛明秀. 微生物学实验指导[M]. 2 版. 北京:高等教育出版社,2008.

[4] 沈萍,陈向东. 微生物学实验[M]. 4 版. 北京:高等教育出版社,2007.

实验 30　废水中生化需氧量(BOD)的测定

一、实验目的与内容

(1) 理解生化需氧量(BOD)的含义。

(2) 了解水样预处理的原理与处理方法。

(3) 掌握 BOD_5 的测定原理及操作方法。

二、实验原理

生化需氧量(biochemical oxygen demand,BOD)是一种环境监测指标,主要用于监测水体中有机物的污染状况。一般有机物都可以被微生物所分解,但微生物分解水中的有机化合物时需要消耗氧,如果水中的溶解氧不能满足微生物的需要,水体就处于污染状态。

BOD 的定义:在规定的条件下,微生物分解存在水中的某些可氧化物质(特别是有机物)所进行的生物化学过程所消耗的溶解氧量。该过程进行的时间很长,如在 20 ℃培养条件下,全过程需 100 天,根据目前国际统一规定,在(20±1) ℃的温度下,培养 5 天,分别测定样品培养前后的溶解氧量,二者之差即为 5 天生化需氧量,记为 BOD_5,其单位用"mg/L"表示。数值越大,证明水中含有的有机物越多,因此污染也越严重。

对某些地面水及大多数工业废水,因含较多的有机物,需要稀释后再培养测定,以降低其浓度和保证有充足的溶解氧。稀释的程度应使培养中所消耗的溶解氧大于 2 mg/L,而剩余溶解氧在 1 mg/L 以上。

为了保证水样稀释后有足够的溶解氧,稀释水通常要通入空气(或通入氧气)进行曝气,以使稀释水中溶解氧接近饱和。稀释水中还应加入一定量的无机营养盐和缓冲物质(磷酸盐、钙、镁和铁盐等),以保证微生物生长的需要。

对于不含或少含微生物的工业废水,其中包括酸性废水、碱性废水、高温废水或经过氯化处理的废水,在测定 BOD_5 时应进行接种,以引入能分解废水中有机物的微生物。当废水中存在着难以被一般生活污水中的微生物以正常速度降解的有机物或含有剧毒物质时,应将驯化后的微生物引入水样中进行接种。

三、实验器材

1. 实验材料

生活废水或其他废水。

2. 实验试剂

(1) 磷酸盐缓冲液　将 8.5 g 磷酸二氢钾(KH_2PO_4)、21.75 g 七水磷酸氢二钾($K_2HPO_4 \cdot 7H_2O$)、33.4 g 七水磷酸氢二钠($Na_2HPO_4 \cdot 7H_2O$)和 1.7 g 氯化铵(NH_4Cl)溶于水中,稀释至 1000 mL。此溶液的 pH 值应为 7.2。

(2) 硫酸镁溶液　将 22.5 g 七水硫酸镁($MgSO_4 \cdot 7H_2O$)溶于水中,稀释至 1000 mL。

(3) 氯化钙溶液　将 27.5 g 无水氯化钙溶于水,稀释至 1000 mL。

(4) 氯化铁溶液　将 0.25 g 六水氯化铁($FeCl_3 \cdot 6H_2O$)溶于水,稀释至 1000 mL。

（5）盐酸溶液（0.5 mol/L）　将 40 mL（$\rho=1.18$ g/mL）盐酸溶于水中，稀释至 1000 mL。

（6）氢氧化钠溶液（0.5 mol/L）　将 20 g 氢氧化钠溶于水，稀释至 1000 mL。

（7）亚硫酸钠溶液（0.025 mol/L）　将 1.575 g 亚硫酸钠溶于水，稀释至 1000 mL。此溶液不稳定，需在使用当天配制。

（8）稀释水　在 5～20 L 玻璃瓶内装入一定量的水，控制水温在 20 ℃左右。然后用无油空气压缩机或薄膜泵，将此水曝气 2～8 h，使水中的溶解氧接近于饱和，也可以鼓入适量纯氧。瓶口盖以两层经洗涤晾干的纱布，置于 20 ℃培养箱中放置数小时，使水中溶解氧达 8 mg/L 左右。临用前于每升水中加入氯化钙溶液、氯化铁溶液、硫酸镁溶液、磷酸盐缓冲液各 1 mL，并混合均匀。稀释水的 pH 值应为 7.2，其 BOD_5 应小于 0.2 mg/L。

3. 仪器设备

生化培养箱、1000 mL 量筒、250 mL 溶解氧瓶或具塞试剂瓶 2～6 个、50 mL 滴定管 2 支、1 mL 移液管 3 支、25 mL 和 100 mL 移液管各 1 支、250 mL 碘量瓶 2 个。

四、实验步骤

1. 水样预处理

（1）水样的 pH 值应保证在 6.5～7.5 之间，超出此范围时可用盐酸或氢氧化钠溶液调节 pH 接近于 7，但用量不要超过水样体积的 0.5%。若水样的酸度或碱度很高，可改用高浓度的碱或酸进行中和。

（2）含有少量游离氯的水样，一般放置 1～2 h 后，游离氯即可消失。对于游离氯在短时间内不能消失的水样，可加入适量的亚硫酸钠溶液，以除去游离氯。其加入量的计算方法是：取水样 100 mL，加入 1+1 乙酸 10 mL，10%（m/V）碘化钾溶液 1 mL，混匀。以淀粉溶液为指示剂，用亚硫酸钠标准溶液滴定游离碘。根据亚硫酸钠标准溶液消耗的体积及浓度，计算水样中所需要加入亚硫酸钠溶液的量。

（3）从水温较低的水域或富营养化的湖泊中采集的水样，可遇到含有过饱和溶解氧，此时应将水样迅速升温至 20 ℃左右，在不满瓶的情况下，充分振摇，并不时开塞放气，以赶出过饱和的溶解氧。

（4）水样中含有铜、铅、锌、铬、镉、砷、氰等有毒物质时，可使用经过驯化的微生物接种液的稀释水进行稀释，或增大稀释倍数，以减少毒物的浓度。

2. 水样测定

（1）不经稀释的水样测定

① 溶解氧含量较高、有机物含量较少的地面水，可不经稀释，而直接以虹吸法将约 20 ℃的混匀水样转移至两个溶解氧瓶内，转移过程中应注意不使其产生气泡。以同样的操作使两个溶解氧瓶充满水样，加塞水封。

② 立即测定其中一瓶的溶解氧。将另一瓶放入培养箱中，在（20±1）℃培养 5 天，在培养过程中注意添加封口水。

③ 从开始放入培养箱算起，经过 5 天后，弃去封口水，测定剩余的溶解氧。

（2）经过稀释的水样测定　水样需要稀释的倍数，通常根据实践经验，提出下述计算方法，供稀释时参考。稀释后以同样的方法测定水样在培养前后的溶解氧浓度，并测定稀释水（或接种稀释水）在培养前后的溶解氧浓度。

① 地表水：由测得的高锰酸盐指数与一定的系数的乘积，即求得稀释倍数。高锰酸盐指

数与系数的关系见表 4-30-1。

表 4-30-1　高锰酸盐指数与系数关系表

高锰酸盐指数/(mg/L)	系　　数
<5	—
5～10	0.2、0.3
10～20	0.4、0.6
>20	0.5、0.7、1.0

② 工业废水:由重铬酸钾法测得的 COD 值确定。通常需作三个稀释比,即在使用稀释水(或接种稀释水)时,由 COD 值分别乘以系数 0.075、0.15、0.225,即获得三个稀释倍数。

（3）稀释方法

① 一般稀释法:按照选定的稀释比例,用虹吸法沿筒壁先引入部分稀释水(或接种稀释水)于 1000 mL 量筒中,加入需要量的均匀水样,再引入稀释水(或接种稀释水)至 800 mL,用带胶板的玻璃棒小心上下搅匀。搅拌时勿使玻璃棒的胶板漏出水面,防止产生气泡。

② 直接稀释法:直接稀释法是在溶解氧瓶内直接稀释。在已知两个容积相同(差值小于 1 mL)的溶解氧瓶内,用虹吸法加入部分稀释水(或接种稀释水),再加入根据瓶容积和稀释比例计算出来的水样量,然后用稀释水(或接种稀释水)刚好充满瓶子,加塞,勿留气泡于瓶内。

在 BOD_5 测定中,一般采用碘量法测定溶解氧(方法见附)。

五、注意事项

（1）玻璃器皿应彻底清洗干净。先用洗涤剂浸泡清洗,然后用稀盐酸浸泡,最后依次用自来水、蒸馏水洗净。

（2）水样稀释倍数超过 100 倍时,应预先在容量瓶中用水初步稀释后,再取适量进行最后稀释培养。

（3）在两个或三个稀释比的样品中,凡消耗溶解氧大于 2 mg/L 和剩余溶解氧大于 1 mg/L 都有效,计算结果时应取平均值。

六、实验结果分析

（1）不经稀释直接培养的水样:

$$BOD_5(mg/L) = C_1 - C_2$$

式中:C_1——水样在培养前的溶解氧浓度(mg/L);

C_2——水样经 5 天培养后,剩余溶解氧浓度(mg/L)。

（2）经稀释后培养的水样:

$$BOD_5(mg/L) = \frac{[(C_1 - C_2) - (B_1 - B_2)f_1]}{f_2}$$

式中:C_1——水样在培养前的溶解氧浓度(mg/L);

C_2——水样经 5 天培养后,剩余溶解氧浓度(mg/L);

B_1——稀释水(或接种稀释水)在培养前的溶解氧浓度(mg/L);

B_2——稀释水(或接种稀释水)在培养后的溶解氧浓度(mg/L);

f_1——稀释水(或接种稀释水)在培养液中所占比例;

f_2——水样在培养液中所占比例。

注：f_1、f_2 的计算，例如培养液的稀释比为 3%，即 3 份水样，97 份稀释水，则 $f_1=0.97$，$f_2=0.03$。

七、实验报告

稀释倍数：_____　　　培养温度：_____

样品编号	当天滴定值		DO_1 /(mg/L)	5 天后滴定值		DO_2 /(mg/L)	BOD_5 /(mg/L)
	V_1/mL	V_2/mL		V_1/mL	V_2/mL		
稀释水						—	
1							
2							
3							

取 BOD_5 的平均值作为测定结果。根据实际测量情况，分析影响实验的主要因素，对实验数据进行分析计算，得出实验条件下 BOD_5 值。

八、思考与探究

(1) 指出 BOD 与 COD 的区别。

(2) 测定 BOD 时的影响因素有哪些，如何减少干扰？

(3) 在测定溶解氧和生化需氧量过程中，如何尽量避免水样与空气之间氧的交换？

九、参考文献

[1] 沈萍,范秀容,李广武. 微生物学实验[M]. 3 版. 北京:高等教育出版社,1999.

[2] 黄秀梨. 微生物学实验指导[M]. 北京:高等教育出版社,1999.

[3] 沈萍,陈向东. 微生物学实验[M]. 4 版. 北京:高等教育出版社,2007.

[4] Michael T Madigan,John M Martinko. Brock Biology of Microorganisms[M]. 11th. New Jersey:Pearson Prentice Hall,2006.

[5] Lansing M Prescott,John P Harley,Donald A Klein. Microbiology[M]. 6th. New York:McGraw-Hill Higher Education,2005.

[6] 贾士儒. 生物工程专业实验[M]. 北京:中国轻工业出版社,2004.

[7] 诸葛健,王正祥. 工业微生物实验技术手册[M]. 北京:中国轻工业出版社,1994.

附:碘量法测定水中溶解氧

一、原理

水样中加入硫酸锰和碱性碘化钾，水中溶解氧将低价锰氧化成高价锰，生成四价锰的氢氧化物棕色沉淀。加酸后，氢氧化物沉淀溶解，并与碘离子反应而释放出与溶解氧量相当的游离碘。以淀粉为指示剂，用硫代硫酸钠标准溶液滴定释放出的碘，据滴定溶液的消耗量计算溶解氧量。

二、试剂

(1) 硫酸锰溶液　称取 480 g 四水硫酸锰（$MnSO_4 \cdot 4H_2O$）溶于水,用水稀释至 1000 mL。此溶液加至酸化过的碘化钾溶液中,遇淀粉不得产生蓝色。

(2) 碱性碘化钾溶液　称取 500 g 氢氧化钠溶解于 300～400 mL 水中;另称取 150 g 碘化

钾溶于 200 mL 水中,待氢氧化钠溶液冷却后,将两溶液合并,混匀,用水定量至 1000 mL。如有沉淀,则放置过夜后,倾出上层清液,储存于棕色瓶中,用橡皮塞塞紧,避光保存。此溶液酸化后,遇淀粉应不呈蓝色。

(3) 1+5 硫酸溶液　1 份体积的硫酸,慢慢滴加到 5 份体积的水中,边滴加边搅拌。

(4) 1%(m/V)淀粉溶液　称取 1 g 可溶性淀粉,用少量水调成糊状,再用刚煮沸的水稀释至 100 mL。冷却后,加入 0.1 g 水杨酸或 0.4 g 氯化锌防腐。

(5) 0.025 mol/L 重铬酸钾标准溶液　称取于 105~110 ℃烘干 2 h 并冷却的重铬酸钾 1.2258 g,溶于水,移入 1000 mL 容量瓶中,用水定量至标线,摇匀。

(6) 硫代硫酸钠溶液　称取 6.2 g 五水硫代硫酸钠($Na_2S_2O_3 \cdot 5H_2O$)溶于煮沸放冷的水中,加入 0.2 g 碳酸钠,定量至 1000 mL,储存于棕色瓶中,使用前用 0.025 mol/L 重铬酸钾标准溶液标定。

三、测定步骤

(1) 用吸液管插入溶解氧瓶的液面下,加入 1 mL 硫酸锰溶液、2 mL 碱性碘化钾溶液,盖好瓶塞,颠倒混合数次,静置。一般在取样现场固定。

(2) 打开瓶塞,立即用吸管插入液面下加入 2.0 mL 硫酸溶液。盖好瓶塞,颠倒混合均匀,至沉淀物全部溶解,放于暗处静置 5 min。

(3) 吸取 100 mL 上述溶液于 250 mL 锥形瓶中,用硫代硫酸钠标准溶液滴定至溶液呈淡黄色,加入 1 mL 1%淀粉溶液,继续滴定至蓝色刚好褪去,记录硫代硫酸钠溶液用量。

四、计算

$$溶解氧(O_2,mg/L) = M \cdot V \times 8 \times 1000/100$$

式中:M——硫代硫酸钠标准溶液的浓度(mol/L);

V——滴定消耗硫代硫酸钠标准溶液体积(mL)。

实验 31　水体富营养化程度的测定——叶绿素 a 法

一、实验目的与内容

1. 实验目的

(1) 了解富营养化水体评价方法。

(2) 掌握叶绿素 a 的测定原理及方法。

2. 实验内容

(1) 叶绿素 a 的提取。

(2) 水体富营养化程度的测定。

二、实验原理

水体富营养化是指在人类活动的影响下,生物所需的氮、磷等营养物质大量进入湖泊、河口和海湾等缓流水体,引起藻类及其他浮游生物迅速繁殖,导致水体溶解氧量下降,水质恶化和鱼类及其他生物大量死亡的现象。在自然条件下,湖泊也会从贫营养状态过渡到富营养状态,不过这种自然过程非常缓慢。而人为排放含营养物质的工业废水和生活污水所引起的水体富营养化则可以在短时间内出现。水体出现富营养化现象时,浮游藻类大量繁殖,形成水华。因占优势的浮游藻类的颜色不同,水面往往呈现蓝色、红色、棕色、乳白色等。这种现象在海洋中则称为赤潮或红潮。

水体形成富营养化的指标:水体中含氮量大于 0.2 mg/L,含磷量大于 0.01 mg/L,生化需氧量(BOD$_5$)大于 10 mg/L。在 pH 7~9 的淡水中细菌总数达到 10^5 个/mL,标志藻类生长的叶绿素 a 大于 10 g/L。

富营养化水体中的常见藻类:水华鱼腥藻、铜色微囊藻、水华束丝藻、居氏腔球藻、细针胶刺藻和泡沫节球藻等。在海岸或海湾中,引起赤潮的藻类主要是甲藻,如角藻属、环沟藻属、膝沟藻属。

水体藻类现有量的多少,反映了水体富营养化程度。叶绿素 a 与叶绿素 b 是藻类植物叶绿体色素的重要组分,约占到叶绿体色素总量的 75%。叶绿素在光合作用中起到吸收光能、传递光能的作用,少量的叶绿素 a 还具有光能转换的作用,因此叶绿素的含量与藻类的光合速率密切相关,在一定范围内,光合速率随叶绿素含量的增加而升高。另外,叶绿素的含量是藻类生长状态的反映。

叶绿素提取液中同时含有叶绿素 a 和叶绿素 b,两者的吸收光谱虽有不同,但又存在着明显的重叠,在不分离叶绿素 a 和叶绿素 b 的情况下,同时测定叶绿素 a 和叶绿素 b 的浓度,可分别测定 750 nm、663 nm、645 nm、630 nm 的吸光度(663 nm 和 645 nm 分别是叶绿素 a 和叶绿素 b 在红光区的吸收峰),计算叶绿素的浓度。

三、实验器材

1. 实验材料

取污染程度不同的湖水水样 2 L。

2. 实验试剂

丙酮、石英砂、CaCO$_3$、1%(m/V)碳酸镁悬浮液(称取 1.0 g 碳酸镁细粉末悬浮于 100 mL 蒸馏水中,每次使用时,要充分摇匀)。

3. 实验仪器及其他

镊子、研钵、移液管、量筒、表面皿、玻璃纤维滤膜、滤纸、分光光度计、天平、台式离心机、真空抽滤器等。

四、实验步骤

1. 样品的采集与保存

样品应按浮游植物定量采样方法,采集在玻璃瓶或聚乙烯瓶里。河流、湖泊、水库取 500 mL,池塘取 300 mL。采样后,样品应放在阴凉处,避免日光直射,最好立即对水样进行分析处理。水样须在 24 h 内过滤,滤膜在 -20 ℃以下的冰箱内保存。

2. 过滤水样

实验水样为受污染程度不同的湖水水样各 500 mL。将水样通过玻璃纤维滤膜抽滤,抽滤时负压不应大于 0.5 个大气压(50 kPa)。抽滤完毕后,用镊子小心地取下滤膜,将其对折(有浮游植物样品的一面向内),再用普通滤纸吸压,尽量去除滤膜上的水分。滤膜放置表面皿上冷冻 12 h 以上。

3. 提取叶绿素

于天平上称取 0.5 g 藻体,剪碎后置于研钵中,加入 5 mL 90%丙酮、少许 CaCO$_3$ 和石英砂。仔细研磨成匀浆，用滤斗过滤到 10 mL 量筒中，再在研钵中加入少量 90％丙酮将研钵洗净，一并过滤到量筒内，转入离心管中，最后用 90％丙酮定容至 10 mL。盖上离心管盖子，在离心管外部包上黑纸充分振荡，置冰箱中避光提取 18～24 h。

4．离心

提取完毕，于台式离心机上 4000 r/min 离心 20 min，取出离心管，准确记录提取液体积，然后用移液管将上清液移入洁净刻度离心管中，盖上盖子。

5．测量光吸收

取上清液置 10 mm 的比色皿中，以 90％丙酮溶液为对照溶液，读取波长 750 nm、663 nm、645 nm 和 630 nm 的吸光度。选择比色皿的光程长度或稀释度，使其光密度 OD_{663} 大于 0.2，小于 1.0。从各波长的吸光度中减去波长 750 nm 的吸光度，作为已校正过的吸光度（D），按下式计算叶绿素的浓度：

$$C_a = \frac{(11.64D_{663} - 2.16D_{645} + 0.10D_{630}) \cdot V_1}{V_2 \cdot L}$$

$$C_b = \frac{(20.97D_{645} - 3.94D_{663} - 3.66D_{630}) \cdot V_1}{V_2 \cdot L}$$

$$C_c = \frac{(54.22D_{630} - 14.8D_{645} - 5.53D_{663}) \cdot V_1}{V_2 \cdot L}$$

式中：C_a——叶绿素 a 的浓度（mg/mL）；

C_b——叶绿素 b 的浓度（mg/mL）；

C_c——叶绿素 c 的浓度（mg/mL）；

V_1——提取液的定容体积（mL）；

V_2——过滤水样的体积（L）；

L——比色皿的光程长度（mm）；

D——已校正过的提取液吸光度。

五、注意事项

（1）实验中所用玻璃仪器用洗涤剂清洗干净，避免酸性条件下引起叶绿素 a 分解。

（2）每一个分析样品必须有一个平行样。

（3）注意叶绿素一定要提干净，避免造成测定误差。

（4）叶绿素初提液体积不要太多，以免浪费试剂，如果浓度太高可进行适当稀释。

（5）叶绿素提取液对光敏感，故提取等操作要尽量在微弱的光照下进行。

（6）比色皿事先要用 90％丙酮溶液进行校正。

六、实验结果分析

取样要避免水体中含固体颗粒物，因湖塘浊度太大，会影响湖水过滤效果。在研钵中用 90％丙酮溶液提取叶绿素时，如果研磨操作不充分，就不能完全提取出来。也可以用外筒玻璃代替研钵，研棒用特氟隆制的匀化器，或采用反复冻融法对藻类细胞进行破碎提取。使用斜头离心机时，容易产生二次悬浮沉淀物。为了减少这一现象，使用外旋式离心机头，在离心之前瞬间加入过量的碳酸镁。脱镁叶绿素 a 能干扰叶绿素 a 的测定，当含有脱镁叶绿素 a 时，应在测定叶绿素 a 的同时测定脱镁叶绿素 a 的含量，以校正干扰。

750 nm 处的吸光度读数用来校正混浊度。由于在 750 nm 的提取液的吸光度对丙酮与水之比的变化非常敏感,因此对于丙酮提取液的配制要严格遵守丙酮与水的体积比为 9：1。用 10 mm 比色皿,750 nm 的吸光度在 0.005 以上时,应将溶液再一次充分地离心分离,并用针式过滤器过滤,然后再测定其吸光度。提取液 664 nm 处的吸光度应介于 0.1~1.0 之间,否则应将提取液稀释或更换不同光程的比色皿。

七、实验报告

计算出单位体积湖水中叶绿素 a、叶绿素 b 和总叶绿素的含量,并通过表 4-31-1 中叶绿素 a 的含量来评价湖泊水体富营养化程度。

表 4-31-1　湖泊富营养化的叶绿素 a 评价标准

指标 类型	贫营养型	中营养型	富营养型
叶绿素 a/(μg/L)	<4	4~10	10~150

八、思考与探究

（1）水体中氮、磷的主要来源有哪些?
（2）被测水体的富营养化状况如何?

九、参考文献

[1] 胡开辉,洪坚平. 微生物学实验[M]. 北京：中国林业出版社,2004.

[2] 中华人民共和国水利部. 中华人民共和国水利行业标准(SL88-2012 替代 SL88—1994：水质叶绿素的测定分光光度法)[M]. 北京：中国水利水电出版社,2012.

[3] 杨革. 微生物学实验教程[M]. 2 版. 北京：科学出版社,2010.

实验 32　抗血清的制备

一、实验目的与内容

1. 实验目的

学习和掌握抗血清制备的方法和基本过程,为免疫反应的测定实验准备材料。

2. 实验内容

（1）制备牛血清白蛋白抗血清。
（2）制备大肠杆菌抗血清。

二、实验原理

动物被人工注射某种抗原后,引起机体的特异性免疫反应,其血清中将产生针对该抗原的特异性抗体,制备的动物血清称为抗血清。高效价的抗血清可用于研究工作以及疾病的诊断和治疗。抗原的种类繁多,包括天然的蛋白质抗原和细胞性抗原、合成性抗原以及基因工程抗原等。一种抗原能否引起抗体生成反应,一方面取决于抗原分子是否具有免疫原性,另一方面取决于机体的免疫状态。抗体的产生与抗原的种类、免疫剂量、免疫途径、免疫次数及间隔时间等有关,制备抗血清(尤其是可溶性抗原)一般需加用佐剂,使用佐剂后可增加抗原的表面积,使抗原易于被巨噬细胞吞噬,并延长抗原在机体内存留的时间,从而提高抗原的免疫原性,以获得高效价的抗血清;小分子半抗原物质需先通过人工的方法与蛋白质载体连接制成完全抗原,才能刺激机体产生抗体。抗体的生成将遵循抗体生成的一般规律——初次反应和再次反应,为了能取得高效价的抗血清,往往要经过多次免疫。

三、实验器材

（1）实验动物（家兔）。

（2）注射器（1 mL、5 mL、20 mL）。

（3）采血针头（9♯、12♯）,卡介苗针头（41/2♯～51/2♯）。

（4）抗原（牛血清白蛋白、大肠杆菌）。

（5）灭菌生理盐水,医用乙醇,2.5%碘酒。

（6）福氏不完全佐剂和福氏完全佐剂:医用液体石蜡 20 mL,羊毛脂 12 g,水浴熔化,混匀分装于青霉素小瓶中,用纱布、线绳扎紧瓶塞。20 min 灭菌,4 ℃保存备用。于免疫前准备制备抗原乳剂时,每 1 mL 试剂中加入 10 mg 卡介苗,即为福氏完全佐剂。

（7）离心机、冰箱、超净工作台、恒温水浴箱、血清瓶、三角瓶、试管和刀片等。

四、实验步骤

（一）动物的选择

选择 6～12 个月的雄性、体重 2～3 kg 的健康家兔,每组三只,免疫前用染料涂抹在动物的背部不同位置做标记。

（二）抗原的配制

1. 可溶性抗原（沉淀原）的配制

（1）用灭菌生理盐水将牛血清白蛋白配制为 2 mg/mL,用 0.22 μm 滤膜过滤除菌。

（2）将等量的福氏完全佐剂（注意佐剂必须预先加热熔化,但不超过 50 ℃）和抗原溶液分别吸入两个 5 mL 注射器内。

（3）在两个注射器的 12♯针头间套上一根长 8～12 cm 的医用无毒塑料管,将两个注射器连接在一起,针头插进塑料管 1～2 cm,然后由两人相对而坐缓缓推动针芯,使管内溶液通过塑料管道至对侧注射器内,每次推动针芯时必须把管内液体全部推出,另一侧也同样操作,使管内液体往返混合,直至形成油包水乳剂为止。与佐剂混合制成乳剂后可用于动物免疫。

2. 颗粒性抗原（凝集原）的制备

（1）准备在 37 ℃下用牛肉膏蛋白胨斜面培养的大肠杆菌。

（2）每支斜面中加入 6 mL 生理盐水（含 0.3%甲醛）,制成菌液。

（3）用无菌吸管吸取菌液,注入装有玻璃珠的无菌血清瓶中,振荡 30 min,制成菌悬液。

（4）将装有菌悬液的血清瓶于 65 ℃水浴 1 h,并经常摇动,以杀死菌细胞。

（5）取少量菌悬液接种于牛肉膏蛋白胨斜面培养 24 h,若有菌生长,则再同样处理,若无菌生长,用比浊法测定菌含量。

（6）用生理盐水将菌悬液稀释到 10^9 个/mL,用冰箱保存备用。

（三）抗原免疫注射

1. 可溶性抗原免疫（皮内多点注射）

（1）注射　将兔放入固定箱内,剪去背毛,用碘酒和乙醇消毒其背两侧皮肤后将皮肤提起,以预先准备好的注射器进行皮下注射。注射时阻力不大,放下皮肤后皮下呈扩散状隆起为注射正确。

(2)第一次免疫 剂量为每只兔子注射 1.0 mL 抗原乳剂(含抗原量 1~2 mg,加福氏完全佐剂)。注射部位为两只后脚掌的皮内各注射 0.2 mL,其余 0.6 mL 分多点注入脊柱两侧、颈部、腹股沟和腋窝等处淋巴结附近部位的皮内,每点可注入 0.05 mL,分 12 点注入。

(3)第二次免疫 初次免疫后两周左右,剂量为 1.0 mL/只,加福氏不完全佐剂。注射部位在腹部皮下多点注射,每点注入 0.1 mL。

(4)第三次免疫 再次免疫后两周内进行,注射剂量和部位同第二次免疫,免疫后 7~14 天抽取少许静脉血,分离血清,试血测定效价。

2. 颗粒性抗原免疫(耳缘静脉注射)

(1)兔耳缘静脉沿耳背后缘走行,将覆盖在静脉皮肤上的毛剪去,可用水湿润局部。

(2)用手指轻弹血管,使兔耳缘静脉血流增加,并在耳根处将耳缘静脉压迫,以使其血管充盈。

(3)用左手食指和中指夹住静脉近心端,拇指和小指夹住耳缘部分,等静脉充盈后,右手持注射器使针头由静脉近末端刺入,顺血管方向进入 1~1.5 cm,放松对血管的压迫,推注射器针芯可将抗原徐徐注入,注射完毕后将针头抽出,立即以干棉球压迫止血。

(4)可进行多次免疫,每 6 天免疫一次,免疫剂量为每次 0.3 mL。

(四)试血

测定抗体效价,一般在第二或第三次免疫后 7~10 天即可于兔耳缘静脉取少量血,分离出血清之后进行试血。采用免疫双扩散法进行试血,其具体方法是,中间孔加稀释的抗原(2 mg/mL)10 μL,周围孔顺时针方向加制备的抗血清,稀释比分别为 1:2、1:4、1:8、1:16、1:32 和 1:64(用生理盐水或 PBS 稀释),经 37 ℃保温 24 h 后观察结果,效价在稀释比为 1:16 以上即可决定采血。

(五)采血

经效价检查合格后即可放血。放血前动物应停食 12 h,以减少血清中的脂肪含量。如拟保留该免疫动物,可直接由心脏取血,或切开耳缘静脉滴血或心脏穿刺取血。取血的动物经 2~3 个月休息,可再次加强免疫后取血。如拟一次放血致死,可用颈动脉放血的方法,各种取血方法如下。

1. 心脏取血

固定动物于仰卧位置,用食指探明心脏搏动量高部位(对于兔,在胸骨左侧,由下向上数第 3 与第 4 肋骨之间),剪去少许毛,用 2.5% 碘酒和 75%乙醇消毒后,以 9♯针头在预定位置与胸部成 45°角刺入心脏,微微上下移动针头,待见血液进入针筒后,即将注射器位置固定取血。一次可取血 20~30 mL。

2. 耳缘静脉滴血

先将耳缘静脉附近的毛剪去,用无菌棉球将皮肤擦干净(不用乙醇消毒,避免溶血)。用台灯照射耳部使血管因温度增高而扩张,然后用无菌刀片将耳缘静脉切一长 0.5 cm 的纵切口,第一次切口应从耳尖部开始,以后再切时,逐步向耳根方向移动。用无菌试管或平皿收集流出的血液。如切口凝血,血流不畅时,可用无菌棉球轻轻将切口外血凝块擦去(注意勿使切口损伤太大),血流仍可继续流出,直至达到所需要的血量为止。取血后用无菌棉球压迫切口止血。耳缘静脉一次可取血 50 mL 左右且动物不死。

3. 颈动脉放血

使动物仰卧固定四肢,颈部剪毛,消毒后纵向切开前颈部皮肤,切口长约 10 cm,用止血钳将皮肤分开夹住,剥离皮下组织,露出肌层,用刀柄加以分离,即见搏动的颈动脉。小心将颈动脉和迷走神经剥离,长约 5 cm,选择血管中段,用止血钳夹住血管壁周围的筋膜。远心端用丝线结扎,近心端用动脉钳夹住,用乙醇棉球消毒血管周围,用无菌剪刀剪一个"V"形缺口。取长 2.5 cm、直径 1.6 mm 塑料管一段,将一端剪成针头样斜面,并将此端插入颈动脉中,另一端放入 200 mL 无菌三角瓶内,然后放开止血钳,血即流入三角瓶内,动物流血至死,可放血 80~100 mL。

（六）抗血清的分离和保存

待收集于无菌平皿或三角瓶内的血液凝固之后,用无菌滴管把血块与瓶壁剥离,放入 37 ℃恒温水浴箱中,1~2 h 取出后放入 4 ℃冰箱过夜(不能冰冻),使血清充分析出,经离心沉淀分出血清,以 100 倍血清量加入 1% 的硫柳汞或 5% 的叠氮钠,分装后放进低温冰箱保存备用。

五、注意事项

（1）牛血清白蛋白的纯度要高,推荐使用电泳纯。

（2）从斜面制备菌悬液时动作要轻,避免将培养基成分带入。

（3）耳缘静脉注射时,若注射阻力较大或出现局部肿胀,说明针头没有刺入静脉,应立即拔出针头,若推注阻力不大,表明已经刺入静脉。

（4）制成的抗原乳剂是否为油包水型乳剂应进行检查(将乳化好的乳剂滴入水中,须呈油滴状不立即扩散),否则会影响免疫效果,如不是油包水型乳剂,应重新制备。

（5）分装保存的抗血清应注明抗血清的名称、效价、制备日期以及包装量。

六、实验结果分析

抗血清的效价与免疫的次数和剂量相关,效价过低会导致实验失败,因此要及时试血,确定免疫是否成功。抗血清效价一般以抗血清稀释倍数表示。血清效价的检测方法很多,灵敏度各不同,因此在表示抗血清效价时,应标明检测方法。另外,在沉淀反应中,出现沉淀时的抗原、抗体比例有一较大的范围,如用不同浓度的抗原测定效价时,结果会有区别,所以在测定抗血清效价时,需注意抗原的浓度。

七、实验报告

（1）记录两种抗原的配制过程。

（2）记录抗原免疫注射和采血的过程和体会。

八、思考与探究

（1）为什么在制备抗原的时候要尽量使用纯度高的抗原?

（2）为什么在使用佐剂时,第一次使用福氏完全佐剂,第二次使用福氏不完全佐剂?

九、参考文献

[1] 黄秀梨,辛明秀. 微生物学实验指导[M]. 2 版. 北京:高等教育出版社,2008.

[2] 沈萍,陈向东. 微生物学实验[M]. 4 版. 北京:高等教育出版社,2007.

[3] 咸洪泉. 微生物学实验教程[M]. 北京:高等教育出版社,2010.

实验 33　免疫沉淀反应测定

一、实验目的与内容

1. 实验目的

掌握环状沉淀反应和琼脂扩散反应的原理和操作方法。

2. 实验内容

(1) 双向琼脂扩散试验。

(2) 沉淀反应试验(环状沉淀反应)。

二、实验原理

将可溶性抗原与相应的抗体混合,在适量电解质存在下,经过一定时间,即可形成肉眼可见的沉淀物,称为沉淀反应。参与沉淀反应的抗原称为沉淀原,抗体称为沉淀素。据此现象设计的沉淀实验主要包括絮状沉淀试验、环状沉淀试验和凝胶内的沉淀试验。凝胶内的沉淀试验依所用的实验方法又可分为免疫扩散试验和免疫电泳技术两类。

1. 免疫扩散法

琼脂凝胶呈多孔结构,能允许各种抗原、抗体在其中自由扩散。抗原、抗体在琼脂凝胶中扩散由近及远形成浓度梯度,当两者在适当比例处相遇即发生沉淀反应,形成沉淀带。由于一种抗原抗体系统只出现一条沉淀带,故本反应能将复合抗原成分加以区分。按其操作特点,可分为单向扩散和双向扩散。单向扩散是抗原、抗体中一种成分扩散,而双向扩散则是两种成分在凝胶内彼此都扩散。双向扩散可用来鉴定未知样品的组分,比较不同样品的抗原性(图 4-33-1)。

2. 环状沉淀反应

在小试管内先加入已知抗血清,然后小心加入待检抗原于血清上表面,使之成为分界清晰的两层,一定时间后,在两层液面交界处出现白色环状沉淀者即为阳性反应(图 4-33-2(b))。此法简单、敏感,所需被检材料少,可用作抗原的定性试验,如炭疽病的诊断(Ascoli's 试验)、血迹鉴定、沉淀素的效价滴定等。

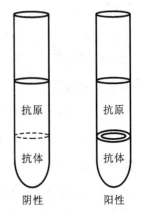

图 4-33-2　环状沉淀反应示意图

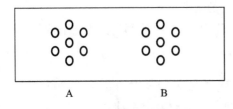

图 4-33-1　双向免疫扩散示意图

三、实验器材

（1）可溶性抗原：牛血清白蛋白 10 mg/mL。

（2）1∶10 兔抗牛血清白蛋白血清。

（3）生理盐水、洁净载玻片、试管、吸管、记号笔、吸管（带乳胶吸头）和恒温箱等。

四、操作步骤

1. 双向琼脂扩散反应

（1）取精制琼脂粉 1～1.2 g，放入 100 mL 含 0.01% 硫柳汞的磷酸盐缓冲液（PBS）中，水浴加热熔化混匀。

（2）洁净玻片放在平台上，加入熔化的琼脂 3～4 mL，厚度约 2.5 mm。注意不要产生气泡，等琼脂冷却凝固后，放入湿盒（铺有数层湿纱布的带盖搪瓷盘）内，防止水分蒸发，放在普通冰箱中可保存 2 周左右。

（3）将琼脂玻片放于事先绘制好的图案上，用打孔器照图案打孔，孔径为 4 mm，孔间距 3 mm。

（4）在左边中央孔加入标准牛血清白蛋白，在外周孔 1、2、3、4、5、6，各加兔抗牛血清白蛋白血清（稀释度分别为 1∶2、1∶4、1∶8、1∶16、1∶32、1∶64）至孔满为止。

（5）在右边中央孔加入兔抗牛血清白蛋白血清，在外周孔 1、2、3、4、5、6，各加牛血清白蛋白（稀释度分别为 1∶2、1∶4、1∶8、1∶16、1∶32、1∶64）至孔满为止。

（6）放置 0.5 h，将琼脂玻片放入湿盒中，置 37 ℃ 恒温箱中，24 h 后观察结果。

2. 环状沉淀反应

（1）取牛血清白蛋白溶液用 PBS 稀释成 1∶10、1∶20、1∶40、1∶80、1∶160、1∶320、1∶640 的抗原溶液。

（2）取 9 支洁净的小试管，每支加入 1∶2 的兔抗牛血清白蛋白血清 0.5 mL。

（3）用吸管吸取制备的牛血清白蛋白溶液各 1 mL，沿试管壁缓慢注入，使之重叠于兔抗牛血清白蛋白血清上面（注意不要发生气泡或摇动）。剩余的 2 支试管分别加入 PBS 和阳性血清做阴性和阳性对照。

（4）直立静置，在 5～10 min 内，两液面交界处若出现清晰、整齐的环状白轮，则为阳性（图 4-33-2（b））。

五、注意事项

（1）双向免疫扩散的时间要适当，时间过短，不能形成沉淀线，时间过长易造成沉淀带解离。

（2）加入的抗原和抗体不能溢出孔外。

（3）孔的边缘不能有缺口或形状不规则。

（4）环状沉淀反应成功的关键是不能搅动液面。

（5）由于不同批次的抗体效价不同，每次实验前应通过预试验来确定合适的稀释范围。

六、实验结果分析

阳性可出现较粗的白色明显的沉淀线，阴性者，则无白色沉淀线。

七、实验报告

（1）按表 4-33-1、表 4-33-2 记录双向扩散的结果，并画出两个双向免疫扩散方阵形成的沉淀线。

表 4-33-1 双向扩散 A 结果

抗原稀释度	1：2	1：4	1：8	1：16	1：32	1：64
沉淀线						

表 4-33-2 双向扩散 B 结果

抗体稀释度	1：2	1：4	1：8	1：16	1：32	1：64
沉淀线						

（2）记录环状沉淀反应的过程和结果（表 4-33-3）。

表 4-33-3 环状沉淀反应的结果

试管号	1	2	3	4	5	6	7	8	9
抗原稀释度	1：10	1：20	1：40	1：80	1：160	1：320	1：640	阴性对照	阳性对照
沉淀线									

八、思考与探究

（1）如果牛血清白蛋白纯度不高，有可能出现什么结果？为什么？

（2）双向扩散反应与环状沉淀反应各有何特点？

（3）在双向扩散反应中，抗原和抗体间的距离对结果有什么影响，为什么？

九、参考文献

[1] 黄秀梨，辛明秀. 微生物学实验指导[M]. 2 版.北京：高等教育出版社，2008.

[2] 沈萍，陈向东. 微生物学实验[M]. 4 版.北京：高等教育出版社，2007.

[3] 咸洪泉. 微生物学实验教程[M].北京：高等教育出版社，2010.

实验34 免疫凝集反应测定

一、实验目的与内容

1. 实验目的

熟悉免疫凝集反应的基本原理和操作技术。

2. 实验内容

（1）玻片凝集反应试验。

（2）试管凝集反应试验。

二、实验原理

颗粒性抗原在适当电解质参与下与相应抗体结合形成肉眼可见的凝集块，称为凝集反应，可分为直接凝集反应和间接凝集反应两类。颗粒状抗原(如细菌、红细胞等)与相应抗体直接结合所出现的凝集现象是直接凝集反应,分为玻片法和试管法。玻片法是一种定性试验方法,可用已知抗体来检测未知抗原。若鉴定新分离的菌种时,可取已知抗体滴加在玻片上,取待检菌液一滴与其混匀。数分钟后,如出现肉眼可见的凝集现象,为阳性反应。该法简便快速,除鉴定菌种外,尚可用于菌种分型、测定人类红细胞的 ABO 血型等。试管法是一种定量试验的经典方法。可用已知抗原来检测受检血清中有无某抗体及抗体的含量,用来协助临床诊断或流行病学调查研究。操作时,将待检血清用生理盐水连续成倍稀释,然后加入等量抗原,最高稀释度仍有凝集现象者,为血清的效价,也称滴度,以表示血清中抗体的相对含量。诊断伤寒、副伤寒的肥达反应(Widal test)、布氏病的瑞特反应(Wright test)均属定量凝集反应。

间接凝集反应是将可溶性抗原(或抗体)先吸附于一种与免疫无关的、一定大小的颗粒状载体的表面,然后与相应抗体(或抗原)作用发生的凝集。用做载体的微球可用天然的微粒性物质,如人(O 型)和动物(绵羊、家兔等)的红细胞、活性炭颗粒或硅酸铝颗粒等;也可用人工合成或天然高分子材料制成的物质,如聚苯乙烯胶乳微球等。由于载体颗粒增大了可溶性抗原的反应面积,当颗粒上的抗原与微量抗体结合后,就足以出现肉眼可见的反应,敏感性比直接凝集反应高得多。

三、实验器材

(1) 颗粒性抗原　大肠杆菌($E. coli$)18～24 h 培养斜面;每支斜面中加入 6 mL 生理盐水(含 0.5% 石炭酸),制成菌液;用无菌吸管吸取菌液,注入装有玻璃珠的无菌血清瓶中,振荡 30 min,制成菌悬液。

(2) 稀释度为 1：10 兔抗大肠杆菌血清抗体。

(3) 生理盐水、洁净玻片、试管、吸管、记号笔、吸管(带乳胶吸头)和恒温箱等。

四、操作步骤

1. 玻片凝集反应

(1) 取洁净玻片一块,用记号笔标记成两小格,并标明待检血清的号码。

(2) 滴加大肠杆菌血清抗体(1：10 稀释)和生理盐水各一滴(或 50 μL)于方格内。血清用前需室温放置,使其温度达 20 ℃左右。

(3) 滴加大肠杆菌菌悬液各一滴(或 50 μL)于方格内,用牙签轻轻搅匀,于 37 ℃恒温箱放置 3～5 min 后观察结果。

2. 试管凝集反应

(1) 取 6 支试管(1 cm×8 cm),另取对照管 2 支。

(2) 用生理盐水将被检血清(稀释度为 1：10)倍比稀释成 6 个稀释度(分别为 1：20,1：40,1：80,1：160,1：320,1：640),每管 0.5 mL。第 7、8 管中不加血清,第 7 管中加稀释度为 1：80 的阳性血清 0.5 mL 作阳性对照。第 8 管中加稀释度为 1：80 的阴性血清 0.5 mL作阴性对照。

(3) 各管中加入用 0.5% 石炭酸生理盐水稀释 20 倍的大肠杆菌菌悬液 0.5 mL。

(4) 各管加抗原后,将各管充分混匀,放 37 ℃恒温箱中 4～10 h,取出后室温放置 18～24 h,然后观察并记录结果。

五、注意事项

(1) 倍比稀释时注意混匀,但不能剧烈振荡。

（2）避免产生气泡影响试验结果。

六、实验结果分析

判定结果时用"＋"表示反应强度如下。

（1）玻片法按下列标准记录反应强度。

＋＋＋＋：出现大的凝集块，液体完全透明。

＋＋＋：有明显凝集块，液体几乎完全透明，即75％凝集。

＋＋：有可见凝集片，液体不甚透明，即50％凝集。

＋：液体混浊，有小的颗粒状物，即25％凝集。

－：液体均匀混浊，无凝集物。

（2）试管法按下列标准记录反应强度。

＋＋＋＋：液体完全透明，菌体完全被凝集呈伞状沉于管底，振荡时，沉淀物呈片状、块状或颗粒状（100％的菌体被凝集）。

＋＋＋：液体略混浊，菌体大部分被凝集于管底，振荡时呈片状或颗粒状（75％菌体被凝集）。

＋＋：液体不透明，管底有明显凝集片，振荡时有块状或小片絮状物（50％菌体被凝集）。

＋：液体不透明，仅管底有少许凝集，其余无显著的凝集块（25％菌体被凝集）。

－：液体混浊，管底无凝集，菌体不被凝集，但由于菌体自然下沉，在管底中央可见圆点状沉淀，振荡后立即散开呈均匀混浊。

七、实验报告

（1）记录两种免疫反应的试验过程。

（2）记录两种免疫反应的试验结果与体会（表4-34-1、表4-34-2）。

表4-34-1 玻片凝集反应试验结果记录表

	生理盐水＋大肠杆菌	大肠杆菌抗血清＋大肠杆菌
结果		

表4-34-2 试管凝集反应结果记录表

管号	1	2	3	4	5	6	7	8
稀释度								
结果								

八、思考与探究

（1）为什么要设立阴性血清和阳性血清对照？

（2）为什么在做凝集反应时要加入电解质？

九、参考文献

[1] 黄秀梨,辛明秀. 微生物学实验指导[M]. 2版.北京:高等教育出版社,2008.

[2] 沈萍,陈向东. 微生物学实验[M]. 4版.北京:高等教育出版社,2007.

[3] 咸洪泉. 微生物学实验教程[M].北京:高等教育出版社,2010.

实验 35　食用菌的培养

一、实验目的与内容

1. 实验目的

（1）学习食用菌母种、原种和栽培种的制作方法。

（2）掌握食用菌的栽培技术。

2. 实验内容

（1）用组织分离法获得母种。

（2）原种和栽培种的制备。

（3）食用菌栽培技术。

二、实验原理

食用菌是指子实体硕大、肉质或胶质可供食用的大型真菌。食用菌风味独特，营养丰富，蛋白质含量较高，含多种氨基酸、维生素、糖类和矿物质元素等，有的还具有药用价值。中国已知的食用菌有 350 多种，其中多属担子菌亚门，常见的有香菇、草菇、蘑菇、木耳、银耳、猴头、竹荪、松口蘑、红菇和牛肝菌等，少数属于子囊菌亚门，如羊肚菌、马鞍菌等。

食用菌的生产可视为逐步放大的过程。它可分为母种、原种、栽培种和栽培四个过程（图 4-35-1）。前三个培养过程可用固体培养，也可用液体培养，最后一个步骤大都采用固体培养。

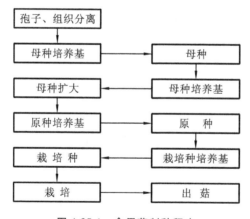

图 4-35-1　食用菌制种程序

三、实验器材

1. 材料

幼嫩新鲜的食用菌子实体（如平菇）。

2. 试剂

75%乙醇、0.1%氯化汞溶液、棉籽壳、麦粒、玉米粒、生石灰、多菌灵、过磷酸钙、石膏粉、尿素。

3. 其他器材

无菌纱布、无菌脱脂棉、解剖刀、镊子、接种铲、接种针、无菌培养皿、高压灭菌锅、超净工作台、牛皮纸、天平、罐头瓶、聚丙烯塑料袋、聚乙烯塑料袋、线绳、酒精灯等。

四、实验步骤

（一）母种的分离和培养（均需无菌操作）

食用菌母种是指从大自然首次分离得到的纯菌丝体，多通过孢子分离法、组织分离法和菇木分离法获得纯菌丝体。本实验主要介绍组织分离法。

1. 制备母种培养基

马铃薯 200 g，葡萄糖 20 g，水 1000 mL。马铃薯去皮，切成小块，加 1500 mL 水，煮沸 30 min，双层纱布过滤，取滤液加糖，补充水至 1000 mL，加 1.5%琼脂，制成马铃薯葡萄糖琼脂（PDA）斜面或平板。

2. 种菇消毒

取幼嫩新鲜的食用菌子实体（如平菇），用无菌棉球蘸上 75%的乙醇对菌盖和菌柄进行擦拭消毒，或用 0.1%的氯化汞溶液浸泡 30 min，再用无菌水迅速多次冲洗。

3. 母种分离

取消毒好的种菇，在超净工作台上用无菌解剖刀在菌盖与菌柄交界处切取内部组织块，用无菌接种针取麦粒大小的小块，接入 PDA 培养基的试管斜面中央，贴上标签，注明菌种名称、接种日期，于 25 ℃培养，定期进行观察，记录菌丝生长情况，最好将菌丝洁白、健壮的菌种保留待用。

4. 扩大培养

将上述分离出的健壮菌种，用接种铲转移带有少量培养基的菌丝，至 PDA 斜面中央，在 20～26 ℃条件下培养一周，即为母种（一级种）（图 4-35-2）。

（二）原种制备

1. 棉籽壳、麸皮原种制作

（1）配方　棉籽壳 93%、麸皮 5%、过磷酸钙 1%、石灰（或石膏）1%，培养料与水的配比为 1∶(1.3～1.5)。

（2）配制　先将石膏粉和过磷酸钙等溶于水中，搅匀，倒入棉籽壳和麸皮混合物中拌匀，用手握培养料，以指间有水但不滴下为宜，堆闷 4～6 h 后备用。

（3）装瓶　先将配好的培养料装入菌种瓶中，边装边压实。然后用直径约 1 cm 的锥形棒打孔至瓶底，再用干净纱布擦净瓶口内外，最后用牛皮纸和绳子封口备用。

（4）灭菌　121 ℃灭菌 1.5 h，冷却后备用。

（5）接种　用无菌接种铲，采用挖块的方法将母种接入原种培养基中，接种点尽可能多，送培养室培养。

（6）培养　24～28 ℃培养 20～30 天，即可得原种（要定期检查，检出污染瓶）（图 4-35-3）。

2. 小麦粒、玉米粒原种制作

（1）配方　小麦或玉米 100 g、碳酸钙 5 g、石膏粉 10 g，含水量 60%～65%。

（2）配制　选无病虫害小麦粒或玉米粒，用清水浸泡吸涨后，煮沸 20 min（熟而不烂为宜），沥水后晾干至表面无水珠，拌入碳酸钙，石膏粉即可装瓶（不需压实）。

（3）灭菌　121 ℃灭菌 1.5 h，冷却后备用。

（4）接种　用无菌接种铲,采用挖块的方法将母种接入麦粒培养基中,接种点尽可能多,送培养室培养。

（5）培养　待菌丝长到瓶高的 1/3 时,摇瓶,打散菌丝,继续培养 2 周,即可长满瓶。

（三）栽培种制作

多用聚丙烯耐高压塑料袋,一般用直径 15 cm 的筒状塑料,剪成高 30 cm 的袋,用线绳扎好一端,装培养料后的袋子呈圆柱形,培养料面无裂纹,装满后扎上另一端,同原种一样灭菌、接种、培养即可(图 4-35-4)。一般原种可接 30～50 袋栽培种。若用瓶装制作,其方法与原种制作相同。

图 4-35-2　母种

图 4-35-3　原种

图 4-35-4　栽培种

（四）食用菌栽培技术

1. 配料

（1）棉籽壳 100 kg、过磷酸钙 1 kg、尿素 0.1 kg、石膏 1 kg、生石灰 2 kg、多菌灵 0.1 kg。培养料与水的配方比为 1∶1.4。

（2）玉米芯(颗粒)100 kg、过磷酸钙 1 kg、尿素 0.2 kg、石膏 1 kg、生石灰 2 kg、多菌灵 0.1 kg。培养料与水的配方比为 1∶1.2。

2. 拌料

把所有辅料(固体磨碎)按量加至规定量的水中,搅拌均匀后,即可加至主料(棉籽壳或玉米芯)中进行拌料。拌料时要边加水边搅拌,尽量使料与水混合均匀。

3. 堆(闷)料

料拌好后,即可进行堆闷。环境温度在 15 ℃ 以下时,堆闷一夜,15 ℃ 以上时,堆闷 4～6 h 即可。

4. 装袋

取厚 0.01～0.05 cm 的聚乙烯塑料袋(简称塑料袋),长 40～50 cm,宽 20～28 cm。先将袋的一端用线绳扎住或踩在脚下,然后从另一端装入培养料。边装边压实,装至一半时,撒入一层菌种,然后继续装料,快装满时,再撒一层菌种,整平压实,使菌种与培养料紧密接触,最后捆扎封口,然后倒过来用同样的方法将口封住。接种量一般为培养料的 10%～15%。装袋的关键是靠近袋口多撒一些菌种,用棉塞封住两头的料面。

5. 发菌

把接种好的培养袋放在 20 ℃ 左右,经 3～4 天后,转入 25～28 ℃,相对湿度为 70%,避光条件下发菌,25 天左右就可出菇。

6. 出菇

出菇阶段即子实体形成阶段,是获得高产的关键期,可分为五个时期。

(1) 原基期 菌丝开始扭结形成原基,要增光、增湿、降温至 15 ℃。

(2) 桑葚期 原基菌丝团表面形成小米粒大小的半球体,即桑葚期,应采取保湿措施,增加空气湿度。

(3) 珊瑚期 即菇柄形成期,需通气、增光、保湿。

(4) 成形期 主要是菇盖生长期,要求相对湿度连续保持在 85%～90%。

(5) 采收期 自菇蕾出现 5～8 天(条件适宜 2～3 天),此时菇体组织紧实,质地细嫩,重量最大,蛋白质含量较高,是最佳采收期。

五、注意事项

(1) 用于生产平菇菌种的培养基配制后要进行彻底灭菌,培养基灭菌后需无菌保存。

(2) 装袋前要把营养料充分拌匀,培养料手握松软成团即可,不能有水渗出。

(3) 装袋时压料要均匀。做到边装边压、逐层压紧、松紧适中,一般以手按有弹性,手压有轻度凹陷,手托挺直为度。料装得太紧透气性不好,影响菌丝生长;装得太松则菌丝生长细弱无力,易断裂损伤,影响发菌和出菇。

(4) 为了提高平菇菌丝的竞争力,缩短发菌时间,可将用种量保持在 15%～20%,提高菌袋的通气能力,使平菇菌丝尽快占领料面,在菌袋中形成优势。

(5) 在扎袋口时,不宜扎得过松或过紧。过松时杂菌容易侵入袋内,造成感染;过紧时,会造成菌丝缺氧,生长缓慢。

(6) 料袋要轻拿轻放,防止塑料袋破损。认真检查装好的料袋,发现破口要用透明胶带封贴。

(7) 培养过程中应经常检查温度和杂菌污染情况。

(8) 在采收平菇时应打开门窗,加大通风量,以免对孢子过敏。

六、实验结果分析

1. 不出菇的常见原因及对策

在平菇栽培中,有时会出现菌丝长得很好,料面结成一体,用手拍有咚咚的空响声,眼观料面洁白无杂色,但就是无子实体或很少有子实体分化,其主要原因有以下几种。

(1) 品种选择不当 高温型品种在低温下栽培或中低温型品种在高温下栽培可造成无子实体;广温型和中低温型的品种在春季气温回升到 25 ℃以上时,已不能分化子实体,而相同温度或稍高温度的秋季却不影响子实体的分化。在较高温度下,尤其是气温由低到高的春季,品种选择要慎重。

(2) 母种保存时间过长 若母种放置冰箱中低温保存时间较长,取出后直接用于生产原种,即使菌丝仍具有活力,菌丝萌发,生长正常,也不分化子实体。冷藏的母种要先转管后再扩培使用。

(3) 杂菌污染 在菌丝生长过程中,有时会出现杂菌污染,因平菇菌丝生活力强,可将其覆盖,但会影响平菇的子实体分化。

2. 畸形平菇发生的原因及预防措施

平菇在形成子实体期间,倘若遇到不良环境和条件,使子实体不能正常发育,便会产生各种各样的畸形,严重影响平菇的产量和质量,甚至完全失去商品价值。这种现象多发在头茬菇之后。其主要病因是高温、通风不良、光线不足、营养缺乏等,少数是由菌种退化、变异、病毒感染所致。畸形菇主要类型有以下几种。

（1）大脚菇　平菇原基发生后,只长菇柄,下粗上细,不长菌盖,菌盖的直径小于菌柄的直径而形成大脚畸形。发生原因可能是菇房通风不足,菇体内养分运输失去平衡。

（2）瘤盖菇　在菇盖上生长有很多小瘤样突起,有的突起还形成菌褶。严重时,菌盖僵缩,菇质硬化,停止生长。发生原因是菇体发育时温度过低,低温持续时间太长,造成菌盖内外层细胞生长失调。预防措施是栽培时必须弄清栽培品种和菇体正常发育能耐受的最低温度,冬栽应选择中低温型品种,同时采取增温、保温措施,控制好菇房出菇温度。通常中温型品种菇房温度应控制在 8 ℃以上,低温型品种应控制在 0 ℃以上为宜。

（3）菜花菇　菌柄没有分化,大量的小原基聚集在一起,形成球形的菌块。主要是由菇房内 CO_2 浓度过高或农药中毒所致。故应加强通风,不要采用封闭式的保温措施。

（4）萎缩菇　菇体初期正常,在膨大期即泛黄、呈水肿状或干缩状而停止生长,最后变软腐烂。菇体水肿原因是湿度过大或有较多的水直接喷在幼小菇体上,使组织吸水,影响呼吸及代谢,使平菇停止生长而死亡;菇体干缩是因为空气相对湿度较小,通风过强,风直接吹在菇体上,使平菇失水而死亡,或者培养基营养失调,菇体形成大量原基后,有部分迅速生长,其余由于营养供应不足而停滞;少数萎缩菇是由于菌种退化,症状是菌盖尚未长成足够大,即出现反卷、发黄、萎缩。预防措施是控制湿度在 $80\%\sim85\%$,不要向幼体菇体上喷水,不让风直接吹在菇体上。

（5）珊瑚菇　原基顶端向上伸长,而不分化菌盖,在菌柄上重复分叉,形如珊瑚,一般呈白色。由于光照很弱或通风极度不良所致,须加强通风。

七、实验报告

（1）整理食用菌培养的一般步骤及关键点。

（2）详细观察,比较母种菌丝生长发育动态,计算出平均每天菌丝生长速度,记录培养全过程,并计算出菇量。

八、思考与探究

（1）母种、原种和栽培种制作的技术关键是什么?

（2）分析实验结果中污染瓶、袋出现的原因。

（3）生产中,可采取哪些措施提高出菇量?

九、参考文献

［1］刘国生.微生物学实验技术[M].北京:科学出版社,2007.

［2］崔颂英,马兰,骆玉岐.食用菌生产[M].2 版.北京:中国农业大学出版社,2011.

［3］杨桂梅,苏允平.食用菌生产[M].北京:中国轻工业出版社,2011.

［4］黄秀梨.微生物学实验指导[M].北京:高等教育出版社,2006.

［5］沈萍,陈向东.微生物学实验[M].4 版.北京:高等教育出版社,2007.

第 **5** 部分　微生物学综合性实验

实验 36　苯酚生物降解菌的筛选

一、实验目的与内容

1. 实验目的

掌握用选择性培养基从土壤中分离苯酚生物降解菌的原理和方法。

2. 实验内容

苯酚降解菌的分离、复筛及性能测定。

二、实验原理

利用微生物的降解作用是清除环境中芳香族化合物污染的有效途径之一,分离高效广谱降解菌在该类化合物的环境整治方面具有重要的意义。苯酚是芳香烃化合物,是重要的化工原料。其被广泛应用于酚醛树脂、炼油、焦炭、染料、纺织、杀虫剂、农药和医药的生产中,并成为工业废水中的主要污染物之一。苯酚是一种在自然条件下难降解的有机物,对人体、动物有较高毒性,其长期残留于空气、水体和土壤中,会造成严重的环境污染。苯酚的去除方法已有较多报道,生物降解方法具有反应条件温和、降解彻底的优点,在苯酚污染治理方面有着广泛的应用。目前,能降解苯酚的微生物种类很多,有细菌中的多个属及藻类、酵母菌和放线菌等。

苯酚是常用的表面消毒剂之一,是三羧酸循环(TCA)的抑制剂。现已发现某些假单胞菌、不动杆菌、真养产碱菌含有芳香烃的降解质粒,可将其降解生成琥珀酸、草酰乙酸、乙酰CoA,进入 TCA 循环。

本实验从苯酚浓度梯度培养基平板的高浓度区中分离单菌落。分离的菌种对苯酚具有较好的耐受性,可能具有分解苯酚的能力;然后将其在以苯酚为唯一碳源的培养基中进行摇床培养,淘汰掉不能利用苯酚的菌株,筛选出苯酚降解菌;再用不同浓度的苯酚培养基筛选耐受能力强、降解程度高的苯酚降解菌。结合标准曲线,测定所获得的苯酚降解菌的降解率,如大于80%,表明其为有效的苯酚降解菌。将其有针对性地投加到污水处理系统中,能够在有毒害的污染物治理中发挥出重要作用。

三、实验器材

1. 样品

实验土样采自校园肥沃土或含酚的工业污水、污泥。

2. 试剂

牛肉膏、蛋白胨、苯酚、K_2HPO_4、KH_2PO_4、$MgSO_4$、$FeSO_4$、琼脂。

3. 器材

试管、250 mL 锥形瓶、1 mL 移液管、吸耳球、涂布棒、培养皿、量筒、天平、高压灭菌锅、恒温培养箱、酒精灯、接种环、棉球、棉线、牛皮纸。

4. 培养基

(1) 培养基 1:牛肉膏蛋白胨培养基　见附录 3。

(2) 培养基 2:药物培养基　将一定量苯酚加入到牛肉膏蛋白胨培养基中制成。

(3) 培养基 3:苯酚浓度梯度平板　在无菌培养皿中,先倒入 7～10 mL 牛肉膏蛋白胨培养基,将培养皿一侧置于木条上,使培养皿中培养基倾斜成斜面,且刚好完全盖住培养皿底部;待培养基凝固后,将培养皿放平,再倒入 7～10 mL 含 0.1 g/L 苯酚的牛肉膏蛋白胨培养基。由于苯酚的扩散作用,上层培养基薄的部分苯酚浓度大大降低,造成上层培养基由厚到薄出现苯酚浓度递减的梯度。

(4) 培养基 4:以苯酚为单碳源的液体培养基　NH_4Cl 1.0 g,K_2HPO_4 0.6 g,KH_2PO_4 0.4 g,$MgSO_4$ 0.06 g,$FeSO_4$ 3 mg,苯酚按设计量添加,水 1000 mL,pH 7.0～7.5。

四、实验步骤

1. 苯酚耐受菌株的初选

(1)浓度梯度培养基平板制备　按上述培养基 3 的方法制成苯酚浓度梯度平板。

(2)样品菌悬液制备　将采集的土样或污水溶解于无菌水中,摇匀,做适度稀释,备用。

(3)平板涂布　用 1 mL 移液管分别从各菌悬液试管中取菌悬液 0.2 mL,置于苯酚梯度平板上,用无菌涂布棒涂布均匀。

(4)培养　在恒温培养箱 30 ℃环境下培养 1～2 天。

(5)挑取菌落　由于在培养基平板中,药物浓度呈由低到高的梯度分布,平板上长成的菌落也呈现由密到稀的梯度分布,而高浓度药物区生长的少数菌落一般具有较强的抗药性。挑取高浓度药物区的单个菌落于牛肉膏蛋白胨培养基斜面上划线。

(6)培养、保藏　将接种后的斜面置于恒温培养箱中 30 ℃培养 1～2 天,编号,再置 4 ℃冰箱中保藏。

2. 以苯酚为单碳源的菌株的筛选

(1)单碳源培养基配制　按上述培养基 4 的配方,用 250 mL 锥形瓶,每瓶装 50 mL,制成以苯酚为单碳源的液体摇瓶,苯酚的浓度分别按 0.2 g/L、0.4 g/L、0.6 g/L、0.8 g/L、1.0 g/L、1.2 g/L 6 个浓度梯度配制;每个菌株、每种药物的浓度各配制两瓶平行样;121 ℃,灭菌 20 min。

(2)接种　将初选的苯酚耐受性菌株,分别用少许无菌水稀释,接种于对应摇瓶中。

(3)培养　30 ℃,100 r/min,摇床培养 2 天。

(4)检测　用分光光度计测定 *OD* 值,以空白培养基作对照,检测各摇瓶的菌体浓度。

(5)筛选　淘汰掉不能利用苯酚为碳源的菌株。菌体浓度高的为生长较好者,即能以苯酚为单碳源的菌株,可进行下一步实验。

3. 高耐受性苯酚降解菌的筛选

(1)药物培养基平板的配制　按不同浓度(0.2 g/L、0.4 g/L、0.6 g/L、0.8 g/L、1.0 g/L、

1.2 g/L)苯酚配制药物培养基平板。

(2) 灭菌、倒平板 121 ℃,灭菌 20 min,倒平板,各菌株和各浓度配制 2 个。

(3) 菌悬液制备 将初选的培养液做适度稀释,或将保藏的经单碳源实验的菌株用无菌水制成菌悬液。

(4) 涂平板 用 1 mL 移液管分别从各菌悬液试管中吸取菌悬液 0.2 mL 涂布于药物培养基平板上,每一试管菌悬液涂布在一组不同浓度的苯酚药物培养基平板上,每一浓度设平板2 个,6 组共计 12 个。

(5) 培养 恒温培养箱 30 ℃培养 1~2 天。

(6) 筛选 观察、记录并挑选高浓度药物培养基平板上生长旺盛的菌落,此即高耐受性苯酚降解菌,接种于牛肉膏蛋白胨培养基斜面。

(7) 保藏 编号,置 4 ℃冰箱中保藏。

4. 性能测定

在 NH_4OH-NH_4Cl 缓冲液中,使发酵液中的苯酚游离出来,苯酚与 4-氨基安替比林发生缩合反应,在氧化剂铁氰化钾的作用下,苯酚被氧化生成醌而与 4-氨基安替比林反应,生成橙红色的吲哚酚安替比林染料,其水溶液在 510 nm 波长处有最大吸收。(注意测定中不能颠倒试剂加入的顺序)。

(1) 标准曲线的绘制 分别吸取苯酚标准液(1.00 mL 含 0.01 mg 苯酚)0 mL、0.5 mL、1.0 mL、2.0 mL、3.0 mL、4.0 mL、5.0 mL 于 50 mL 各锥形瓶中,用蒸馏水稀释至 50 mL,然后向标准苯酚溶液和发酵的稀释液中各加入 0.25 mL 20% NH_4OH-NH_4Cl 缓冲溶液,0.5mL 2% 4-氨基安替比林溶液,0.5 mL 8%铁氰化钾溶液,每次加入试剂后需均匀混合,放置15 min 后,在 510 nm 处比色测定。经空白校正后,绘制吸光度对苯酚含量(mg)的标准曲线。

(2) 发酵液的苯酚含量测定 将经高耐受性苯酚降解菌筛选的菌种,分别接入碳源对照培养液 A 和苯酚培养液 B 中,30 ℃振荡培养 48 h,于发酵的 0 h、12 h、24 h、36 h、48 h 取样,在 600 nm 处检测光密度值(OD),或采用比浊法在浊度计上测定混浊度。绘制在葡萄糖培养液和苯酚培养液中的生长曲线,在 250 mg/L 苯酚培养液中,生长速度下降不明显者为耐苯酚菌株。

分别取适量发酵液(含苯酚量大于 10 μg)于 50 mL 锥形瓶中,稀释至 50 mL。用与绘制标准曲线相同步骤测定吸光度,最后减去空白对照所得吸光度。同时,从标准曲线中查出发酵液中苯酚含量。

(3) 耐苯酚菌株的苯酚降解率测定 按上述方法测定接种前和发酵终止时发酵液苯酚浓度,计算苯酚降解率。若苯酚降解率大于 80%,表明确为有效的苯酚降解菌。

$$苯酚降解率(\%)=\frac{未接种前发酵液苯酚含量-发酵终止时发酵液苯酚含量}{未接种前发酵液苯酚含量}\times100\%$$

五、注意事项

(1) 各种培养基的配制应严格按配方的要求完成,尤其是苯酚的称取量和 pH 值。

(2) 涂布梯度平板的菌悬液只做适度稀释,菌浓度不必过低。

(3) 涂布平板的菌悬液不要过多或过少,0.2 mL 为宜。

(4) 梯度平板上挑取菌落时,要挑取单菌落。

(5) 铁氰化钾吸入、摄入或经皮肤吸收时对身体可能有害,一定要在通风橱内小心使用。

六、实验结果分析

苯酚浓度梯度平板一定要形成梯度,苯酚浓度过低会导致实验失败,因此要及时倾斜成斜面。单碳源实验的培养基和培养条件一定要严格把握,否则会导致实验失败。

七、实验报告

(1) 用表 5-36-1 至表 5-36-3 记录实验步骤 1～4 所得的实验结果。

表 5-36-1　耐苯酚菌株的初选结果

平板编号	1	2	3	4	5	6	7	8
药物浓度/(g/L)	0.1	0.1	0.1	0.1	0.1	0.1	0.1	0.1
高药区单菌落数								

表 5-36-2　以苯酚为单碳源菌株的筛选结果 (生长情况 OD 值)

药物浓度/(g/L)	0.2	0.4	0.6	0.8	1.0	1.2
1						
2						
3						
4						
5						

表 5-36-3　高耐受性苯酚降解菌的筛选结果 (菌落数)

药物浓度/(g/L)	0.2	0.4	0.6	0.8	1.0	1.2
1						
2						
3						
4						
5						

(2) 绘制标准曲线,计算耐苯酚菌株的苯酚降解率。

(3) 耐苯酚菌株菌体、菌落形态的描述。

八、思考与探究

(1) 分析耐酚细菌培养基、苯酚无机培养液和苯酚培养液的成分,说明其适用于分离苯酚降解菌的原因。

(2) 说明采用梯度平板法进行抗药性菌株筛选的优越性。

九、参考文献

[1] 钱存柔,黄仪秀. 微生物学实验教程[M]. 2 版. 北京:北京大学出版社,2008.

[2] 国家环境保护总局. 水和废水监测分析方法[M]. 4 版. 北京:中国环境科学出版社,2002.

实验 37　乳酸菌的分离、鉴定及酸奶制作

一、实验目的与内容

1. 实验目的

(1) 掌握从酸奶中分离、鉴定和纯化乳酸菌的一般方法。

(2) 学习自制酸奶的方法。

2. 实验内容

(1) 乳酸菌的分离。

(2) 乳酸菌的初步鉴定。

(3) 酸奶的制作。

二、实验原理

乳酸菌是指一群通过发酵糖类，产生大量乳酸的细菌总称。乳酸菌从形态上可分为球菌和杆菌，并且均为革兰氏阳性菌，在缺少氧气的环境中生长良好的兼性厌氧菌或厌氧菌。目前，对乳酸菌的应用研究，着重于食品（如发酵乳制品、发酵肉制品和泡菜）和医药等与人类生活密切相关的领域。酸奶是以新鲜牛乳经有效杀菌，用不同乳酸菌发酵剂制成的乳制品。其味酸甜，口感细腻，营养丰富，深受人们喜爱。它对人体有较多的好处，可以维持肠道正常菌群平衡，并具有抑制腐败菌、提高消化率、防癌及预防一些传染病等功效，并能为食品提供芳香风味，使食品拥有良好的质地。利用天然的或经筛选的乳酸菌发酵，已经生产出多种不同类型的发酵乳。因而分离和鉴定乳酸菌对人类的生产和生活都具有非常重要的意义。

目前市售的各种酸奶制品中，作为发酵剂的乳酸菌通常为保加利亚乳杆菌和嗜热链球菌这两株菌。保加利亚乳杆菌($L. bulgarius$)：革兰氏阳性菌，长杆形，长 $2\sim9\ \mu m$，宽 $0.5\sim0.8\ \mu m$，能产生大量的乳酸。嗜热链球菌($S. thermophilus$)：革兰氏阳性菌，卵圆形，直径 $0.7\sim0.9\ \mu m$，成对或呈链状排列，无运动性。

本实验采用 MRS 培养基平板筛选和分离乳酸菌，利用镜检观察形态，再通过 BCG 牛乳培养基培养鉴定实验、糖发酵实验和吲哚试验以证明该菌种为乳酸菌。

三、实验器材

1. 菌种

德国乳杆菌保加利亚亚种($Lactobacillus\ delbrueckii$ subsp. $bulgaricus$)，唾液链球菌嗜热亚种($Streptococcus\ salivarius$ subsp. $thermophilus$)，可用纯种，也可从名牌酸奶商品中自行分离。

2. 培养基

(1) MRS 琼脂培养基　蛋白胨 10 g、牛肉膏 5 g、酵母提取物 5 g、K_2HPO_4 2 g、柠檬酸二铵 2 g、乙酸钠 5 g、葡萄糖 20 g、琼脂 20 g、吐温 80 1 mL、$MgSO_4 \cdot 7H_2O$ 0.58 g、$MnSO_4 \cdot 4H_2O$ 0.25 g、蒸馏水 1000 mL、pH 6.2~6.4，121 ℃下灭菌 20 min。

(2) BCG 牛乳培养基　A（溶液）为脱脂奶粉 100 g，水 500 mL，加入 1.6% 溴甲酚绿（BCG）乙醇溶液 1 mL，80 ℃灭菌 20 min。B（溶液）为酵母膏 10 g、水 500 mL、琼脂 20 g，pH 6.8，

121 ℃灭菌 20 min。以无菌操作趁热将 A、B 溶液混合均匀后倒平板。

（3）糖发酵液体培养基：蛋白胨 5 g、牛肉膏 5 g、酵母提取物 5 g、葡萄糖 10 g、吐温 80 0.5 mL、蒸馏水 1000 mL、1.6%溴甲酚紫溶液 1.4 mL，pH 6.8～7.0，分装试管后在 121 ℃下灭菌 30 min。

3. 材料

优质全脂牛奶或奶粉、蔗糖、市售优质酸奶(1 瓶)。

4. 有关溶剂

1.6%溴甲酚绿(BCG)、乙醇溶液、吲哚试剂、对二甲基氨基苯甲醛 8 g、95%乙醇 760 mL、浓盐酸 160 mL、10% 硫酸、2% 高锰酸钾。

5. 器皿

无菌奶瓶、三角瓶、无菌移液管、培养皿、厌氧罐、恒温水浴锅、恒温箱、冰箱、超净工作台、高压蒸汽灭菌锅、显微镜、分析天平、吸管、试管、烧杯、量筒、温度计、酒精灯、接种棒、载玻片等。

四、操作步骤

1. 乳酸菌的分离

（1）浇注平板　将三角瓶中的 MRS 培养基加热熔化，冷却至 45 ℃左右，浇注 3 个平板，凝固后待用。

（2）酸奶稀释　按常规方法对酸奶进行 10 倍系列稀释，取适当稀释度的菌液做平板分离。

（3）平板分离　取适当稀释度的悬液用涂布平板法分离单菌落，也可用接种环直接蘸取酸奶原液做平板划线分离。

（4）恒温培养　将分离用的培养皿平板放入厌氧罐中，然后按抽气换气法或取 20 g 焦性没食子酸加 20 mL 1.5% NaOH 的方法造成厌氧环境(注意：两物质先后加在小烧杯中后，应立即紧盖厌氧罐)，然后置 37 ℃恒温箱中培养 2～3 天。

2. 乳酸菌的鉴定

（1）菌落形态观察及染色鉴定　观察 MRS 平板培养基上的菌落形态，染色并镜检，初步判断菌种属性。

① 扁平型菌落：直径为 2～3 mm，边缘不整齐，薄而透明，染色并镜检为革兰氏阳性杆状。

② 半球状隆起型菌落：直径为 1～2 mm，隆起呈半球状，高约 0.5 mm，菌落边缘整齐，四周可见酪蛋白水解的透明圈。染色并镜检后，细胞为革兰氏阳性链球状。

③ 礼帽型突起菌落：直径为 1～2 mm，边缘基本整齐，菌落的中央隆起，四周较薄，有酪蛋白水解后形成的透明圈。经染色并镜检后细胞呈革兰氏阳性链球状。

（2）BCG 牛乳培养基鉴定过程　将所分离的两种菌(球菌和杆菌)在无菌条件下用接种环划线于 BGG 牛乳平板培养基上。球菌在恒温培养箱中 42 ℃培养 24 h 后，观察结果；杆菌在恒温培养箱中 37 ℃培养 72 h 后，观察结果。两种菌均在平板上出现了圆形稍扁平的黄色菌落，周围培养基变为黄色，因菌种生长过程中能产酸，致使附近培养基中溴甲酚绿与之发生反应变色，可初步判定，杆状的即为乳杆菌(保加利亚乳杆菌)，链球状的即为乳链球菌(嗜热链球菌)。

（3）乳酸菌糖发酵液体培养基鉴定过程

① 试管标记：取分别装有糖发酵培养液的试管各 2 支，每种糖发酵试管中分别标记乳酸菌和空白对照。

② 接种培养：以无菌操作分别接种少量菌苔至以上各相应试管中，每种糖发酵培养液的空白对照均不接菌。将装有培养液的杜氏小管倒置试管中，置 37 ℃恒温箱中培养 24 h，观察结果。

③ 观察记录：与对照管比较，若接种培养液保持原有颜色，其反映结果为阴性；如果培养液呈黄色，反映结果为阳性。

（4）吲哚试验鉴定

① 试管标记：取装有蛋白胨培养基的试管，分别标记乳酸菌和空白对照。

② 接种培养：以无菌操作分别接种少量菌苔到标记乳酸菌的试管中，标记有空白对照的不接种，置 37 ℃恒温培养箱中培养 24～48 h。

③ 观察记录：在培养基中加入乙醚 1～2 mL，经充分振荡，使吲哚萃取至乙醚中，静置片刻后乙醚层浮于培养液的上面，此时沿管壁缓慢加入 5～10 滴吲哚试剂，如有吲哚存在，乙醚层呈玫瑰色，此为吲哚试验阳性反应，否则为阴性反应。

3. 酸奶制作

（1）配奶　在牛奶中添加 6％～10％蔗糖后搅匀，或用奶粉与水按 1：7 的配比配成还原奶，然后加 6％～10％蔗糖后搅匀。

（2）消毒　将酸奶原料置于 85～90 ℃下消毒 15 min。

（3）冷却　将消毒后的牛奶冷却至 45 ℃左右。

（4）接种　按 5％～10％(V/V)比例将市售优质酸奶作菌种接入冷却牛奶中，充分搅匀。

（5）装瓶　将上述牛奶按无菌操作灌入无菌奶瓶、三角瓶或血浆瓶中。一般每个牛奶瓶罐约为 250 g(使液面距瓶口 1.5 cm)。

（6）保温　将接种后的牛奶置于 40～42 ℃的恒温箱中保温 3～4 h(具体时间根据凝乳速度而定)。

（7）后熟　已形成凝胶态的酸奶放在 4 ℃左右的低温下保持 12～24 h，以使其后熟(后发酵)。

（8）品味　评定乳酸质量有理化指标和微生物学指标两类。本实验中产品的质量以品尝时有良好的口感和风味为主，同时观察产品的外观，包括凝块状态、色泽洁白度、表层光洁度、无气泡和具有悦人香味等。相反，若品尝时发现有异味则说明发酵中污染了杂菌。

五、注意事项

（1）选择优良的酸奶作接种剂是获得成功的关键。

（2）在酸奶制作的全过程中，必须严防杂菌污染。

（3）必须选用不含抗生素的牛奶作发酵原料，否则将抑制乳酸菌的生长。

（4）乳酸杆菌属和链球菌属的乳酸菌一般都是厌氧菌和兼性厌氧菌，可以在有氧条件下生长，但使用厌氧罐培养可长得更好。

（5）在用 MRS 培养基分离菌种时，为了高效分离，应挑取具有典型特征的菌落。

（6）在吲哚试验中，为了保证实验的准确性，在加入吲哚试剂后切勿摇动试管，这样乙醚层就不至于被破坏。

（7）在对牛奶进行消毒时，温度不宜过高，否则会导致牛奶中的一部分营养物质的化学结构遭到破坏。

六、实验结果分析

1. 乳酸菌的分离纯化

在平板上出现了圆形稍扁平的黄色菌落,周围培养基变为黄色,初步定为乳酸菌,取出少量在显微镜下观察到了链球状和杆状两种形状。

2. 乳酸菌的鉴定

(1) 该菌种的菌落为圆形稍扁平的黄色菌落,有杆状和链球状两种形状。

(2) 在糖发酵试验中,在加入葡萄糖的发酵培养液中加入菌种后,培养液变为黄色,反应结果为阳性,且杜氏小管内无气泡。

(3) 在吲哚试验中,加入菌种的试管无任何变化,证明为阴性反应,说明该菌不具有分解酪氨酸产生吲哚的能力,也说明此菌种不是乳酸菌,因为乳酸菌的吲哚试验证明为阳性反应。

3. 乳酸的制作

正常的乳酸制作出来后有良好的口感和风味,同时观察产品的外观,其凝结状态均匀、色泽洁白、表层光滑、无气泡且具有悦人香气。但遭杂菌污染的酸奶则具有相反的特性,且品尝时会有异味。

七、实验报告

(1) 记录乳酸菌的分离鉴定过程和结果。

(2) 记录酸奶的制作过程和结果。

八、思考与探究

(1) 在缺乏厌氧罐时,能否培养、分离酸奶中的乳酸菌,为什么?

(2) 吲哚试验鉴定中,为何在加入吲哚试剂后不宜振荡,若振荡会对结果有何影响?

(3) 在酸奶制作中,为何要采用混合菌发酵?

(4) 酸奶为何比一般牛奶具有更好的保健功能?

九、参考文献

[1] 黄秀梨,夏立秋,辛明秀,等. 微生物学实验指导[M]. 北京:高等教育出版社,德国:施普林格出版社,1996.

[2] 沈萍,范秀容,李广武. 微生物学实验[M].3 版. 北京:高等教育出版社,1999.

[3] 郭书贤,刘凤霞. 生物化学实验技术[M]. 武汉:湖北人民出版社,2004.

[4] R.E. 布坎南,N.E 吉本斯. 伯杰细菌鉴定手册[M]. 9 版. 北京:科学出版社,1984.

[5] 东秀珠,蔡妙英. 常见细菌系统鉴定手册[M]. 北京:科学出版社,2001.

实验 38   柠檬酸液体深层发酵和提取

一、实验目的与内容

(1) 掌握实验室菌种与种子生产方法。

(2) 学习柠檬酸发酵原理及过程,掌握柠檬酸液体发酵及中间分析方法。

（3）记录黑曲霉培养过程中培养基中基质的变化与产物的形成情况。

（4）掌握钙盐法提取柠檬酸的原理与方法。

二、实验原理

目前，国内外普遍采用黑曲霉的糖质原料发酵生产柠檬酸。在黑曲霉发酵生产柠檬酸实验中需要大量活化的孢子，其制备是采用麸皮培养基中保藏的黑曲霉孢子，在新的麸皮培养基上，于适当的温度下活化并大量繁殖，从而产生大量活化孢子。

黑曲霉发酵法生产柠檬酸的代谢途径：黑曲霉生长繁殖时产生的淀粉酶、糖化酶首先将薯干粉或玉米粉中的淀粉转变为葡萄糖；葡萄糖经过酵解途径（EMP）转变为丙酮酸；丙酮酸氧化脱羧形成乙酰 CoA，然后在柠檬合成酶的作用下生成柠檬酸。黑曲霉在限制氮源和锰等金属离子条件下，同时在高浓度葡萄糖和充分供氧的条件下，TCA 循环中的酮戊二酸脱氢酶受抑制，TCA 循环不能充分进行，使柠檬酸大量积累并排出菌体外。其理论反应式为

$$C_6H_{12}O_6 + 1.5O_2 \longrightarrow C_6H_8O_7 + 2H_2O$$

以薯干粉或玉米粉为原料的黑曲霉柠檬酸发酵液，除了含有大量柠檬酸外，还有大量的菌体、少量没有被黑曲霉利用的残糖、蛋白质、脂肪、胶体化合物以及无机盐类等。柠檬酸提取就是从成分复杂的发酵液中分离提纯获得柠檬酸。从柠檬酸发酵液中提取柠檬酸的方法主要有钙盐法、溶剂萃取法、吸交法、离子色谱法等。

钙盐法首先采用过滤或超滤除去发酵液中的菌丝体等不溶残渣，然后在澄清过滤液中加入碳酸钙（或氢氧化钙）发生中和反应，生成难溶的柠檬酸钙沉淀，利用在 80～90 ℃下柠檬酸钙具有溶解度极低的特性，通过过滤（或离心）将柠檬酸钙与可溶性的糖、蛋白质、氨基酸、其他有机酸和无机离子等杂质分离开，用 80～90 ℃热水反复洗涤柠檬酸钙，除去残糖和其他可溶性杂质，经过滤（或离心）获得较纯净的柠檬酸钙，然后在洗净的柠檬酸钙中缓慢地加入稀硫酸进行酸解反应，生成柠檬酸和硫酸钙沉淀，经过滤（或离心）除去硫酸钙沉淀，获得粗制的柠檬酸。其主要反应式为

中和过程：

$$2C_6H_8O_7 \cdot H_2O + 3CaCO_3 \longrightarrow Ca_3(C_6H_5O_7)_2 \cdot 4H_2O + 3CO_2 \uparrow + H_2O$$

酸解过程：

$$Ca_3(C_6H_5O_7)_2 \cdot 4H_2O + 3H_2SO_4 + 4H_2O \longrightarrow 2C_6H_8O_7 \cdot H_2O + 3CaSO_4 \cdot 2H_2O$$

三、实验器材

1. 实验材料

（1）菌种　黑曲霉。

（2）种曲培养基　麸皮培养基。

（3）黑曲霉种子培养基　20%玉米粉糖化过滤液。

（4）发酵培养基　20%葡萄糖溶液与过滤后的玉米糖化过滤液按比例混合。

2. 其他试剂

0.1 mol/L NaOH、1%酚酞试剂、碳酸钙、95%乙醇、浓硫酸、α-淀粉酶。

3. 主要仪器设备

超净工作台、恒温培养箱、pH 计、灭菌锅、三角瓶（500 mL）、摇床、离心机、滤布、布氏漏斗、滴定管、水浴锅、试管、烧杯等。

四、实验步骤

1. 麸曲的制备

（1）麸皮培养基的配制　将麸皮用纱布袋装好,用自来水将麸皮反复揉洗直至洗液澄清,挤去水分至有水感而水不下滴为宜。将洗净的麸皮装入 500 mL 干净的锥形瓶中,装入量约为锥形瓶体积的 1/5,用四层纱布盖好,并用牛皮纸包好。高压蒸汽灭菌法灭菌,121 ℃,灭菌 30 min。

（2）接种

① 孢子悬浮液的制备　取保藏黑曲霉菌种,用接种环挑取少许菌落装入含有玻璃球的三角瓶中,加 20 mL 无菌水,盖好塞子振荡数分钟,即得孢子悬浮液。

② 种曲的制备　吸取孢子悬浮液 5 mL 接入麸曲培养基中,然后摊开纱布、扎好,并在掌心轻轻拍三角瓶,使孢子和培养基充分混合,于 30～32 ℃下恒温培养 1 天后,再次拍匀,于 35 ℃下培养,每隔 12～24 h 摇瓶一次,孢子长出后停止摇瓶,这样继续培养 3～4 天,即成种曲。

2. 摇瓶种子制备

（1）摇瓶发酵培养基的配制　将玉米粉用 80 目筛子筛好备用,称取 200 g 玉米粉于烧杯中,同时加入自来水 800 mL,即自来水与玉米粉的配比为 4：1,混匀。

（2）培养基的糖化　将培养基置电热板上搅拌加热,70 ℃加入淀粉酶 2.0 g,水解 20 min,取少量培养基加水稀释后用碘指示剂检验,与淀粉液进行对照,如变蓝表明水解糖化不完全,需补加淀粉酶继续水解至不变蓝,即糖化完全。用双层纱布过滤,即得到 20％玉米水解过滤液。

（3）分装、灭菌　将配制好的培养基装入摇瓶（锥形瓶）中,装入量为摇瓶总体积的 1/10,用 2 层纱布封口,121 ℃,灭菌 20 min。

（4）接种　待培养基温度降至 40 ℃以下时,将活化的黑曲霉孢子（为 4～5 片麸皮）接种入培养基中,在 33～36 ℃下,200 r/min 的摇床中培养 20 h 左右,培养后菌丝球为致密形的,菌球直径不应超过 0.1 mm,菌丝短且粗壮,分支少,呈瘤状,以部分膨胀为优。

3. 发酵培养

（1）发酵培养基的配制　取 20％葡萄糖溶液分别按 20：1、10：1、5：1 的配比加入玉米糖化液,配成培养基。

（2）分装、灭菌　取 40 mL 混合后的培养基加入到 500 mL 摇瓶（小于总体积的 1/10）中,用 2 层纱布封口,121 ℃,灭菌 20 min。

（3）接种　待培养基温度降至 40 ℃以下,接入发酵种子 2 mL,35 ℃摇床上连续培养 72 h,24 h 前转速为 100 r/min,24 h 后转速调为 200～300 r/min,培养结束后将发酵液高温灭活,待处理。

4. 发酵过程检测

（1）pH 值的检测　使用 pH 计,每隔 12 h 记录一次 pH 值。

（2）黑曲霉菌丝形态的观察　每隔 12 h 镜检黑曲霉菌丝的形态变化。

（3）柠檬酸总酸的测定　精确吸取 5 mL 发酵液的过滤液于 100 mL 锥形瓶中,加入少量的去离子水,加 2～3 滴 0.1％酚酞指示剂,用 0.1 mol/L NaOH 溶液滴定,滴定至呈现微红色,计算用去的 NaOH 体积,计为柠檬酸的百分含量（每消耗 1 mL NaOH 为 1％的酸度）。

5. 钙盐法提取柠檬酸

（1）发酵液过滤 将发酵液合并,量取发酵液体积,离心或过滤除去菌体及残渣,准确计量滤液,取 5 mL 滤液,测定柠檬酸含量。

（2）碳酸钙中和沉淀 柠檬酸与碳酸钙发生中和反应,形成难溶的柠檬酸钙沉淀,碳酸钙的添加量根据滤液中柠檬酸的量来添加,柠檬酸与碳酸钙的质量比为 2.1∶1。边搅拌边缓慢加入碳酸钙,以防止产生大量气泡。碳酸钙加完后,放置 90 ℃恒温水浴中加热,保温搅拌 30 min,趁热过滤,并用沸水洗涤柠檬酸钙沉淀。

（3）酸解 将柠檬酸钙沉淀物取出,称量,加入 2 倍量的水,调匀,加入浓度为 10％的硫酸溶液,硫酸的添加量根据碳酸钙的量计算,碳酸钙与硫酸的摩尔质量比为 1∶1.5。加完硫酸后,搅拌 30 min,过滤,得清亮的棕黄色液体,取样测定柠檬酸的含量,并准确计量柠檬酸液体积。

（4）结晶 取柠檬酸液置电热板上加热浓缩,静置析出结晶。

五、注意事项

（1）麸皮一定要洗净,否则易产生杂菌。

（2）用碘液检验淀粉时,要用水稀释。装入摇瓶的培养基不能太多,否则培养过程中黑曲霉所需要的氧气不能充分供应。

（3）进行下一步操作前应用显微镜检测菌球的生长状况,若菌丝细长则说明黑曲霉已经提前进入柠檬酸发酵时期,会导致后期的柠檬酸产量降低。

（4）发酵过程中不能断氧,否则发酵将失败。

六、实验结果分析

（1）麸曲外观检查。

（2）发酵培养过程中的情况变化记录于表 5-38-1 中。

表 5-38-1 发酵培养过程中 pH 值和柠檬酸含量

时间/h	pH 值	柠檬酸/（％）
0		
12		
24		
48		
60		
72		

（3）各步提取收率记录于表 5-38-2 中。

表 5-38-2 发酵液柠檬酸含量及收率

料液名称	体积/mL	柠檬酸含量/（％）	收率/（％）
发酵液			
过滤液			
中和酸解液			

七、实验报告

描述发酵过程中酸度的变化,计算出柠檬酸得率,根据实验原理和内容,分析影响得率的主要因素和关键步骤。

八、思考与探究

（1）实验室种子制备的原则是什么？

（2）柠檬酸的粗提过程中损失的步骤有哪些？

（3）从黑曲霉活化至最后进入摇瓶发酵，中间可否省略发酵种子扩大培养这一步？为什么？

九、参考文献

［1］沈萍，范秀容，李广武. 微生物学实验[M]. 3 版. 北京：高等教育出版社，1999.

［2］黄秀梨. 微生物学实验指导[M]. 北京：高等教育出版社，1999.

［3］沈萍，陈向东. 微生物学实验[M]. 4 版. 北京：高等教育出版社，2007.

［4］Michael T Madigan，John M Martinko. Brock Biology of Microorganisms[M]. 11th. New Jersey：Pearson Prentice Hall，2006.

［5］Lansing M Prescott，John P Harley，Donald A Klein. Microbiology[M]. 6th. New York：McGraw-Hill Higher Education，2005.

［6］贾士儒. 生物工程专业实验[M]. 北京：中国轻工业出版社，2004.

［7］诸葛健，王正祥. 工业微生物实验技术手册[M]. 北京：中国轻工业出版社，1994.

实验 39　固定化酵母菌的乙醇发酵试验及啤酒的酿制

一、实验目的与内容

1. 实验目的

（1）学习并掌握制备固定化细胞常用的方法。

（2）掌握固定化酵母乙醇发酵工艺以及乙醇的提取和测定方法。

（3）了解啤酒酿制的一般过程和发酵工艺。

2. 实验内容

（1）固定化酵母的制备。

（2）用固定化酵母进行乙醇发酵并提取乙醇进行测定。

（3）用固定化酵母发酵生产啤酒。

二、实验原理

（一）固定化细胞技术

固定化细胞技术是 20 世纪 60 年代兴起的一种生物技术，是指利用物理或化学的手段，将具有一定生理功能的游离细胞定位于限定的空间区域，使其保持活性并可反复使用的一种新型生物技术。与固定化酶技术相比，固定化细胞技术保持了胞内酶系的原始状态与天然环境，有效地利用了游离细胞完整的酶系统和细胞膜的选择通透性，既具有固定化酶的优点，又具有自身的优越性：①无需进行酶的分离和纯化，减少酶活力的损失，大大降低了固定化成本；②可进行多酶反应，且不需添加辅助因子；③保持了酶的原始状态，使酶的稳定性更高，对污染的抵抗力更强;④细胞生长停滞时间短,细胞多,反应快等。正是由于固定化细胞技术具有这些无可比拟的优势,使其应用范围比固定化酶技术更为广泛,已用于工业、医药、环境保护、能源开发以及化学分析等多个领域。

微生物固定化方法主要有包埋法、交联法和载体结合法等,其中包埋法是指将细胞包埋在高聚物的细微凝胶网格中或高分子半透膜内的一种固定化方法。前者称为凝胶包埋法,细胞被包埋成网格型。微生物细胞固定化常用的载体有:①多糖类(纤维素、琼脂、葡萄糖凝胶、藻酸钙、K-角叉胶、DEAE-纤维素等);②蛋白质(骨胶原、明胶等);③无机载体(氧化铝、活性炭、陶瓷、磁铁、二氧化硅、高岭土、磷酸钙凝胶等);④合成载体(聚丙烯酰胺、聚苯乙烯、酚醛树脂等)。

(二) 固定化酵母乙醇发酵

固定化酵母细胞以葡萄糖为主要原料可进行乙醇发酵,当糖类扩散进入包埋体后被酵母菌细胞运输到细胞内,先经过 EMP 途径变成丙酮酸,在无氧的条件下丙酮酸脱羧还原生成乙醇,而在有氧的情况下丙酮酸彻底氧化成二氧化碳和水。乙醇发酵是各种酒类生产的基础。本实验采用酵母菌发酵,通过测定发酵过程中的酵母菌细胞数、生成的二氧化碳量以及最终产物乙醇的量,判断酵母菌的发酵能力。

(三) 啤酒的酿制

啤酒有改善消化机能、预防心血管疾病等保健功效,素有"液体面包"之称。啤酒是指以大麦芽为主要原料,以其他谷物(大米、玉米等)和酒花为辅料,经糖化、发酵等工序,获得的一种富含多种营养成分和二氧化碳的液体饮料。生产过程主要包括:大麦发芽、干燥、粉碎→加辅料,糊化、糖化→过滤→煮沸(加酒花)→沉淀→冷却→麦芽汁→发酵→过滤、包装、灭菌→啤酒成品。现代啤酒生产多采用露天锥形大罐发酵,生产规模大,自动化程度高。啤酒发酵的原理:酵母接种后开始在麦芽汁充氧的条件下,恢复其生理活性,以麦芽汁中的氨基酸为主要氮源,可发酵的糖为主要碳源,进行呼吸作用,从中获取能量并进行繁殖,同时产生一系列的代谢副产物,此后便在无氧条件下进行啤酒发酵。

三、实验器材

1. 菌种、培养基和原料

干酵母、酿酒酵母、麦芽汁培养基、大麦、大米粉、麦牙粉、酒花、耐高温 α-淀粉酶、糖化酶、乳糖或磷酸等。

2. 溶液和试剂

海藻酸钠、无水氯化钙、5%柠檬酸钠溶液、葡萄糖、灭菌蒸馏水、碘液等。

3. 仪器和其他用品

电子天平、水浴锅、灭菌锅、乙醇计、糖度计、血球计数板、显微镜、20 mL 注射器、烧杯、三角瓶、玻璃棒、搪瓷盘、纱布、量筒、镊子、无菌封口膜等。

四、实验步骤

(一) 固定化酵母的制备

1. 试剂配制与酵母活化

(1) $CaCl_2$ 溶液　称取 0.83 g 无水氯化钙加 150 mL 水溶解,备用。

(2) 海藻酸钠溶液　称取 0.7 g 海藻酸钠加入 10 mL 水,加热溶解成糊状,备用。

（3）10％葡萄糖溶液　称取 15 g 葡萄糖溶液溶于 150 mL 水中,备用。

（4）活化酵母菌　称取 1 g 干酵母,放入 50 mL 的小烧杯中,加 10 mL 蒸馏水并用玻璃棒搅成糊状,放置 1 h 左右使其活化,制成酵母悬液,备用。

2. 混合海藻酸钠溶液和酵母悬液

将熔化好的海藻酸钠溶液冷却至室温,加入已活化的酵母细胞,同时用玻璃棒充分搅拌,混合均匀。用海藻酸钠制成不含酵母菌的凝胶珠,作为对照。

3. 固定化操作

用 20 mL 注射器吸取海藻酸钠与酵母悬液,在恒定的高度(距液面 12～15 cm,高度过低凝胶珠的形状不规则,过高液体飞溅),恒定而缓慢地将混合液滴加到准备好的 $CaCl_2$ 溶液中,使液滴在 $CaCl_2$ 溶液中形成凝胶珠的形状,凝胶珠在 $CaCl_2$ 溶液中静置,浸泡 30 min 以上形成稳定的结构,保证其充分固定。用不含酵母的蒸馏水与海藻酸钠做相同的处理,制得的凝胶珠作为对照。

4. 凝胶珠完整性和弹性的检查

（1）用镊子夹起几个凝胶珠,放在实验桌上用手挤压,如果凝胶珠不容易破裂,没有液体流出,就表明凝胶珠完整性好。

（2）在实验桌上用力摔打凝胶珠,如果凝胶珠很容易弹起,也没有破裂,表明凝胶珠完整性和弹性均好。

5. 凝胶珠内包埋酵母菌的测定

将一定量的酵母凝胶珠放入一定体积的 5％柠檬酸钠溶液中,振摇凝胶珠使其完全溶解,再适当稀释,用血球计数板在显微镜下直接计数,取 3 次平均值,然后算出单位数量凝胶珠内包埋的酵母菌数。

（二）固定化酵母菌的乙醇发酵

1. 发酵前处理

用 5 mL 移液器吸取灭菌蒸馏水冲洗凝胶珠 2～3 次,洗去凝胶珠表面多余的电解质,然后加入装有 150 mL 的 10％葡萄糖溶液的三角瓶中,塞紧棉塞,于 25 ℃条件下静置发酵 24 h 后观察结果,看有无气泡产生,同时能否闻到酒味。

2. 检测二氧化碳的生成

实验开始时,凝胶珠是沉在烧杯底部,24 h 后,凝胶珠悬浮在溶液上层,而且可以观察到凝胶球不断地产生气泡,说明固定化的酵母细胞正在利用溶液中的葡萄糖,在凝胶球内产生的二氧化碳使其悬浮于溶液上层。对照凝胶珠不会上浮。

3. 检测乙醇的产生

以蒸馏水为空白,用乙醇计测定乙醇浓度,选用量程为 0％～50％的乙醇计,将乙醇计轻轻放入装有发酵溶液的量筒中(注意避免乙醇计与量筒底部碰撞),待乙醇计上下自由浮动稳定后,读取溶液弯月面下缘对应的刻度示值,根据测得的刻度示值和温度,查表,换算成 20 ℃时乙醇度数,所得结果保留 1 位小数,即为发酵液的乙醇度数。对照凝胶珠的发酵液乙醇度数检测应当为零。

（三）啤酒酿制工艺流程

1. 麦芽粉的制备

取 100 g 大麦放入搪瓷盘或玻璃容器内,用水洗净,浸泡在水中 8～12 h,将水倒掉,放置 15 ℃阴暗处发芽,盖上一块纱布,每日早、中、晚淋水一次,麦根伸长至麦粒的 2 倍时,即停止发芽,摊开晒干或烘干,磨碎制成麦芽粉,储存备用。

2. 制备大米粉水解液

将 25 g 大米粉加入 250 mL 水中,混合均匀,加热至 50 ℃,用乳酸或磷酸调 pH 值至 6.5,加入耐高温 α-淀粉酶,其量为 10 U/g 大米粉,50 ℃水浴保温 10 min,在缓慢搅拌下,以约 1 ℃/min 的速度升温至 95 ℃,保持此温度 20 min。迅速加热至沸腾,持续 20 min,补水保持原体积。迅速降温至 60 ℃,即成大米粉水解液,备用。

3. 制备麦芽汁

取 75 g 麦芽粉加入 200 mL 水中,混匀,加热至 50 ℃。用乳酸调 pH 值至 4.5,于 50 ℃水浴中保温 30 min,升温至 60 ℃,加入备用的大米粉水解液,搅拌均匀,保温 30 min,继续升温至 65 ℃,保持 40 min,补水维持原体积。再升温至 75 ℃,保持 15~30 min(用碘液检验直至不呈蓝色),糖化液用 4~6 层纱布过滤,用糖度计测量其糖度,制成麦芽汁。

4. 固定化酵母发酵产啤酒

取 20 g 固定化酿酒酵母加到 250 mL 的三角瓶中,然后加入 50 mL 糖度为 10°Bé 的麦芽汁,用无菌封口膜封好瓶口,28 ℃静置发酵 48 h,倒出发酵液,即完成了固定化酵母第一次发酵产啤酒。再将麦芽汁加入经发酵过的固定化酵母中,进行第二次同样的发酵,收集发酵液后,还可重复发酵几次。并和发酵液,即是固定化酵母发酵所产的啤酒。

五、注意事项

(1) 海藻酸钠的浓度会影响固定化细胞的质量。过高,难形成凝胶珠;过低,形成的凝胶珠所包埋的酵母菌的数目较少。

(2) 固定化酵母菌的乙醇发酵应在无氧的条件下进行。

(3) 选择优良的大麦、大米粉、酒花的原料,并采用符合生产要求的酵母菌种,是发酵产啤酒成功的关键。

六、实验结果分析

严格控制各实验阶段所要求的温度、时间和所要求的条件,是啤酒成功发酵的关键。所用器具要清洁,保持制作环境的清洁,控制空气少流动,制作过程严格防止杂菌污染。

七、实验报告

(1) 报告检查凝胶珠完整性和弹性的情况。

(2) 报告测定凝胶珠内包埋酵母菌的结果。

(3) 报告固定化酵母菌发酵乙醇的测定结果。

八、思考与探究

(1) 制备固定化活细胞的操作中,应重点掌握哪几个技术环节?

(2) 用血球计数法来测定固定化酵母菌的数量,所得的数据与实际活细胞有没有偏差?若有,说明原因并设计另一种计数方法来测定活细胞数。

(3) 包埋体中的酵母菌的数量为什么会影响发酵的效率?

九、参考文献

[1] 黄秀梨,辛明秀. 微生物学实验指导[M]. 2 版. 北京:高等教育出版社,2008.

[2] 沈萍,陈向东. 微生物学实验[M]. 4 版. 北京:高等教育出版社,2007.

[3] 张尔亮,李维,王汉臣. 微生物学实验教程[M]. 重庆:西南师范大学出版社,2012.

[4] 陈坚,堵国成,李寅,等. 发酵工程实验技术[M]. 北京:化学工业出版社,2003.

实验 40　发酵培养基的正交试验优化

一、实验目的与内容

1. 实验目的

了解发酵条件对产物形成的影响,掌握发酵培养基的配制原则,学习用正交试验优化发酵培养基的方法。

2. 实验内容

(1) 进行发酵条件单因素试验,记录并分析实验结果。

(2) 进行培养基组分正交试验,记录并分析实验结果。

二、实验原理

发酵条件对产物的形成有着非常重要的影响,其中培养基 pH 值、培养温度和通气状况是三类最主要的发酵条件。培养基 pH 值一般指灭菌前的 pH 值,可通过酸碱调节来控制,由于发酵过程中 pH 值会不断改变,所以最好用缓冲液来调节;在摇瓶培养下,通气状况可用培养基装量和摇床转速来调整,另外,瓶口布的厚薄也会影响到氧气的传递,为了防止杂菌污染,瓶口布以 8 层纱布为好。

发酵培养基是指大生产时所用的培养基,由于发酵产物中一般含有较高碳源比例,因此培养基中的碳源含量也应该比种子培养基中高,如果产物的含氮量高,还应增加培养基中的氮源比例。但必须注意培养基的渗透压,如果渗透压太高,又会反过来抑制微生物的生长,在这种情况下可考虑用流加的方法逐步加入碳、氮源。

培养基的组分对发酵起着关键性的影响作用。工业发酵培养基与菌种筛选时所用的培养基不同,一般以经济节约为主要原则,因此常用廉价的农副产品为原料。选择碳源时常用山芋粉、麸皮、玉米粉等代替淀粉,选用豆饼粉、黄豆粉作为氮源;此外,还应考虑所选原料不影响下游的分离提取工作。由于这些天然原料的组分复杂,不同批次的原料组分各不相同,在进行发酵前必须进行培养基的优化试验。

正交试验法是优化多因素、多水平的一种试验方法,即借助正交表来计划安排试验,并正确地分析结果,找到试验的最佳条件,分清因素和水平的主次,这就能通过比较少的试验次数达到较好的试验效果。实践证明,正交试验法是一个多、快、好、省而行之有效的方法,目前已被广泛地运用于工、农、医药业生产和科学研究中。

三、实验器材

1. 菌种

放线菌(抗生素产生菌)、金黄色葡萄球菌。

2. 培养基

(1) 种子培养基　用高氏 1 号培养基:可溶性淀粉 20 g、NaCl 0.5 g、KNO_3 1 g、$K_2HPO_4 \cdot 3H_2O$ 0.5 g、$MgSO_4 \cdot 7H_2O$ 0.5 g、$FeSO_4 \cdot 7H_2O$ 0.01 g、琼脂 15~25 g、水 1000 mL,

pH 7.2。

（2）发酵培养基　由可溶性淀粉作为碳源，黄豆饼粉、蛋白胨和酵母膏作为复合营养源，它们的配比根据正交试验确定，另加 0.5％ KH_2PO_4、0.05％ $NaCl$ 和 0.05％ $MgSO_4$ 作为无机矿质元素，调节 pH 值至 7.2。

（3）生物测定培养基　牛肉膏 0.5％、蛋白胨 1％、酵母膏 0.3％、$NaCl$ 0.3％、琼脂 1.5％、葡萄糖 5％，pH 6.0，121 ℃灭菌 20 min。

3. 试剂

0.9％的生理盐水、1 mol/L $NaOH$、1 mol/L HCl。

4. 仪器

摇床、三角瓶、牛津小杯、平皿、离心机、分光光度计、容量瓶等。

四、实验步骤

1. 生物测定平板的制备

将 37 ℃培养 16～18 h 的金黄色葡萄球菌斜面菌种，用 0.9％的生理盐水洗涤，将菌悬液稀释成在波长 650 nm 下透光率为 20％的溶液。按每 100 mL 生物测定培养基（保温 50 ℃）加入 4 mL 稀释的金黄色葡萄球菌，制成平板备用。

2. 培养基初始 pH 值对抗生素积累的影响

将种子培养基配好后，用 1 mol/L $NaOH$ 或 1 mol/L HCl 分别调节培养基 pH 值至 5.0、6.0、7.0、8.0 和 9.0，分装至 250 mL 三角瓶中，每瓶 25 mL，0.1 MPa 灭菌 30 min。冷却后接种，在 30 ℃恒温摇床上以 180 r/min 的转速培养 5～7 天，发酵结束后 5000 r/min 离心 5 min，取 200 μL 上清液加入到生物测定培养基的牛津杯中（4 个，2 个加样品，2 个加标准对照品），每个被测样品用 3 套平皿进行测定；37 ℃培养 18～24 h 后，测量抑菌圈直径的大小（取平均值和校正值），确定产生抗生素的最佳培养基 pH 值。

3. 培养温度对抗生素积累的影响

基本操作同上，将接种后的三角瓶在 25 ℃、30 ℃、35 ℃、40 ℃和 45 ℃下摇床（180 r/min）培养 5～7 天，发酵结束后同上处理，找出最佳发酵温度。

4. 培养基装量对抗生素积累的影响

基本操作同上，在 250 mL 三角瓶中分装培养基，装量分别为 20、25、30、35 和 40 mL，以 8 层纱布作为瓶口布，0.1 MPa 灭菌 30 min，接种后 30 ℃摇床培养（180 r/min）5～7 天，发酵结束后同上处理，确定最适培养基装量。

5. 摇床转速对抗生素积累的影响

基本操作同上，在 250 mL 三角瓶中分装 25 mL 培养基，接种后在 150、180、210 和 240 r/min 的摇床中摇瓶培养（30 ℃）5～7 天，发酵结束后同上处理，找出最适摇床转速。

6. 最适培养基配方的正交试验

（1）将可溶性淀粉、黄豆饼粉、蛋白胨和酵母膏作为培养基的主要影响因素，每一因素设定 3 个水平，按表 5-40-1 配制 9 组培养基（W/V），另加入 0.05％ $NaCl$、0.5％ KH_2PO_4 和 0.05％ $MgSO_4$，按单因素分析确定的最佳 pH 值和装量，分装于 250 mL 三角瓶中，用 8 层纱布包扎后于 0.1 MPa 灭菌 30 min。

表 5-40-1　抗生素产生菌发酵培养基优化正交试验表

组别	因素 A	淀粉	因素 B	黄豆饼粉	因素 C	蛋白胨	因素 D	酵母膏	抑菌圈大小/cm
1	1	5%	1	3%	1	0.2%	1	0.4%	
2	1	5%	2	5%	2	0.4%	2	0.6%	
3	1	5%	3	7%	3	0.6%	3	0.8%	
4	2	7%	1	3%	2	0.4%	3	0.8%	
5	2	7%	2	5%	3	0.6%	1	0.4%	
6	2	7%	3	7%	1	0.2%	2	0.6%	
7	3	9%	1	3%	3	0.6%	2	0.6%	
8	3	9%	2	5%	1	0.2%	3	0.8%	
9	3	9%	3	7%	2	0.4%	1	0.4%	

（2）接种　挑取斜面孢子 5 环接入 5 mL 无菌水中,摇匀后用无菌移液管吸取 0.5 mL 孢子悬液接到每一组培养基中(接种量完全一样)。

（3）发酵　将三角瓶放于摇床上,按单因素分析确定的最佳温度和摇床转速培养 5～7 天。

（4）取下摇瓶,同上立即进行抑菌圈的测定,记录各组培养基配方的抑菌圈的大小,通过正交试验确定最佳培养基配方。

五、注意事项

（1）抗生素抑菌活性的测定对本实验至关重要,最好在抗生素生物效价测定实验的基础上进行。

（2）进行单因素和正交试验时,其他实验条件尽可能一致。

（3）培养温度、摇床转速等对结果影响很大,因此实验最好在同一摇床中进行。

（4）正确测量抑菌圈直径的大小,计算平均值和校正值。

六、实验结果分析

实验结束后,把 9 个数据填入分析表的试验结果栏内,按表中数据计算出各因素不同水平试验结果总和,再取平均值。最后计算极差,极差是指这一列中最好与最坏的之差,从极差的大小就可以看出哪一个因素对酶活力影响最大,哪一个影响最小。找出在何种培养条件下抑菌活性最高(抗生素产量最高)。

七、实验报告

（1）记录单因素试验的过程和结果。

（2）完成正交试验表 5-40-2 中抑菌圈大小的测量,通过正交试验直观分析和方差分析得到营养因子显著程度,并最终确定培养基的组成和最佳发酵时间。

表 5-40-2　试验结果分析表(直观分析法)

试验号 \ 因素	A	B	C	D	抑菌活性/cm
1	1	1	1	1	

续表

试验号 因素	A	B	C	D	抑菌活性/cm
2	1	2	2	2	
3	1	3	3	3	
4	2	1	2	3	
5	2	2	3	1	
6	2	3	1	2	
7	3	1	3	2	
8	3	2	1	3	
9	3	3	2	1	
K_1					
K_2					
K_3					
k_1					
k_2					
k_3					
极差 R					
最佳水平					

因素与试验结果关系图

八、思考与探究

(1) 如果不采用正交试验表,四因素三水平的试验总共需要做几组?

(2) 正交试验的优点是什么?

九、参考文献

[1] 吴根福,杨志坚. 发酵工程实验指导[M]. 北京:高等教育出版社,2006.

[2] 张尔亮,李维,王汉臣. 微生物学实验教程[M]. 重庆:西南师范大学出版社,2012.

[3] 岑沛霖,蔡谨. 工业微生物学[M]. 北京:化学工业出版社,2000.

[4] 陈坚,堵国成,李寅,等. 发酵工程实验技术[M]. 北京:化学工业出版社,2003.

实验 41　蛋白酶产生菌的筛选及测定

一、实验目的与内容

（1）学习和掌握枯草芽孢杆菌的分离技术。

（2）掌握高产碱性蛋白酶菌株的初筛方法。

（3）掌握蛋白酶活力测定的原理与基本方法。

二、实验原理

枯草芽孢杆菌是属于芽孢杆菌属的一类细菌。枯草芽孢杆菌的分布十分广泛，主要存在于土壤或腐烂的稻草之中。由于能够形成芽孢，因此它能够抵抗高温、干燥等不良环境。许多枯草芽孢杆菌能分泌蛋白酶、淀粉酶和抗生素等物质，是工业酶制剂生产的重要菌种。蛋白酶对酪蛋白、乳清蛋白、谷物蛋白等都有很好的水解作用。磷钨酸和磷钼酸混合试剂，即福林-酚试剂，在碱性条件下极不稳定，易被酚类化合物还原而呈蓝色反应（钨兰及其混合物）。由于蛋白质中包含具有酚基的氨基酸（酪氨酸、色氨酸、苯丙氨酸），因此，蛋白质及其水解产物也发生呈色反应。利用蛋白酶分解酪素生成含酚基的氨基酸的呈色反应，可间接测定蛋白酶的活力。

1. 枯草芽孢杆菌的形态特征

枯草芽孢杆菌的细胞大小 $0.7~\mu m \times (2\sim3)~\mu m$，营养细胞为杆状，杆端钝圆、单生或者短链，着色均匀，无荚膜，周边运动，革兰氏染色呈阳性，有芽孢，芽孢中生或近中生，壁薄，不膨大，孢子呈椭圆或长筒形，常为两端染色。菌落变化很大，枯草芽孢杆菌在麦芽汁琼脂培养基斜面上，菌落呈细皱状或颗粒状，表面干燥。在土豆培养基上菌落呈细皱状，表面干燥，有时呈现天鹅绒状的菌苔，菌落粗糙、扁平、扩展，不透明，不闪光，表面干燥，呈污白色或微带黄色。在液体培养基表面形成银白色的菌膜。

2. 枯草芽孢杆菌的芽孢耐热的特点

由于芽孢具有较强的抗高温能力，分离纯化时可采用热处理的方法，即通过高温加热杀死其中不生芽孢的菌种，使耐热的芽孢菌得到富集。

3. 枯草芽孢杆菌的产酶特征

利用枯草芽孢杆菌产生水解酶的特性，可以选择酪蛋白或淀粉为主要营养成分的分离培养基，因菌体分泌的酶可以将大分子的蛋白或淀粉水解且在菌落周围形成透明圈。根据透明圈直径（H）和菌落直径（C）之比值（H/C）可以初步确定酶活力，其比值越大，酶活力越高，进而可筛选出高产酶活的菌株。

三、实验材料

1. 样品

从地表下 $10\sim15~cm$ 的土壤或者枯枝烂叶、腐烂稻草中用无菌小铲、纸袋取土样。

2. 培养基及试剂

（1）肉汤培养基　0.5% 牛肉膏、1% 蛋白胨、0.5% NaCl，pH $7.2\sim7.4$，121 ℃ 灭菌 20 min。

（2）酪素培养基　0.036% KH_2PO_4、0.05% $MgSO_4 \cdot 7H_2O$、0.0014% $ZnCl_2$、0.107%

$Na_2HPO_4 \cdot 7H_2O$、0.016％NaCl、0.0002％$CaCl_2$、0.0002％$FeSO_4$、0.4％酪素、胰化酪蛋白0.005％，pH 6.5～7.0，121 ℃灭菌 20 min。

酪素的母液浓度为 4％，是将 4 g 干酪素溶解于 30～35 mL 的 0.1 mol/L NaOH 溶液中，水浴溶解 20 min，待溶解完全后加入 60～70 ℃热水稀释到所需浓度（定容到 100 mL），即得到母液浓度为 4％的酪素溶液。

（3）生理盐水　0.85％ NaCl 水溶液。

（4）福林酚试剂　在 2 L 磨口回流装置内加入钨酸钠 100 g，铝酸钠 25 g，蒸馏水 700 mL，85％磷酸 50 mL，浓盐酸 100 mL，回流 10 h，去除冷凝器后，加入硫酸锂 150 g，蒸馏水 50 mL 和数滴浓溴水（99％）摇匀，在通风橱中进行，再煮沸 15 min，以去除过量的溴，冷却后加蒸馏水定容至 1000 mL，混合均匀过滤。试剂应呈金黄色，储存于棕色试剂瓶中。使用前其与水以 1∶2 的比例摇匀。

（5）硼砂-NaOH 缓冲液（pH 11）　硼砂 19.08 g 溶于 1000 mL 水中；NaOH 4 g，溶于 1000 mL 水中，两液等量混合。

（6）0.4 mol/L 碳酸钠溶液　准确称取无水碳酸钠 42.4 g，以蒸馏水溶解定容至 1000 mL。

（7）0.4 mol/L 三氯醋酸液　准确称取 65.4 g 三氯醋酸，以蒸馏水溶解定容至 1000 mL。

（8）0.5 mol/L NaOH 溶液　准确称取 2 g NaOH 溶解并定容至 100 mL。

（9）10.00 mg/mL 酪素溶液　称取酪素 1.000 g，准确至 0.001 g，用少量的 0.5 mol/L NaOH 溶液润湿，加入适量的缓冲液（约 80 mL），在沸水浴中边加热边搅拌，直至完全溶解，冷却后，转入 100 mL 容量瓶中，用适宜的缓冲液稀释至刻度，此溶液在冰箱内储存，有效期为三天。

（10）100 μg/mL 酪氨酸标准溶液　准确称取预先于 105 ℃ 干燥至恒重的 L-酪氨酸 0.1000 g，用 1 mol/L 盐酸 60 mL 溶解后定容至 100 mL，即为 1.00 mg/mL 的酪氨酸溶液。再吸取 1.00 mg/mL 酪氨酸标准溶液 10.00 mL，用 0.1 mol/L 盐酸定容至 100 mL。即得 100 μg/mL L-酪氨酸标准溶液。

3. 其他

平皿、温度计、水浴锅、移液管、显微镜、涂布棒、三角瓶、革兰氏染色液等。

四、实验内容

1. 采样

从地表下 10～15 cm 的土壤中用无菌小铲、纸袋取土样，并记录取样的地理位置、pH、植被情况等。

2. 富集培养

取得的土样平摊于一干净的纸上，从 4 个角和中央各取一点土，混匀，称取 1 g，置于装有 20 mL 肉汤培养基的 250 mL 三角瓶中，6 层纱布封口，于 80 ℃水浴加热处理 10 min，以杀死样品中的微生物营养体细胞。30 ℃，150 r/min，振荡培养 24 h，取样、镜检芽孢的形成情况。

3. 涂布分离

将富集培养液置于 80 ℃水浴中加热 10 min，再次杀死不形成芽孢的营养体细胞，以浓缩芽孢杆菌。然后取 1 mL 处理液，以 10 倍稀释法分别稀释到 10^{-4}、10^{-5}、10^{-6} 等。分别取 0.1 mL菌液于无菌的酪素培养基平板上（初筛平板，每个稀释度两皿），用灭菌的涂布棒将菌液均匀涂布在酪素平板上,倒置于 30 ℃培养箱中培养 24～48 h。观察酪素平板上菌落周围的透明圈,挑 H/C 值大的菌接入斜面培养基中,30 ℃培养 24 h,备用。

4. 纯化

用平板划线分离法在酪素平板上分离纯化挑选出菌株,接入斜面培养基。

5. 初步鉴定

菌种经革兰氏染色,油镜观察,从细胞形态及菌落特征进行鉴别。

(1) 观察细胞形态、菌落特征、芽孢形成情况。

(2) 产蛋白酶能力初步测定:观察在酪素平板上菌落周围所形成的透明圈,测量 H/C 值。

6. 酶活测定

(1) 根据表 5-41-1 绘制标准曲线。

表 5-41-1　L-酪氨酸标准溶液配制表

编　　号	0	1	2	3	4	5
100 μg/mL 酪氨酸溶液/mL	0	2	4	6	8	10
水/mL	10	8	6	4	2	0
酪氨酸终含量/(μg/mL)	0	20	40	60	80	100

分别取上述溶液各 1.00 mL(需做平行试验),各加 0.4 mol/L 碳酸钠溶液 5.00 mL,福林-酚试剂 1.00 mL,置于 40 ℃水浴中显色 20 min,取出,用分光光度计于波长 680 nm 处比色,以不含酪氨酸的 0 管为空白管调零,分别测定其吸光度值,以吸光度值为纵坐标,酪氨酸的浓度为横坐标,绘制标准曲线并计算回归方程。计算出当 OD 值为 1 时的酪氨酸的量(μg),即为吸光常数 K 值,其 K 值应在 95～100 范围内。

(2) 样品测定　各组将初筛获得的不同产蛋白酶菌株接种到酪素培养基中,37 ℃、200 r/min摇床培养 48 h。离心取上清液作为粗酶液进行酶活测定。具体方法如下。

① 先将酪素溶液放入 40 ℃恒温水浴锅中,预热 5 min。

② 取 4 支试管,各加入 1 mL 酶液。

③ 取 1 支作为空白管,加 2 mL 三氯乙酸,其他 3 支试管作为测试管,各加入 1 mL 酪素,摇匀,40 ℃保温 10 min。

④ 取出试管,3 支测试管中各加入 2 mL 三氯乙酸,空白管中加 1 mL 酪素。

⑤ 静置 10 min,过滤沉淀。

⑥ 各取 1 mL 滤液,分别加 0.4 mol/L Na_2CO_3 5 mL、福林-酚试剂 1 mL。在 40 ℃显色 20 min。将空白管调零,680 nm 处测 OD 值。

(3) 计算　酶活定义:1 mL 酶液,在 40 ℃,pH 11 条件下,1 min 水解酪素产生 1 μg 酪氨酸为一个酶活力单位。计算酶的活性单位依据以下公式

$$蛋白酶的活力 = A \times K \times 4/10 \times n \ U/g(mL)$$

式中:A——样品平行试验的平均 OD 值;

　　　K——吸光常数;

　　　4——反应试剂的总体积;

　　　10——酶解反应时间;

　　　n——酶液稀释总倍数。

五、注意事项

（1）准确控制富集培养的温度和时间是得到芽孢杆菌的关键。

（2）测酶活力时应精确控制反应时间、温度和 pH 值等反应条件。

六、实验结果分析

H/C 值大的菌落，其产酶活力不一定强，需通过酶活力测定结果进行验证。

七、实验报告

（1）绘制菌体形态图。

（2）计算不同单菌落的 H/C 值。

（3）绘制标准曲线，测定粗酶液的蛋白酶酶活并记录测定过程。

八、思考与探究

初筛获得的 H/C 值越大的单菌落，其胞外粗酶液酶活一定越高吗？分析其原因。

九、参考文献

[1] 黄秀梨，辛明秀. 微生物学实验指导[M]. 北京：高等教育出版社，2008.

[2] 徐雅芫，李吕木，许发芝，等. 一株产碱性蛋白酶芽孢杆菌的筛选、鉴定及应用初探[J]. 激光生物学报. 2011，20(6)：830-837.

实验 42　酶联免疫吸附检测方法测定抗体效价

一、实验目的与内容

1. 实验目的

学习和掌握酶联免疫吸附检测方法的基本原理和操作方法。

2. 实验内容

（1）建立酶联免疫吸附检测方法。

（2）利用酶联免疫吸附检测方法测定抗 BSA 抗血清的效价。

二、实验原理

酶联免疫吸附检测方法（ELISA）的基本原理是抗原或抗体的固相化及抗原或抗体的酶标记。结合在固相载体表面的抗原或抗体仍保持其免疫学活性，酶标记的抗原或抗体既保留其免疫学活性，又保留酶的活性。在测定时，待检标本（测定其中的抗体或抗原）与固相载体表面的抗原或抗体起反应。用洗涤的方法使固相载体上形成的抗原抗体复合物与液体中的其他物质分开。再加入酶标记的抗原或抗体，其通过抗原抗体反应而结合在固相载体上。此时固相上的酶量与标本中受检物质的量呈一定的比例。加入酶反应的底物后，底物被酶催化成为有色产物，产物的量与标本中受检物质的量直接相关，故可根据呈色的深浅进行定性或定量分析。由于酶的催化效率很高，间接地放大了免疫反应的结果，使测定方法达到很高的敏感度。测定的对象可以是抗体也可以是抗原。

ELISA 的建立有 3 种必要的试剂:①固相的抗原或抗体(免疫吸附剂);②酶标记的抗原或抗体(标记物);③酶作用的底物(显色剂)。根据检测目的和操作步骤不同,ELISA 可分为直接法、间接法、双抗体夹心法和竞争法等测定方法。以间接法测定抗体为例,ELISA 过程包括如下图 5-42-1 所示。

(1) 抗原吸附在固相载体上,这个过程称为包被。

(2) 加待测抗体。

(3) 再加相应酶标记抗抗体,生成抗原-待测抗体-酶标记抗抗体复合物,再与该酶的底物反应生成有色产物。通过分光光度计测定光吸收,计算抗体的量。

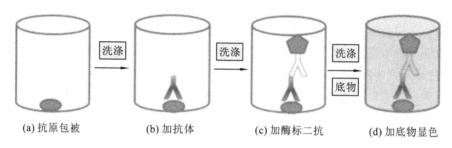

(a) 抗原包被　　(b) 加抗体　　(c) 加酶标二抗　　(d) 加底物显色

图 5-42-1　ELISA 间接法测定抗体原理图

三、实验器材

1. 仪器设备

酶联免疫检测仪(Bio-550),酶标板(96 孔),微量移液器。

2. 试剂

(1) HRP 标记的羊抗兔 IgG (1:1000,国产);10 mg/mL 牛血清白蛋白。

(2) 包被液(0.05 mol/L pH 9.6 的碳酸盐缓冲液):Na_2CO_3 0.15 g,$NaHCO_3$ 0.293 g,蒸馏水稀释至 100 mL。

(3) 稀释液与洗涤液(0.01 mol/L pH 7.4 的磷酸盐吐温 20 缓冲液):NaCl 8 g,KH_2PO_4 0.2 g,$Na_2HPO_4 \cdot 12H_2O$ 2.9 g,吐温 20 0.5 mL,蒸馏水加至 1000 mL。

(4) 封闭液　含 1% 明胶 PBS(pH 7.4)。

(5) 邻苯二胺底物溶液　临用前将 $Na_2HPO_4 \cdot 12H_2O$ 2.9 g,柠檬酸 0.51 g 溶于 100 mL 蒸馏水中,再加入 40 mg 邻苯二胺(OPD),40 μL 30% H_2O_2。

(6) 终止液　2 mol/L H_2SO_4,于 500 mL 蒸馏水中加入 98% 浓硫酸 76 mL,混匀即可。

四、操作方法

1. 棋盘滴定法测定最佳包被条件

(1) 包被　取 10 mg/mL 牛血清白蛋白作为抗原,用碳酸盐缓冲溶液做倍比稀释,得到浓度为 4、2、1、0.5、0.25、0.125 μg/mL 的包被液,每孔加入 100 μL 各浓度的抗原包被液(各 3 个平行孔),并以不加牛血清白蛋白的 3 孔为阴性对照,将酶标板于 4 ℃过夜或 37 ℃中放置 2 h。

(2) 封闭　取出酶标板,吸净或甩干各孔中包被液,将酶标板倒扣在吸水纸上叩干,每孔各加入封闭液 300 μL,37 ℃孵育 1 h。

(3) 洗板　取出酶标板,吸净或甩干各孔中封闭液,各孔加 300 μL 洗涤液后,室温下放置

1 min,吸净或甩干各孔,在吸水纸上拍干,如此重复 4 次。

(4) 抗体与牛血清白蛋白的反应　将标准抗血清(1∶5000),加入包被好的孔中(100 μL),37 ℃孵育 1 h。

(5) 洗涤　各孔加 400 μL 洗涤液后室温下放置 1 min,吸净或甩干各孔,在吸水纸上拍干,如此重复 4 次。

(6) 加入 HRP 标记的羊抗兔 Ig G　每孔加 100 μL 稀释好的 HRP-羊抗兔 IgG,37 ℃放置 1 h,洗板 4 次。

(7) 加入 OPD 底物　每孔加入 100 μL 底物溶液,于 37 ℃暗处反应 10 min 后,每孔加入 50 μL 终止液以结束反应。

(8) 测定　用酶联免疫检测仪测定波长为 492 nm 下的吸光值。

(9) 数据分析　根据测定的各浓度包被抗原的吸光值,确定最佳抗原包被浓度。

2. 抗血清效价的测定

(1) 包被　根据棋盘滴定法确定的包被抗原浓度,用碳酸盐缓冲液配制包被液,每孔加入 100 μL 抗原包被液(3 个平行孔),并以不加牛血清白蛋白的 3 孔为阴性对照,将酶标板于 4 ℃ 过夜或 37 ℃中放置 2 h。

(2) 封闭　取出酶标板,吸净或甩干各孔中包被液,将酶标板倒扣在吸水纸上叩干,每孔各加入封闭液 300 μL,37 ℃孵育 1 h。

(3) 洗板　取出酶标板,吸净或甩干各孔中封闭液,各孔加 300 μL 洗涤液后室温下放置 1 min,吸净或甩干,在吸水纸上拍干,如此重复 4 次。

(4) 抗体与牛血清白蛋白的反应　将待测抗血清用稀释液做倍比稀释得到一系列浓度 (1∶100、1∶200、1∶400、1∶800、1∶1600、1∶3200、1∶6400、1∶12800),加入到包被好的孔 中(100 μL),每个稀释度重复 3 孔;以加标准抗血清(1∶5000)的 3 孔为阳性对照,以不加抗血 清(以 PBS 代替)的 3 孔为空白对照,37 ℃孵育 1 h。

(5) 洗涤　各孔加 300 μL 洗涤液后室温下放置 1 min,倒掉洗涤液,在吸水纸上叩干,如 此重复 4 次。

(6) 加入 HRP 标记的羊抗兔 Ig G　洗涤后每孔加 100 μL 稀释好的 HRP-羊抗兔 IgG, 37 ℃放置 1 h,洗板 4 次。

(7) 加入 OPD 底物　每孔加入 100 μL 底物溶液,于 37 ℃暗处反应 10 min 后,每孔加入 50 μL 终止液以结束反应。

(8) 测定　用酶联免疫检测仪测定波长为 492 nm 的吸光值。

(9) 数据分析　根据测定的各稀释度的抗血清的吸光值来确定抗体效价。

五、注意事项

(1) 使用一次性枪头吸取和配制酶标记物,避免酶标记物污染其他试剂,从而造成所有酶 标板孔显色异常。

(2) 在倍比稀释抗体和抗原时,每个浓度要更换一次枪头,以避免误差。

(3) 洗板的过程对实验的重复性影响较大,最好使用洗板机进行洗板。

(4) 所有孵育反应应在湿盒中进行,避免酶标板孔内出现水分干燥。

(5) 酶标仪读数应在反应终止后立刻进行。

六、实验结果分析

酶标仪在 492 nm 波长下以空白孔调零,设定阴性对照孔 OD 读数的 2.1 倍为阈值,OD 值大于阈值判断为阳性,小于阈值判断为阴性。抗体效价以测定结果为阳性的最大稀释度计算。

七、实验报告

(1) 记录 ELISA 的过程和实验关键步骤的体会。

(2) 记录棋盘滴定的结果,并确定最佳抗原包被浓度。

(3) 你所测定的抗 BSA 抗血清的效价是多少?

八、思考与探究

(1) 为什么要设置阳性、阴性和空白对照?

(2) 为什么在测定最佳抗原包被浓度和抗体效价时要设 3 个或 3 个以上的平行孔?

(3) 调研 ELISA 的重复性如何测定,并分析本次实验的重复性,思考如何提高 ELISA 的重复性。

九、参考文献

[1] 黄秀梨,辛明秀. 微生物学实验指导[M]. 北京:高等教育出版社,2008.

[2] 沈萍,陈向东. 微生物学实验[M]. 4 版. 北京:高等教育出版社,2007.

[3] 钱存柔,黄仪秀. 微生物学实验教程[M]. 2 版. 北京:北京大学出版社,2008.

第6部分　微生物学实验技能的测评

微生物学实验是微生物学教学的重要组成部分,对学生实验基本技能的培养具有重要的位置。为了检验学生在经过微生物实验课的学习,对微生物实验基本技术和知识的掌握程度,并对学生的学习效果进行评定,设定了微生物实验技能的测评。测评内容包括对微生物学实验基本知识和技能的掌握,应用所学知识进行实验设计及系统地完成实验的实际工作能力。实验 44 和实验 45 是为此而设计的两种测评方式,可选择其中的一种进行检测。

实验 43　基本实验技能的检测

一、实验目的与内容

1. 实验目的

掌握微生物学的基本实验技能并进行测试。

2. 实验内容

(1) 复习全部基本实验操作。

(2) 教师对基本实验技能进行全面辅导,并接受学生的提问。

(3) 开放实验室(固定开放时间,学生可自由进入实验室,自己复习和操作)。

二、实验材料和用具

1. 菌种及培养基

细菌、放线菌、酵母菌、霉菌菌种、细菌形态装片、培养基(液体、斜面、平板)、染色液等。

2. 实验仪器及其他

载玻片、盖玻片、接种针、接种环、酒精灯、移液管、试管、培养皿、包装纸、线绳、高压蒸汽灭菌锅、显微镜等。

三、实验步骤

(一)复习的主要内容

1. 实验的基本操作方法

(1) 培养基的配制。

(2) 试管、培养皿、移液管等的包扎。

(3) 物品的高压蒸汽灭菌和干热灭菌。

(4) 细菌制片,单染色、革兰氏染色。

（5）铺平板、制斜面。

（6）从试管斜面菌种划线接种至平板。

（7）从试管斜面菌种转接到试管斜面。

（8）从试管斜面菌种转接至液体培养基。

2. 微生物的分离纯化

（1）四大类群微生物的常用培养基及其 pH 范围。

（2）涂布法和混菌法的平板接种方法。

（3）穿刺接种。

（4）菌悬液的梯度稀释。

（5）划线分离纯化微生物。

（6）从土壤中分离出细菌、放线菌、酵母菌和霉菌。

3. 微生物的形态

（1）油镜使用的注意事项。

（2）辨认细菌形态、鞭毛、荚膜、细胞壁、异染颗粒、伴孢晶体、芽孢。

（3）辨认酵母的形态（液泡、内含物等）、出芽、细胞核、假菌丝。

（4）区分常见霉菌（根霉、毛霉、青霉、曲霉、木霉）。

（5）细菌、放线菌、酵母菌、霉菌的菌落特征的分辨。

（6）细菌大小和数量的测定。

4. 生理生化测定

（1）VP 反应和 MR 反应原理及方法。

（2）判定某种细菌是否发酵糖，能否产气、产酸。

（3）如何初步鉴定一种细菌是好氧、厌氧还是兼性厌氧？

（4）如何初步判定一种细菌是否运动？

（5）理化因素（如温度、pH、紫外线、抗生素等）对微生物生长的影响。

5. 免疫学测定

（1）凝集反应的原理和方法。

（2）沉淀反应的原理和方法。

（3）如何用免疫学方法检测螺旋体等病原菌的存在？

6. 其他

（1）抗生素生物效价的测定（原理和方法）。

（2）噬菌体效价的测定（原理和方法）。

（3）水体中大肠菌群的检测方法。

（4）细菌转导频率的检测方法。

（二）检测方式

教师按上述测评内容和要求，事先搭配分组出题，到考试时由学生抽取考题 3 个（每部分各 1 题），在教师面前当场回答完成，教师当场评定打分。

（三）评定标准

（1）熟练完成操作，正确回答原理，能迅速判断微生物形态及结构。（优）

（2）正确回答原理，操作正确，能判断微生物形态及结构。（良）

（3）基本正确回答原理，操作正确，能判断微生物形态及结构。（中）

（4）能基本正确回答原理,操作不够熟练,但基本正确,微生物形态和结构的判断不够准确。（及格）

（5）未达到以上要求者为不及格,不及格者可在复习申请重考。

（四）注意问题

（1）要当场完成,不能换考题。

（2）要给学生准备考题的时间。

（3）学生单独操作考题,与其他学生分开。

（4）当场评分。

实验 44　实验设计及实施能力的测评

一、实验目的与内容

1. 实验目的

了解学生对实验知识的灵活应用能力。

2. 实验内容

（1）分析实验设计。

（2）学生自行设计实验。

（3）学生独立完成自行设计的实验,并基本达到预期结果。

二、学会进行实验设计

（一）实验设计的基本要求

（1）写出实验目的和基本原理。

（2）写出实验的基本要求。

（3）详细写出实验的每一个步骤和注意问题。

（二）考试前的准备

指导学生选定实验题目,或由老师指定题目,提供参考书目。

（三）考试方式

学生在规定时间内递交实验设计。

（四）评分标准

（1）具有科学性和可行性,有一定创新性。（优）

（2）无科学性错误,设计不够细致,基本可行。（良）

（3）无明显科学性错误,有部分设计不够合理。（中）

（4）无明显科学性错误,设计不够合理。（及格）

（5）有明显科学性错误,设计不合理。（不及格）

三、自行设计实验,独立完成考核

（一）考前准备

（1）教师帮助学生修改和完善实验设计。

（2）为学生提供必要的仪器和试药。

（二）考试方式

在一定时间里,实验室开放,学生在规定时间内,将实验设计完成,并提交实验报告。

（三）评分标准

（1）顺利完成实验,得到合理结果,实验中操作正确、熟练。（优）

（2）完成实验,得到较合理结果,实验中操作正确。（良）

（3）完成实验,得到较合理结果,实验操作基本正确。（中）

（4）完成实验,未得到合理结果,实验操作基本正确。（及格）

（5）未得到合理结果,末完成实验,实验中操作不熟练、不正确。（不及格）

（四）注意事项

（1）注意实验室安全,老师要现场监督和检查。

（2）如果条件不允许单个学生完成考试实验,可分组进行。

附　录

附录 1　微生物实验室意外事故处理

微生物实验室存在化学方面的有毒、易燃、易爆、腐蚀和致癌物的危害，有时还要面临高压、紫外线和其他辐射的危害。另外，微生物工作者还会受到来自微生物菌株的危害。其意外事故的紧急处理方法如下。

一、火险

（1）乙醇、汽油、乙醚、甲苯等有机溶剂着火：用湿布或沙土扑灭，绝不能用水，否则会扩大燃烧面积。

（2）导线着火：应切断电源或用四氯化碳灭火器，不能用水及二氧化碳灭火器。

（3）衣服被烧着：可用大衣包裹身体或躺在地上滚动且灭火时切不可奔走。

（4）大量的易燃液体不慎倾出：立即关闭室内所有的火焰和电加热器。关门、开启窗户。用毛巾或抹布擦拭倾出的液体，并将液体转移到大的容器中，然后再倒入具塞玻璃瓶中。

（5）精密仪器、电器设备着火：小火可用石棉布或湿布覆盖灭火，大火用干粉灭火器灭火。

二、机械损伤

玻璃、金属割伤，首先必须检查伤口内有无玻璃或金属碎片，然后用硼酸水洗净，再涂擦碘酒或红药水，必要时用纱布包扎。若伤口较大或过深且大量出血，应迅速在伤口上部和下部扎紧血管并立即到医院诊治。

三、灼伤

（1）强碱（如氢氧化钠、氢氧化钾）触及皮肤　要用大量自来水冲洗，再以 2% 硼酸或 2% 醋酸溶液洗涤。

（2）强酸、溴等触及皮肤　要用大量自来水冲洗，再以 3% 碳酸氢钠洗涤。

（3）酚触及皮肤　可用乙醇洗涤。

（4）酸、碱灼伤眼睛　切不要用手揉眼睛，立即用大量水冲洗，酸灼伤先用 3% 的碳酸氢钠溶液，碱灼伤先用 2% 的硼酸溶液淋洗，然后用蒸馏水冲洗。

四、烫伤

（1）Ⅰ度灼伤（伤处红、痛、或红肿）　可用医用橄榄油或乙醇轻擦伤处，若灼伤面积较大或部位重要应及时去医院治疗。

（2）Ⅱ度灼伤（皮肤起疱）　不要弄破水疱，防止感染，若灼伤面积较大或部位重要应及时去医院治疗。

(3) Ⅲ度灼伤(伤处皮肤呈棕色或黑色) 应用干燥无菌的纱布包扎,及时送医院治疗。

五、中毒

(1) 煤气中毒 应到室外呼吸新鲜空气,若严重中毒应立即送医院治疗。

(2) 吸入溴蒸气、氯气等有毒气体 立即吸入少量乙醇和乙醚的混合蒸汽。

(3) 急性中毒 用碳粉或呕吐剂彻底洗胃,或食入蛋白(牛奶加鸡蛋)或蓖麻油解毒,使之呕吐,并送医院。

六、食入腐蚀性物质

(1) 食入酸 立即用大量清水漱口,并喝牛奶。

(2) 食入碱 立即用大量清水漱口,并喝5%醋酸、食醋、柠檬汁或类脂肪。

(3) 食入石炭酸 服用催吐剂使其吐出。

(4) 吸入菌液 立即用大量清水漱口,若为非致病菌,用0.1%高锰酸钾溶液漱口;若为一般致病菌,如葡萄球菌、酿脓链球菌、肺炎链球菌等,用3% H_2O_2、0.1%高锰酸钾溶液或0.02%米他芬液漱口;若为致病菌,如吸入白喉杆菌,在用3% H_2O_2、0.1%高锰酸钾溶液或0.02%米他芬液漱口后,再注射1000 U白喉抗毒素作紧急预防,如吸入伤寒沙门氏菌、痢疾志贺氏菌或霍乱弧菌等肠道致病菌,用3% H_2O_2、0.1%高锰酸钾溶液或0.02%米他芬液漱口后,可注射抗生素预防发病。

七、触电事故

切断电源,严重时立即进行人工呼吸。

八、菌液污染

(1) 不慎打碎玻璃器皿且把菌液洒到桌面或地上,应立即用5%石炭酸溶液或0.1%新洁尔灭溶液覆盖,30 min后擦净。

(2) 菌液污染手部皮肤 先用70%乙醇棉球擦净,再用肥皂水洗净。如污染了致病菌,应将手浸于2%~3%来苏尔或0.1%新洁尔灭溶液中,经10~20 min后洗净。

九、压力容器、压力管道等事故

请质量技术监督部门联系劳动、保险等相关部门处理。

附录2 教学常用菌种

一、细菌及放线菌

大肠杆菌	*Escherichia coli*
假单胞菌	*Pseudomonas sp.*
黏质赛氏杆菌	*Serratia marcescens*
八联球菌	*Sarcina sp.*
大豆根瘤菌	*Rhizobium japonicum*

圆褐固氮菌	*Azotobacter chroococcum*
枯草杆菌	*Bacillus subtilis*
蜡质芽孢杆菌	*Bacillus cereus*
霉状芽孢杆菌	*Bacillus mycoides*
巨大芽孢杆菌	*Bacillus megatherium*
苏云金芽孢杆菌	*Bacillus thuringiensis*
变形杆菌	*Bacterium proteus*
金黄色葡萄球菌	*Staphylococcus aureus*
小单胞菌	*Micromonospora sp.*
诺卡氏菌	*Nocardia sp.*
灰色链霉菌	*Streptomyces griseus*
青色链霉菌	*S. glaucus*
天蓝色链霉菌	*S. coelicolor*
白色链霉菌	*S. albus*
紫色直丝链霉菌	*S. violaceorectus*
细黄放线菌(5406)	*Actinomyces microflavus*(5406)

二、酵母菌及霉菌

黑根霉	*Rhizopus nigricans*
青霉	*Penicillium sp.*
黑曲霉	*Aspergillus niger*
犁头霉	*Absidia sp.*
木霉	*Trichoderma sp.*
毛霉	*Mucor sp.*
白僵霉	*Beauveria bassiana*
酿酒酵母	*Saccharomyces cerevisiae*
红酵母	*Rhodotorula sp.*
热带假丝酵母	*Candida tropicalis*

附录3 常见培养基的配方与配制

一、牛肉膏蛋白胨培养基(培养细菌用)

牛肉膏	3 g
蛋白胨	10 g
NaCl	5 g
琼脂	15～20 g
水	1000 mL
pH	7.0～7.2

121 ℃灭菌 20 min。

二、高氏(Gause)1 号培养基(培养放线菌用)

可溶性淀粉	20 g
KNO_3	1 g
NaCl	0.5 g
K_2HPO_4	0.5 g
$MgSO_4$	0.5 g
$FeSO_4$	0.01 g
琼脂	20 g
水	1000 mL
pH	7.2~7.4

配制时,先用少量冷水,将淀粉调成糊状,倒入煮沸的水中,在火上加热,边搅拌边加入其他成分,熔化后,补足水分至 1000 mL。121 ℃灭菌 20 min。

三、查氏(Czapek)培养基(培养霉菌用)

$NaNO_3$	2 g
K_2HPO_4	1 g
KCl	0.5 g
$MgSO_4$	0.5 g
$FeSO_4$	0.01 g
蔗糖	30 g
琼脂	15~20 g
水	1000 mL
pH	自然

121 ℃灭菌 20 min。

四、马丁氏(Martin)琼脂培养基(分离真菌用)

葡萄糖	10 g
蛋白胨	5 g
KH_2PO_4	1 g
$MgSO_4 \cdot 7H_2O$	0.5 g
1/3000 孟加拉红(rose bengal,玫瑰红水溶液)	100 mL
琼脂	15~20 g
pH	自然
蒸馏水	800 mL

121 ℃灭菌 30 min。临用前加入 0.03%链霉素(经过滤除菌)稀释液 10 mL,使每毫升培养基中含链霉素 30 μg。

五、马铃薯培养基(PDA 培养真菌用)

马铃薯	200 g
蔗糖(或葡萄糖)	20 g

琼脂	15～20 g
水	1000 mL
pH	自然

马铃薯去皮,切成块煮沸 30 min,然后用纱布过滤,再加糖及琼脂,熔化后补足水至 1000 mL。121 ℃灭菌 30 min。

六、麦芽汁琼脂培养基

(1) 取大麦或小麦若干,用水洗净,浸水 6～12 h,至 15 ℃阴暗处发芽,上面盖纱布一块,每日早、中、晚淋水一次,麦根伸长至麦粒的两倍时,即停止发芽,摊开晒干或烘干,储存备用。

(2) 将干麦芽磨碎,一份麦芽加四份水,在 65 ℃水浴中糖化 3～4 h,糖化程度可用碘滴定来确定。

(3) 将糖化液用 4～6 层纱布过滤,滤液如混浊不清,可用鸡蛋白澄清,方法是将一个鸡蛋白加水约 20 mL,调匀至生泡沫时为止,然后倒在糖化液中搅拌,煮沸后再过滤。

(4) 将滤液稀释到 5～6 °Bé,pH 值约 6.4,加入 2%琼脂即成。121 ℃灭菌 30 min。

七、无氮培养基（自生固氮菌、钾细菌）

甘露醇(或葡萄糖)	10 g
KH_2PO_4	0.2 g
$MgSO_4 \cdot 7H_2O$	0.2 g
NaCl	0.2 g
$CaSO_4 \cdot 2H_2O$	0.2 g
$CaCO_3$	5 g
蒸馏水	1000 mL
pH	7.0～7.2

113 ℃灭菌 30 min。

八、半固体肉膏蛋白胨培养基

肉膏蛋白胨液体培养基	100 mL
琼脂	0.35～0.4 g
pH	7.6

121 ℃灭菌 20 min。

九、合成培养基

$(NH_4)_3PO_4$	1 g
KCl	0.2 g
$MgSO_4 \cdot 7H_2O$	0.2 g
豆芽汁	10 mL
琼脂	20 g
蒸馏水	1000 mL
pH	7.0

加 12 mL 0.04%的溴甲酚紫(pH5.2～6.8,颜色由黄变紫,作指示剂)。121 ℃灭菌

20 min。

十、豆芽汁蔗糖(或葡萄糖)培养基

黄豆芽	100 g
蔗糖(或葡萄糖)	50 g
水	1000 mL
pH	自然

称取新鲜豆芽 100 g,放入烧杯中,加入水 1000 mL,煮沸约 30 min,用纱布过滤。用水补足原量,再加入蔗糖(或葡萄糖)50 g,煮沸熔化。121 ℃灭菌 20 min。

十一、油脂培养基

蛋白胨	10 g
牛肉膏	5 g
NaCl	5 g
香油或花生油	10 g
1.6%中性红水溶液	1 mL
琼脂	15~20 g
蒸馏水	1000 mL
pH	7.2

121 ℃灭菌 20 min。

注意事项如下。

(1) 不能使用变质油。

(2) 油、琼脂及水先加热。

(3) 调好 pH 值后,再加入 1.6%中性红水溶液。

(4) 分装时,需不断搅拌,使油均匀分布于培养基中。

十二、淀粉培养基

蛋白胨	10 g
NaCl	5 g
牛肉膏	5 g
可溶性淀粉	2 g
琼脂	15~20 g
蒸馏水	1000 mL

121 ℃灭菌 20 min。

十三、明胶培养基

牛肉膏蛋白胨液	100 mL
明胶	12~18 g
pH	7.2~7.4

在水浴锅中将上述成分不断搅拌,熔化后调 pH 至 7.2~7.6。121 ℃灭菌 30 min。

十四、蛋白胨水培养基

蛋白胨	10 g
NaCl	5 g
蒸馏水	1000 mL
pH	7.6

121 ℃灭菌 20 min。

十五、糖发酵培养基

蛋白胨水培养基	1000 mL
1.6%溴甲酚紫乙醇溶液	1~2 mL
pH	7.6

另配 20%糖溶液(葡萄糖、乳糖、蔗糖等)各 10 mL。

制法如下。

(1) 将上述含指示剂的蛋白胨水培养基(pH 7.6)分装于试管中,在每管内放一倒置的小玻璃管(Durham tube),使之充满培养液。

(2) 将已分装好的蛋白胨水和 20%糖溶液分别灭菌,蛋白胨水 121 ℃灭菌 20 min;20%糖溶液 112 ℃灭菌 30 min。

(3) 灭菌后,每管以无菌操作分别加入 20%无菌糖溶液 0.5 mL(按每 10 mL 培养基中加入 20%糖溶液 0.5 mL,则成 1%的浓度)。

配制用的试管必须洗干净,避免影响实验结果。

十六、葡萄糖蛋白胨水培养基

蛋白胨	5 g
葡糖糖	5 g
K_2HPO_4	2 g
蒸馏水	1000 mL

将上述各成分溶于 1000 mL 水中,调 pH 值至 7.0~7.2,过滤。分装试管,每管 10 mL,112 ℃灭菌 30 min。

十七、麦氏(Meclary)琼脂(酵母菌)

葡萄糖	1 g
KCl	1.8 g
酵母浸膏	2.5 g
醋酸钠	8.2 g
琼脂	15~20 g
蒸馏水	1000 mL

113 ℃灭菌 20 min。

十八、柠檬酸盐培养基

$NH_4H_2PO_4$	1 g

K_2HPO_4	1 g
NaCl	5 g
$MgSO_4$	0.2 g
柠檬酸钠	2 g
琼脂	15～20 g
蒸馏水	1000 mL
1％溴麝香草酚蓝乙醇液	10 mL

将上述各成分加热溶解后,调 pH 值至 6.8,然后加入指示剂,摇匀,用脱脂棉过滤。制成后溶液呈黄绿色,分装试管,121 ℃灭菌 20 min 后制成斜面,注意配制时控制 pH 值,不要过碱,以黄绿色为准。

十九、醋酸铅培养基

pH7.4 的牛肉膏蛋白胨琼脂	100 mL
硫代硫酸钠	0.25 g
10％醋酸铅水溶液(无菌)	1 mL

将牛肉膏蛋白胨琼脂加热溶解,待冷却至 60 ℃时加入硫代硫酸钠,调 pH 值至 7.2,分装于三角瓶中,115 ℃灭菌 15 min。取出后待冷却至 55～60 ℃,加入 10％醋酸铅水溶液(无菌),混匀后倒入灭菌试管或平板中。

二十、血琼脂培养基

pH7.6 的牛肉膏蛋白胨琼脂	100 mL
脱纤维羊血(或兔血)	10 mL

将牛肉膏蛋白胨琼脂加热熔化,待冷却至 50 ℃时,加入无菌脱纤维羊血(或兔血)摇匀后倒平板或制成斜面。37 ℃过夜检查无菌生长情况后即可使用。

二十一、玉米粉蔗糖培养基

玉米粉	60 g
KH_2PO_4	3 g
维生素 B_1	100 mg
蔗糖	10 g
$MgSO_4 \cdot 7H_2O$	1.5 g
水	1000 mL

121 ℃灭菌 30 min,维生素 B_1 单独灭菌 15 min 后另加。

二十二、酵母膏麦芽汁琼脂

麦芽粉	3 g
酵母浸膏	0.1 g
水	1000 mL

121 ℃灭菌 30 min。

二十三、棉籽壳培养基

棉籽壳 50％,石灰粉 1％,过磷酸钙 1％,水 65％～70％,按比例称好,充分搅拌均匀后装瓶,较薄地平摊盘上。

二十四、玉米粉综合培养基

玉米粉	5 g
KH_2PO_4	0.3 g
酵母浸膏	0.3 g
葡萄糖	1 g
$MgSO_4 \cdot 7H_2O$	0.15 g
水	1000 mL

121 ℃灭菌 30 min。

二十五、品红亚硫酸钠培养基(远藤氏培养基)

蛋白胨	10 g
乳糖	10 g
K_2HPO_4	3.5 g
琼脂	20～30 g
蒸馏水	1000 mL
5％碱性品红乙醇溶液	20 mL

先将琼脂加入 900 mL 蒸馏水中,加热溶解,再加入 K_2HPO_4 及蛋白胨,使之溶解,补足蒸馏水至 1000 mL,调 pH 值至 7.2～7.4。加入乳糖,混匀溶解后,115 ℃灭菌 20 min。称取亚硫酸钠置一无菌空试管中,加入无菌水少许使溶解,再在水浴中煮沸 10 min 后,立刻滴加于 20 mL 5％碱性品红乙醇溶液中,直至深红色褪成淡粉红色为止。将此亚硫酸钠与碱性品红的混合液全部加至上述已灭菌的并仍保持熔化状态的培养基中,充分混匀,倒平板,放冰箱中备用,储存时间不宜超过 2 周。

二十六、伊红美蓝培养基(EMB 培养基)

蛋白胨水培养基	100 mL
20％乳糖溶液	2 mL
2％伊红水溶液	2 mL
0.5％美蓝水溶液	1 mL

将已灭菌的蛋白胨水培养基(pH 7.6)加热熔化,冷却至 60 ℃左右时,再把已灭菌的乳糖溶液、伊红水溶液及美蓝水溶液按上述量以无菌操作加入。摇匀后,立即倒平板。乳糖在高温灭菌时易被破坏,必须严格控制灭菌温度,115 ℃灭菌 20 min。

二十七、乳糖蛋白胨培养液

蛋白胨	10 g
牛肉膏	3 g
乳糖	5 g
NaCl	5 g
1.6％溴甲酚紫乙醇溶液	1 mL
蒸馏水	1000 mL

将蛋白胨、牛肉膏、乳糖及 NaCl 加热溶解于 1000 mL 蒸馏水中,调 pH 值至 7.2~7.4。加入 1.6％溴甲酚紫乙醇溶液 1 mL,充分混匀,分装于有小导管的试管中。115 ℃灭菌 20 min。

二十八、石蕊牛奶培养基

牛奶粉	100 g
石蕊	0.075 g
水	1000 mL
pH	6.8

121 ℃灭菌 15 min。

二十九、LB(Luria-Bertani)培养基

蛋白胨	10 g
酵母膏	5 g
NaCl	10 g
蒸馏水	1000 mL
pH	7.0

121 ℃灭菌 20 min。

三十、基本培养基

K_2HPO_4	10.5 g
KH_2PO_4	4.5 g
$(NH_4)_2SO_4$	1 g
二水柠檬酸钠	0.5 g
蒸馏水	1000 mL

121 ℃灭菌 20 min。

需要时灭菌后加入:

糖(20％)	10 mL
维生素 B_1(硫胺素)(1％)	0.5 mL
$MgSO_4 \cdot 7H_2O$(20％)	1 mL
链霉素(50 mg/ mL)	4 mL,终浓度 200 μg/ mL
氨基酸(10 mg/ mL)	4 mL,终浓度 40 μg/ mL
pH	自然(~7.0)

三十一、庖肉培养基

(1) 取已去肌膜、脂肪之牛肉 500 g,切成小方块,置于 1000 mL 蒸馏水中,以弱火煮 1 h,用纱布过滤,挤干肉汁,将肉汁保留备用。将肉渣用绞肉机绞碎,或用刀切成细粒。

(2) 将保留的肉汁加蒸馏水,使总体积为 2000 mL,加入蛋白胨 20 g,葡萄糖 2 g,氯化钠 5 g,及绞碎的肉渣,置于烧瓶中摇匀,加热使蛋白胨熔化。

(3) 取上层溶液测量 pH,并调整其达到 8.0,在烧瓶壁上用记号笔标示瓶内液体高度,121 ℃灭菌 15 min 后补足蒸发的水分,重新调整 pH 值至 8.0,再煮沸 10~20 min,补足水量

后调整 pH 值至 7.4。

（4）将烧瓶内容物摇匀，将溶液和肉渣分装于试管中，肉渣占培养基的 1/4 左右。经 121 ℃灭菌 15 min 后备用，如当日不用，应以无菌操作加入已灭菌的液体石蜡或凡士林，以隔绝氧气。

三十二、乳糖牛肉膏蛋白胨培养基

乳糖	5 g
牛肉膏	5 g
酵母膏	5 g
蛋白胨	10 g
葡萄糖	10 g
NaCl	5 g
琼脂粉	15 g
pH	6.8
水	1000 mL

三十三、马铃薯牛乳培养基

将 200 g 马铃薯（去皮）煮出汁，脱脂鲜乳 100 mL，酵母膏 5 g，琼脂粉 15 g，加水 1000 mL，调 pH 值至 7.0。制平板培养基时，牛乳与其他成分分开灭菌，倒平板前再混合。

三十四、尿素琼脂培养基

尿素	20 g
琼脂	15 g
NaCl	5 g
KH_2PO_4	2 g
蛋白胨	1 g
酚红	0.012 g
蒸馏水	1000 mL
pH	6.8 ± 0.2

在 100 mL 蒸馏水或去离子水中，加入上述所有成分（除琼脂外），混合均匀，过滤灭菌。将琼脂加入 900 mL 蒸馏水或去离子水中，加热煮沸。在 0.134 MPa 121 ℃条件下灭菌 15 min。冷却至 50 ℃，加入灭菌好的基本培养基，混匀后，分装于灭菌的试管中，放在倾斜位置上使其凝固。

附录4 实验室常用染色液配制

一、吕氏（Loeffler）碱性美蓝染液

A 液：美蓝（methylene blue）	0.3 g
95％乙醇	30 mL

B 液:KOH	0.01 g
蒸馏水	100 mL

分别配制 A 液和 B 液,配好后混合即可。

二、齐氏(Ziehl)石炭酸品红染色液

A 液:碱性品红(basic fuchsin)	0.3 g
95%乙醇	10 mL
B 液:石炭酸	5.0 g
蒸馏水	95 mL

将碱性品红在研钵中研磨后,逐渐加入 95% 乙醇,继续研磨使其溶解,配成 A 液。将石炭酸溶解于水中,配成 B 液。混合 A 液及 B 液即成。通常可将此混合液稀释 5~10 倍使用,稀释液易变质失效,一次不宜多配。

三、革兰氏(Gram)染色液

1. 草酸铵结晶紫染液

A 液:结晶紫(crystal violet)	2 g
95%乙醇	20 mL
B 液:草酸铵(ammonium oxalate)	0.8 g
蒸馏水	80 mL

混合 A、B 两液,静置 48 h 后使用。

2. 卢戈氏(Lugol)碘液

碘片	1.0 g
碘化钾	2.0 g
蒸馏水	300 mL

先将碘化钾溶解在少量水中,再将碘片溶解在碘化钾溶液中,待碘片全溶后,加足水分即成。

3. 95%的乙醇溶液

4. 番红复染液

番红(safranine)	2.5 g
95%乙醇	100 mL

取上述配好的番红乙醇溶液 10 mL 与 80 mL 蒸馏水混匀即成。

四、芽孢染色液

1. 孔雀绿染液

孔雀绿(malachite green)	5 g
蒸馏水	100 mL

先将孔雀绿研细,加少许 95%乙醇溶解,再加蒸馏水。

2. 番红水溶液

番红	0.5 g
蒸馏水	100 mL

3. 苯酚品红溶液

碱性品红	11 g
无水乙醇	100 mL

取上述混合溶液 10 mL 与 100 mL 5％的苯酚溶液混合,过滤备用。

4. 黑色素溶液

水溶性黑色素	10 g
蒸馏水	100 mL
甲醛	0.5 mL

称取 10 g 黑色素溶于 100 mL 蒸馏水中,置沸水浴中 30 min 后,滤纸过滤两次,补加水到 100 mL,加 0.5 mL 甲醛,备用。

五、荚膜染色液

1. 黑色素水溶液

黑色素	5 g
蒸馏水	100 mL
福尔马林(40％甲醛)	0.5 mL

将黑色素在蒸馏水中煮沸 5 min,然后加入福尔马林作防腐剂,用玻璃棉过滤。

2. 番红染液

与革兰氏染液中番红复染液相同。

六、鞭毛染色液

1. 硝酸银鞭毛染色液

A 液:单宁酸	5 g
$FeCl_3$	1.5 g
蒸馏水	100 mL
福尔马林(15％)	2.0 mL
NaOH(1％)	1.0 mL

配好后,当日使用,次日效果差,第三日则不宜使用。

B 液:$AgNO_3$	2 g
蒸馏水	100 mL

待 $AgNO_3$ 溶解后,取出 10 mL 备用,向其余的 90 mL $AgNO_3$ 溶液中滴入浓 NH_4OH,使之成为很浓厚的悬浮液,再继续滴加 NH_4OH,直到新形成的沉淀又重新刚刚溶解为止。再将备用的 10 mL $AgNO_3$ 溶液慢慢滴入,则出现薄雾,但轻轻摇动后,薄雾状沉淀又消失,再滴入 $AgNO_3$ 溶液,直到摇动后仍呈现轻微而稳定的薄雾状沉淀为止。如所呈雾不重,此染剂可使用一周,如雾重,则银盐沉淀出,不宜使用。

2. Leifson 氏鞭毛染色液

A 液:碱性品红	1.2 g
95％乙醇	100 mL
B 液:单宁酸	3 g
蒸馏水	100 mL
C 液:NaCl	1.5 g

蒸馏水	100 mL

临用前将 A、B、C 液等量混合均匀后使用。三种溶液分别于室温下可保存几周,若分别置于冰箱中,则可保存数月。混合液装密封瓶内置于冰箱几周仍可使用。

七、聚 β-羟基丁酸染色液

A.质量浓度 3 g/L 苏丹黑:苏丹黑 B(Sudan black B)	0.3 g
70%乙醇	100 mL

混合后用力振荡,放置过夜备用,用前最好过滤。

B.退色剂:二甲苯。

C.复染液:质量浓度 5 g/L 番红水溶液。

常规制片,用 A 液染 10 min,水洗去除染液,用纸吸干;再用 B 液冲洗涂片至无色;再用 C 液复染 1～2 min;最后水洗、吸干、镜检。聚 β-羟基丁酸颗粒呈蓝黑色,菌体呈红色。

八、乳酸石炭酸棉蓝(苯胺蓝)染色液

石炭酸	10 g
乳酸(比重 1.21)	10 mL
甘油	20 mL
蒸馏水	10 mL
棉蓝(cotton blue)	0.02 g

将石炭酸加入蒸馏水中加热溶解,然后加入乳酸和甘油,最后加入棉蓝,使其溶解即成。

九、亚甲基蓝染液

常用于细菌、活体细胞等的染色。取 0.1 g 亚甲基蓝,溶于 100 mL 蒸馏水中即成。

十、阿氏(Albert) 异染粒染色液

A 液:甲苯胺蓝(toluidine blue)0.15 g,孔雀绿 0.2 g,冰醋酸 1 mL,95%乙醇 2 mL,蒸馏水 100 mL。

B 液:碘 2 g,碘化钾 3 g,蒸馏水 300 mL。

先用 A 液染色 1 min,倾去 A 液后,用 B 液冲去 A 液,并染 1 min。异染粒呈黑色,其他部分为暗绿或浅绿。

十一、姬姆萨(Giemsa)染液

(1) 储存液:称取姬姆萨粉 0.5 g,甘油 33 mL,甲醇 33 mL。先将姬姆萨粉研细,再逐滴加入甘油,继续研磨,最后加入甲醇,在 56 ℃放置 1～24 h 后即可使用。

(2) 应用液(临用时配制):取 1 mL 储存液加 19 mL pH 7.4 磷酸缓冲液即成。也可以储存液与甲醇的配比为 1∶4 配制成染色液。

十二、富尔根氏核染色液

1. 席夫氏(Schiff)试剂

将 1 g 碱性品红加入 200 mL 煮沸的蒸馏水中,振荡 5 min,冷至 50 ℃左右过滤,再加入 1 mol/L HCl 20 mL,摇匀。待冷至 25 ℃时,加 $Na_2S_2O_5$(偏重亚硫酸钠)3 g,摇匀后装在棕色瓶中,用黑纸包好,放置暗处过夜,此时试剂应为淡黄色(如为粉红色则不能用),再加中性活性炭

过滤,滤液振荡 1 min 后,再过滤,将此滤液置冷暗处备用(过滤需在避光条件下进行)。

在整个操作过程中所用的一切器皿都需十分洁净、干燥,以消除还原性物质。

2．Schandium 固定液

A 液:饱和氯化汞水溶液

50 mL 氯化汞水溶液中加入 25 mL 95％乙醇混合即得。

B 液:冰醋酸

取 A 液 9 mL 和 B 液 1 mL,混匀后加热至 60 ℃。

3．亚硫酸水溶液

10％偏重亚硫酸钠水溶液 5 mL,1 mol/L HCl 5 mL,加蒸馏水 100 mL 混合即得。

十三、瑞氏(Wright)染色液

瑞氏染料粉末	0.3 g
甘油	3 mL
甲醇	97 mL

将染料粉末置于干燥的乳钵内研磨,先加甘油,后加甲醇,放玻璃瓶中过夜,过滤即可。

十四、美蓝(Levowitz-Weber)染液

在 52 mL 95％乙醇和 44 mL 四氯乙烷的三角烧瓶中,慢慢加入 0.6 g 氯化美蓝,旋摇三角烧瓶,使其溶解。放置 5～10 ℃下,12～24 h,然后加入 4 mL 冰醋酸。用质量好的滤纸(如 Whatman No.42)或与之同质量的滤纸过滤,储存于清洁的密闭容器内。

十五、刚果红染色液

刚果红(Congo red)	2 g
蒸馏水	100 mL

十六、稀释结晶紫染液(放线菌染色用)

结晶紫染色液(同上)	5 mL
蒸馏水	95 mL

十七、中性红溶液

中性红(neutral red)	0.1 g
蒸馏水	100 mL

使用时再稀释 10 倍左右。

十八、碘-碘化钾(I_2-KI)溶液

碘化钾	2 g
蒸馏水	300 mL
碘	1 g

先将碘化钾溶于少量蒸馏水中,待全部溶解后再加碘,振荡溶解后稀释至 300 mL,保存于棕色玻璃瓶内。用时可将其稀释 2～10 倍,这样染色不致过深,效果更佳。

十九、苏丹Ⅲ 或 Ⅳ(Sudan Ⅲ 或 Ⅳ)

三种配制方法如下。

（1）苏丹Ⅲ或苏丹Ⅳ干粉 0.1 g 用 10 mL 95％乙醇溶解,过滤后再加入 10 mL 甘油。

（2）先将 0.1 g 苏丹Ⅲ或Ⅳ溶解在 50 mL 丙酮中,再加入 70％乙醇 50 mL。

（3）苏丹Ⅲ70％乙醇的饱和溶液。

二十、1％醋酸洋红(aceto carmine)酸性染料

洋红	1 g
45％醋酸	100 mL

上述混合液煮沸 2 h 左右,并随时注意补充加入蒸馏水到原含量,然后冷却过滤,加入 4％铁明矾溶液 1～2 滴(不能多加,否则会发生沉淀),放入棕色瓶中备用。

二十一、改良苯酚品红染色液(Carbol fuchsine) 核染色剂

A 液:取碱性品红溶液 3 g,碱性品红溶于 100 mL 70％乙醇中。

B 液:取 A 液 10 mL 加入到 90 mL 5％石炭酸水溶液中。

C 液:取 B 液 55 mL,加入 6 mL 冰醋酸和 6 mL 福尔马林(38％甲醛)。

(A 液和 C 液可长期保存,B 液限两周内使用)

染色液:取 C 液 10～20 mL,加 45％冰醋酸 80～90 mL,再加山梨醇 1～1.8 g,配成 10％～20％浓度的石炭酸品红液,放置两周后使用,效果显著(若立即用,则着色能力差)。

二十二、詹纳斯绿 B(Janus green B)染液

将 5.18 g 詹纳斯绿 B 溶于 100 mL 蒸馏水,配成饱和水溶液。用时需稀释,稀释的倍数应视材料的不同而异。

二十三、黑色素溶液

水溶性黑色素	10 g
蒸馏水	100 mL
甲醛(福尔马林)	0.5 mL

可用作荚膜的背景染色。

二十四、墨汁染色液

国产绘图墨汁	40 mL
甘油	2 mL
液体石炭酸	2 mL

先将墨汁用多层纱布过滤,加甘油混匀后,水浴加热,再加石炭酸搅匀,冷却后备用。用作荚膜的背景染色。

二十五、龙胆紫(gentian violet)酸性染料

龙胆紫	0.2～1 g
蒸馏水	100 mL

二十六、钌红(ruthenium red)染液

钌红	5～10 mg
蒸馏水	25～50 mL

钉红是细胞胞间层专性染料,其配后不易保存,应现用现配。

二十七、橘红 G(orange G)乙醇溶液

橘红 G	1 g
95％乙醇	100 mL

二十八、间苯三酚(phloroglucin)溶液

间苯三酚	5 g
95％乙醇	100 mL

用于测定木质素,此溶液呈黄褐色即失效。

二十九、苯胺兰(aniline blue)溶液

苯胺兰	1 g
35％或 95％乙醇	100 mL

三十、曙红 Y(伊红,eosin Y)乙醇溶液

曙红	0.25 g
95％乙醇	100 mL

三十一、海登汉氏苏木精(hematoxylin)染液

A 液(媒染剂):硫酸铁铵(铁明矾)	2～4 g
蒸馏水	100 mL

(必须保持新鲜,最好临用之前配制)

B 液(染色剂):苏木精	0.5～1 g
95％乙醇	10 mL
蒸馏水	90 mL

配制步骤如下。

(1) 将苏木精溶于乙醇中,瓶口用双层纱布包扎,使其充分氧化(通常在室内放置两个月后方可使用)。

(2) 加入蒸馏水,塞紧瓶口,置冰箱中可长期保存。切片需先经 A 液媒染,并充分水洗后才能以 B 液染色,染色后经水稍洗再用另一瓶 A 液分色至适度。

海登汉氏苏木精染液为细胞学上染细胞核内染色质最好的染色剂,但要注意 A 液与 B 液在任何情况下决不能混合。

三十二、番红(safranin)碱性染料

1. 番红水溶液

番红	0.1 g 或 1 g
蒸馏水	100 mL

2. 番红乙醇溶液

番红	0.5 g 或 1 g
50％(或 95％)乙醇	100 mL

3. 苯胺番红乙醇染色液

A 液:番红 5 g ＋95％乙醇 50 mL

B 液:苯胺油 20 mL ＋蒸馏水 450 mL

将 A、B 溶液混合后充分摇匀,过滤后使用。

三十三、固绿(fast green)（又称快绿溶液）

1. 固绿乙醇液

固绿	0.1 g
95％乙醇	100 mL

2. 苯胺固绿乙醇液

固绿	1 g
无水乙醇	100 mL
苯胺油	4 mL

配制后充分摇匀,过滤后使用。现配现用效果好。

三十四、硫堇染液

硫堇(也称劳氏青莲或劳氏紫)粉末	0.25 g
蒸馏水	100 mL

使用此染液时,需要用微碱性自来水封片或用 1％ $NaHCO_3$ 水溶液封片,能成多色反应。

附录 5　常见试剂与消毒剂的配制

一、常用试剂

1. 3％ 酸性乙醇溶液

浓盐酸	3 mL
95％乙醇	97 mL

2. 中性红指示剂

中性红	0.04 g
95％乙醇	28 mL
蒸馏水	72 mL

中性红 pH6.8～8 颜色由红变黄,常用浓度为 0.04％。

3. 淀粉水解实验用碘液(卢戈氏碘液)

碘片	1 g
碘化钾	2 g
蒸馏水	300 mL

先将碘化钾溶解在少量水中,再将碘片溶解在碘化钾溶液中,待碘片全溶后,加足水分即可。

4. 溴甲酚紫指示剂

溴甲酚紫	0.04 g

| 0.01 mol/L NaOH | 7.4 mL |
| 蒸馏水 | 92.6 mL |

溴甲酚紫 pH 5.2~6.8 颜色由黄变紫,常用浓度为 0.04%。

5. 溴麝香草酚蓝指示剂

溴麝香草酚蓝	0.04 g
0.01 mol/L NaOH	6.4 mL
蒸馏水	93.6 mL

溴麝香草酚蓝 pH 6.0~7.6 颜色由黄变蓝,常用浓度为 0.04%。

6. 麝香草酚酞(百里酚酞)试液

| 麝香草酚酞 | 0.1 g |
| 90%乙醇 | 100 mL |

7. 甲基红试剂

甲基红	0.04 g
95%乙醇	60 mL
蒸馏水	40 mL

先将甲基红溶于 95%乙醇中,然后加入蒸馏水即可。

8. 酚酞指示剂

| 酚酞 | 0.1 g |
| 60%~90%乙醇 | 100 mL |

9. V.P.试剂

(1) 5%α-萘酚无水乙醇溶液

| α-萘酚 | 5 g |
| 无水乙醇 | 100 mL |

(2) 40%KOH 溶液

| KOH | 40 g |
| 蒸馏水 | 100 mL |

10. 吲哚试剂

对二甲基氨基苯甲醛	2 g
95%乙醇	190 mL
浓盐酸	40 mL

11. 格里斯氏(Griess)试剂

A 液:对氨基苯磺酸	0.5 g
10%稀醋酸	150 mL
B 液:α-萘胺	0.1 g
蒸馏水	20 mL
10%稀醋酸	150 mL

12. 二苯胺试剂

二苯胺 0.5 g 溶于 100 mL 浓硫酸中,用 20 mL 蒸馏水稀释。

13. 阿氏(Alsever)血液保存液

| 二水柠檬酸三钠 | 8 g |

柠檬酸	0.5 g
无水葡萄糖	18.7 g
NaCl	4.2 g
蒸馏水	1000 mL

将各成分溶解于蒸馏水后,用滤纸过滤,分装,0.056～0.07 MPa,灭菌 20 min。置于冰箱内保存备用。

14. 肝素溶液

取一支含 12500 U 注射用肝素溶液,用生理盐水稀释 500 倍,即成为 25 U/mL 肝素溶液。用于白细胞吞噬试验。大约 12.5 U 肝素可凝 1 mL 全血。

15. pH8.6 离子强度 0.075 mol/L 巴比妥缓冲液

巴比妥	2.76 g
巴比妥钠	15.45 g
蒸馏水	1000 mL

16. 1% 离子琼脂

琼脂粉	1 g
巴比妥缓冲液	50 mL
蒸馏水	50 mL
1% 硫柳汞	1 滴

称取琼脂粉 1 g,先加至 50 mL 蒸馏水中,于沸水浴中加热溶解,然后加入 50 mL 巴比妥缓冲液,再滴加 1 滴 1% 硫柳汞溶液防腐,分装于试管内,置于冰箱内备用。

17. 其他细胞悬液的配制

(1) 1% 鸡红细胞悬液

取鸡翼下静脉血或心脏血,注入含灭菌阿氏液的玻璃瓶内,使血与阿氏液的比例为 1:5,置于冰箱中保存 2～4 周。临用前取出适量鸡血,用无菌生理盐水洗涤,离心,倾去生理盐水,如此反复洗涤三次,最后一次离心使之成积压红细胞,然后用生理盐水配成 1%。供吞噬试验用。

(2) 白色葡萄球菌菌液

白色葡萄球菌接种于肉汤培养基中,在 37 ℃ 温箱培养 12 h 左右,置水浴中加热 100 ℃,10 min 杀死细菌,用无菌生理盐水配制成每毫升含 6 亿个细胞,分装于小瓶内,置冰箱内保存备用。

18. Hanks 液

A 液:NaCl	160 g
KCl	8 g
$MgSO_4 \cdot 7H_2O$	2 g
$MgCl_2 \cdot 6H_2O$	2 g

上述试剂加入 800 mL 蒸馏水,溶解。

| $CaCl_2$ | 2.8 g |
| 蒸馏水 | 100 mL |

上述两液混合,加蒸馏水于 1000 mL,再加 2 mL 氯仿防腐,4 ℃ 保存。

| B 液:$Na_2HPO_4 \cdot 12H_2O$ | 1.2 g |

或无水 Na_2HPO_4	0.954 g
KH_2PO_4	1.2 g
葡萄糖	20 g

加入 800 mL 蒸馏水,溶解。

| 0.4%酚红溶液 | 100 mL |

上述两液混合,加蒸馏水至 1000 mL,再加 2 mL 氯仿防腐,4 ℃保存。

A、B 原液按下列比例配成 Hanks 液:A 液 1 份,B 液 1 份,蒸馏水 18 份,0.056 MPa 20 min 灭菌,置于 4 ℃冰箱内保存,使用前用 5.6%$NaHCO_3$调整 pH 值。

19. 质粒制备、转化和染色体 DNA 提取的溶液配制

(1) 溶液 Ⅰ

葡萄糖	50 mol/L
Tris-HCl (pH8.0)	25 mol/L
EDTA	10 mol/L

溶液可配成 100 mL,121 ℃灭菌 15 min,4 ℃保存。

(2) 溶液 Ⅱ(新鲜配制)

| NaOH | 0.2 mol/L |
| SDS | 1% |

(3) 溶液 Ⅲ(100 mL,pH4.8)

5 mol/L KAc	60 mL
冰醋酸	11.5 mL
蒸馏水	28.5 mL

配制好的溶液Ⅲ含 3 mol/L 钾盐,5 mol/L 醋酸。

(4) 溶液 Ⅳ

酚、氯仿、异戊醇的配比为 25∶24∶1

(5) TE 缓冲液

| Tris-HCl (pH 8.0) | 10 mmol/L |
| EDTA(pH 8.0) | 1 mmol/L |

121 ℃灭菌 15 min,4 ℃保存。

(6) TAE 电泳缓冲液(50 倍浓储存液 100 mL)

Tris	242 g
冰醋酸	57.1 mL
0.5 mol/L EDTA(pH 8.0)	100 mL

使用时用蒸馏水稀释 50 倍。

(7) 凝胶加样缓冲液 100 mL

| 溴酚蓝 | 0.25 g |
| 蔗糖 | 40 g |

(8) 1 mg/mL 溴化乙啶(ethidium bromide,EB)

| 溴化乙啶 | 100 mg |
| 蒸馏水 | 100 mL |

溴化乙啶是强诱变剂,配制时要戴手套,一般由教师配制好,盛于棕色试剂瓶中,避光于

4 ℃储存。

（9）5 mol/L NaCl

在 800 mL 水中溶解 292.2 g NaCl,加水定容到 1 L,分装后高压蒸汽灭菌。

（10）CTAB/NaCl

溶解 4.1 g NaCl 于 80 mL 水中,缓慢加 CTAB,边加热边搅拌,如果需要,可加热到 65 ℃ 使其溶解,最终体积稀释到 100 mL。

（11）蛋白酶 K(20 mg/mL)

将蛋白酶 K 溶于无菌蒸馏水或 5 mmol/L EDTA,0.5％ SDS 缓冲液中。

（12）1 mol/L CaCl$_2$

在 200 mL 蒸馏水中溶解 54 g CaCl$_2$·6H$_2$O,用 0.22 μm 滤膜过器除菌,分装成每份 10 mL,储存于 −20 ℃。制备感受态时,取出一小份解冻,并用蒸馏水稀释至 100 mL,用 0.45 μm 的滤膜除菌,然后骤冷至 0 ℃。

20．0.5 mol/L 盐酸溶液

盐酸	8.34 mL
蒸馏水	191.66 mL

21．250 μg/mL 牛血清

标准牛血清白蛋白	250 mg
0.03 mol/L pH7.8 磷酸盐缓冲液	1 L

22．DNS 试剂

3,5-二硝基水杨酸	1 g
2 mol/L 氢氧化钠溶液	20 mL
酒石酸钾钠	30 g

1 g 3,5-二硝基水杨酸用 20 mL 2 mol/L 氢氧化钠溶液溶解后,加入酒石酸钾钠 30 g,待其完全溶解后用蒸馏水稀释至 200 mL。

23．考马斯亮蓝 R-250 染色液

考马斯亮蓝 R-250	1 g
异丙醇	250 mL
冰醋酸	100 mL
蒸馏水	650 mL

称取 1 g 考马斯亮蓝 R-250,置于 1 L 烧杯中,量取 250 mL 的异丙醇加入上述烧杯中,搅拌溶解,加入 100 mL 的冰醋酸,均匀搅拌,加入 650 mL 的去离子水,用滤纸除去颗粒物质后,室温保存。

24．考马斯亮蓝染色脱色液

醋酸	100 mL
乙醇	50 mL
蒸馏水	850 mL

25．5％的十二烷基硫酸钠溶液

十二烷基硫酸钠	5 g
4％乙醇溶液	100 mL

26. 三氯甲烷—异戊醇混合试剂

三氯甲烷	500 mL
异戊醇试剂	21 mL

27. 二苯胺试剂

二苯胺	0.8 g
冰醋酸	180 mL
高氯酸	8 mL
1.6%乙醛	0.8 mL

称取二苯胺试剂 0.8 g，溶解于 180 mL 冰醋酸中，再加入 8 mL 高氯酸混匀，临用前加入 0.8 mL 1.6%乙醛溶液。

28. 1%谷氨酸溶液

谷氨酸	5 g
蒸馏水	500 mL

称取 5 g 谷氨酸，先用适量去离子水溶解，再用氢氧化钾溶液调节至中性，最后用去离子水定容至 0.5 L。

29. 0.1 mol/L 的碘溶液

碘	12.7 g
碘化钾	25 g
蒸馏水	1 L

30. 1 mol/L Tris-HCl

Tris	121.1 g
蒸馏水	800 mL

按下表量加入浓盐酸调节所需要的 pH 值。

pH 值	浓 HCl
7.4	约 70 mL
7.6	约 70 mL
8.0	约 42 mL

Tris 加入 800 mL 去离子水充分溶解后加入浓盐酸调节 pH 值，定容至 1 L，高温高压灭菌后，室温保存。应使溶液冷却至室温后再调 pH 值，Tris 溶液的 pH 值随温度的变化差很大，温度每升高 1 ℃，溶液的 pH 值大约降低 0.03 个单位。

31. 10×TE 缓冲液

1 mol/L Tris-HCl 缓冲液(pH7.4、7.6、8.0)	100 mL
500 mmol/L EDTA (pH8.0)	20 mL
蒸馏水	800 mL

溶液定容至 1 L 后，高温高压灭菌，室温保存。

32. 磷酸盐缓冲液

NaCl	8 g
KCl	0.2 g
$Na_2HPO_4 \cdot 12H_2O$	2.9 g
KH_2PO_4	0.2 g

用去蒸馏水溶解后滴加 HCl 将 pH 值调至 7.4,定容至 1 L。

33. 10%(W/V)SDS

SDS	10 g
蒸馏水	100 mL

10 g 高纯度的 SDS 加入约 80 mL 的去离子水,68 ℃加热溶解,滴加数滴浓盐酸调节 pH 值至 7.2,将溶液定容至 100 mL 后,室温保存。

二、常用消毒剂表

名　称	主要性质	质量或体积浓度及使用方法	用　途
汞	杀菌力强,腐蚀金属器械	0.05%～0.1%	植物组织和虫体外消毒
硫柳汞	杀菌力弱,抑菌力强,不沉淀蛋白质	0.01%～0.1%	生物制品防腐,皮肤消毒
甲醛(福尔马林)(市售含量为37%～40%)	挥发慢,刺激性强	10 mL/m² 加热熏蒸,或用甲醛 10 份加高锰酸钾 1 份,产生黄色浓烟,密闭房间熏蒸 6～24 h	接种室消毒
乙醇	消毒力不强,对芽孢无效	70%～75%	皮肤消毒
石炭酸(苯酚)	杀菌力强,有特别气味	3%～5%	接种室(喷雾)、器皿消毒
新洁尔灭	易溶于水,刺激性小,稳定,对芽孢无效,遇肥皂或其他合成洗涤剂效果减弱	0.25%	皮肤及器皿消毒
醋酸	浓烈酸味	5～10 mL/m² 加等量水蒸发	接种室消毒
高锰酸钾溶液	强氧化剂,稳定	0.1%	皮肤及器皿消毒(应现配现用)
硫磺	粉末,通过燃烧产生 SO_2,杀菌,腐蚀金属	15 g/m³ 硫磺熏蒸	空气消毒
生石灰	杀菌力强,腐蚀性大	1%～3%	消毒地面及排泄物
来苏尔(煤粉皂液)	杀菌力强,有特别气味	3%～5%	接种室消毒,擦洗桌面级器械
漂白粉	白色粉末有效氯易挥发,有氯味,腐蚀金属及棉织品,刺激皮肤,易潮解	2%～5%	喷洒接种室或培养室
双氧水	具有很强的氧化能力,杀死细菌,不会形成二次污染	2%～3%	皮肤消毒

附录6 酸碱指示剂的配制

中文名称*	英文名称	应加的 NaOH/mL**	酸性颜色	碱性颜色	pH 范围
甲基红	methyl red	37.0	红	黄	4.2~6.3
甲酚红	cresol red	26.2	黄	红	7.2~8.8
甲酚红	cresol red	0.1%乙醇(90%)	红	黄	0.2~1.8
间甲酚紫(酸域)	meta-cresol purple	26.2	红	黄	1.2~2.8
间甲酚紫(碱域)	meta-cresol purple	26.2	黄	紫	7.4~9.0
茜素黄-R	alizarin yellow-R	0.1%水溶液	黄	红	10.1~12.0
氯酚红	chlorophenol red	23.6	黄	红	4.8~6.4
溴酚蓝	bromophenol blue	14.9	黄	蓝	3.0~4.6
溴酚红	bromophenol red	19.5	黄	红	5.2~6.8
溴甲酚绿	bromocresol green	14.3	黄	红	3.8~5.4
溴甲酚紫	bromocresol purple	18.5	黄	紫	5.2~6.8
溴麝香草酚蓝	bromothymol blue	16.0	黄	蓝	6.0~7.6
酚红	Phenol red	28.2	黄	红	6.8~8.4
酚酞	Phenolphthalein	1%乙醇(90%)	无色	红	8.2~9.8
麝香草酚蓝(碱域)	thymol blue	21.5	黄	蓝	8.0~9.6
麝香草酚蓝(酸域)	thymol blue	21.5	红	黄	1.2~2.8
麝香草酚酞(百里酚酞)	thymol phthalein	0.1%乙醇(90%)	无色	蓝	9.3~10.5

* 按笔画顺序排列。

** 精确称取指示剂粉末 0.1 g,移至研钵中,按上表分数次加入 0.01 mol/L NaOH 溶液,仔细研磨至溶解为止,最终用蒸馏水稀释至 250 mL,从而配成 0.04%指示剂溶液。但甲基红及酚红溶液应稀释至 500 mL,故最终浓度为 0.02%。

附录7 大肠杆菌检索表

附表7-1 总大肠菌群检索表

10 mL 水量的阳性管数	10 mL 水量的阳性瓶(或管)数			10 mL 水量的阳性管数	10 mL 水量的阳性瓶(或管)数		
	0	1	2		0	1	2
	每升水样中大肠菌群数				每升水样中大肠菌群数		
0	<3	4	11	6	22	36	92
1	3	8	18	7	27	43	120
2	7	13	27	8	31	51	161
3	11	18	38	9	36	60	230
4	14	24	52	10	40	69	>230
5	18	30	70				

附表 7-2　总大肠菌群近似数(MPN)检索表

(总接种量 55.5 mL,其中 5 份 10 mL 水样、5 份 1 mL 水样、5 份 0.5 mL 水样)

接种量/mL			每 100 mL 水样中总大肠菌群近似值	接种量/mL			每 100 mL 水样中总大肠菌群近似值
10	1	0.1		10	1	0.1	
0	0	0	0	0	1	0	2
0	0	1	2	0	1	1	4
0	0	2	4	0	1	2	6
0	0	3	5	0	1	3	7
0	0	4	7	0	1	4	9
0	0	5	9	0	1	5	11
0	2	0	4	1	1	0	4
0	2	1	6	1	1	1	6
0	2	2	7	1	1	2	6
0	2	3	9	1	1	3	10
0	2	4	11	1	1	4	12
0	2	5	13	1	1	5	14
0	3	0	6	1	2	0	6
0	3	1	7	1	2	1	8
0	3	2	9	1	2	2	10
0	3	3	11	1	2	3	12
0	3	4	13	1	2	4	15
0	3	5	15	1	2	5	17
0	4	0	8	1	3	0	8
0	4	1	9	1	3	1	10
0	4	2	11	1	3	2	12
0	4	3	13	1	3	3	15
0	4	4	15	1	3	4	17
0	4	5	17	1	3	5	19
0	5	0	9	1	4	0	11
0	5	1	11	1	4	1	13
0	5	2	13	1	4	2	15
0	5	3	15	1	4	3	17
0	5	4	17	1	4	4	19
0	5	5	19	1	4	5	22
1	0	0	2	1	5	0	13
1	0	1	4	1	5	1	15

接种量/mL			每 100 mL 水样中总大肠菌群近似值	接种量/mL			每 100 mL 水样中总大肠菌群近似值
10	1	0.1		10	1	0.1	
1	0	2	6	1	5	2	17
1	0	3	8	1	5	3	19
1	0	4	10	1	5	4	22
1	0	5	12	1	5	5	21
2	0	0	5	2	5	0	17
2	0	1	7	2	5	1	20
2	0	2	9	2	5	2	23
2	0	3	12	2	5	3	26
2	0	4	14	2	5	4	29
2	0	5	16	2	5	5	32
2	1	0	7	3	0	0	8
2	1	1	9	3	0	1	11
2	1	2	12	3	0	2	13
2	1	3	14	3	0	3	16
2	1	4	17	3	0	4	20
2	1	5	19	3	0	5	23
2	2	0	9	3	1	0	11
2	2	1	12	3	1	1	14
2	2	2	14	3	1	2	17
2	2	3	17	3	1	3	20
2	2	4	19	3	1	4	23
2	2	5	22	3	1	5	27
2	3	0	12	3	2	0	14
2	3	1	12	3	2	1	17
2	3	2	17	3	2	2	20
2	3	3	20	3	2	3	24
2	3	4	22	3	2	4	27
2	3	5	25	3	2	5	31
2	4	0	15	3	3	0	17
2	4	1	17	3	3	1	21
2	4	2	20	3	3	2	24
2	4	3	23	3	3	3	28
2	4	4	25	3	3	4	32

续表

接种量/mL			每 100 mL 水样中	接种量/mL			每 100 mL 水样中
10	1	0.1	总大肠菌群近似值	10	1	0.1	总大肠菌群近似值
2	4	5	28	3	3	5	36
3	4	0	21	4	3	0	27
3	4	1	24	4	3	1	33
3	4	2	28	4	3	2	39
3	4	3	32	4	3	3	45
3	4	4	36	4	3	4	52
3	4	5	40	4	3	5	59
3	5	0	25	4	4	0	34
3	5	1	29	4	4	1	40
3	5	2	32	4	4	2	47
3	5	3	37	4	4	3	54
3	5	4	41	4	4	4	62
3	5	5	45	4	4	5	69
4	0	0	13	4	5	0	41
4	0	1	17	4	5	1	48
4	0	2	21	4	5	2	56
4	0	3	25	4	5	3	64
4	0	4	30	4	5	4	72
4	0	5	36	4	5	5	81
4	1	0	17	5	0	0	23
4	1	1	21	5	0	1	31
4	1	2	26	5	0	2	43
4	1	3	31	5	0	3	53
4	1	4	36	5	0	4	76
4	1	5	42	5	0	5	95
4	2	0	22	5	1	0	33
4	2	1	26	5	1	1	46
4	2	2	32	5	1	2	63
4	2	3	38	5	1	3	84
4	2	4	44	5	1	4	110
4	2	5	50	5	1	5	130
5	2	0	49	5	4	0	130
5	2	1	70	5	4	1	170

接种量/mL			每 100 mL 水样中 总大肠菌群近似值	接种量/mL			每 100 mL 水样中 总大肠菌群近似值
10	1	0.1		10	1	0.1	
5	2	2	94	5	4	2	220
5	2	3	120	5	4	3	280
5	2	4	150	5	4	4	350
5	2	5	180	5	4	5	430
5	3	0	79	5	5	0	240
5	3	1	110	5	5	1	350
5	3	2	140	5	5	2	540
5	3	3	180	5	5	3	920
5	3	4	210	5	5	4	1600
5	3	5	250	5	5	5	>1600

附录8　各国主要菌种保藏机构

单 位 名 称	单位缩写	单 位 名 称	单位缩写
中国微生物菌种保藏管理委员会	CCCM	中国科学院微生物研究所菌种保藏中心	
中国科学院武汉病毒所菌种保藏中心		轻工部食品发酵工业科学研究所	
卫生部药品生物检定所		中国医学科学院皮肤病研究所	
中国医学科学院病毒研究所		国家医药总局四川抗生素研究所	
华北制药厂抗生素研究所		农业部兽医药品监察所	
世界菌种保藏联合会	WFCC	日本微生物菌种保藏联合会	JFCC
美国标准菌株保藏中心	ATCC	北海道大学农学部应用微生物教研室	AHU
美国农业部北方研究利用发展部	NRRL	东京大学农学部发酵教研室	ATU
美国农业研究服务处菌种收藏馆	ARS	东京大学应用微生物研究所	IAM
美国 Upjohn 公司菌种保藏部	UPJOHN	东京大学医学科学研究所	IID
加拿大 Alberta 大学霉菌标本室	UAMH	东京大学医学院细菌学教研室	MTU
加拿大国家科学研究委员会	NRC	大阪发酵研究所	IFO
法国典型微生物保藏中心	CCTM	广岛大学工业学部发酵工业系	AUT
捷克和斯洛伐克国家菌保会	CNCTC	新西兰植物病害真菌保藏部	PDDCC
荷兰真菌中心收藏所	CBS	德国科赫研究所	RKI
英国国立典型菌种收藏馆	NCTC	德国发酵红叶研究所微生微生物收藏室	MIG
英联邦真菌研究所	CMI	德国微生物研究所菌种收藏室	KIM
英国国立工业细菌收藏所	NCIB